기초부터 배우는

건축계획

기문당

저자 머리말

학창시절 건축계획학의 대가인 스즈키 시게부미(鈴木成文, 1927~2010) 교수의 수업을 들은 적이 있는데, 수업시간에 간혹 잠을 자거나 수업을 빼먹은 적도 많았다. 돌이켜 생각해보면 얼마나 철없는 행동이었나 후회가 된다. 제도실에서 도면을 그릴 때가 가장 재미있다고 생각한 어리석은 학생이었다. 결국 건축계획학에 대해 제대로 공부한 것은 건축사 자격증을 취득하기 위한 시험을 준비하면서였다.

이 책은 그동안의 수험 생활과 실무 경험을 바탕으로 다양한 각도에서 연구하여 집필했다. 사용자에 따라 결정하는 치수나 면적은 주택, 호텔, 사무소 등 그 용도를 불문하고 건축계획에 있어서 기본 중의 기본이다. 건축설계를 할 때는 당시의 자료나 카탈로그 등을 바탕으로 조사하는데 기본적인 치수, 면적, 면적비 등은 맨 처음에 익혔던 것들이 설계역량을 좌우하는 핵심이 된다. 건축설계는 치수나 면적 등에 있어서 중복되는 부분이 많기 때문에 이 책에서도 맨 첫 부분에 두었다.

치수는 인체와 관련된 신체적 치수부터 자동차나 건물 전체의 큰 치수 등 다양하게 구분된다. 이 책에서는 건축사 시험에 자주 출제되고 건축설계 실무에서도 중요한 휠체어 사용자나 노인 관련 치수를 중점적으로 다루었다. 건축의 종류별 또는 건축의 유형별 계획과 관련된 이야기는 나중으로 하고, 우선은 건축설계에 바로 응용할 수 있는 중요한 치수와 면적 등에 대해 배워보도록 하자.

건축계획학 교과서는 건축 디자인과 직접적인 관련이 없어 보이는 치수나 유형 등 추상적인 내용이 많기 때문에 실제로 건축에 어떻게 응용되는지 연상하기 어려운 면도 있다. 그래서 건축계획에 있어서의 중요 내용과 관련된 작품으로 르 코르뷔지에, 미스 반 데어 로에, 루이스 칸 같은 거장들의 작품도 소개하였다. 건축계획적으로 우수한 작품들을 소개함으로써 디자인을 중요시 여기는 독자들도 흥미롭게 읽을 수 있도록 하였다.

또한 건축도면만 다루다보면 내용이 딱딱하고 지루해질 수 있기 때문에 일러스트와 만화도 삽입했다.

이 책의 전체적인 구성은 각부의 치수, 면적, 면적비에 대해 다루고, 이어서 기능별 계획, 도시계획 등으로 점점 범위를 넓혀갔다. 이 책에 나오는 질문들은 1급, 2급 건축사 문제를 기본으로 했고, 거기에 필자가 직접 창작한 문제들도 수록했다. 따라서 이 책 한 권으로 건축계획의 전반적인 부분을 학습할 수 있고 건축사 시험에도 대비할 수 있다. 각 페이지는 복싱의 1라운드(1R)처럼 3분 정도면 읽을 수 있는 분량이다. 그리고 각 페이지의 하단에 중요 내용을 정리해 두어 그 부분만 여러 번 반복해서 보면 기본기가 충분히 다져질 수 있도록 했다.

필자가 그림이 많이 들어가는 책을 집필하게 된 배경에는 대학시절 은사인 스즈키 히로유키(鈴木博之) 교수를 언급하지 않을 수 없다. 필자의 책상 앞에는 스즈키 교수님의 엽서가 항상 붙어 있다. 지금까지 끈기 있게 작업을 계속해 올 수 있었던 데는 교수님의 격려가 매우 큰 힘이 되었다. 필자는 앞으로도 계속 이 시리즈의 책을 써나갈 것이며, 여러분의 학업에 도움을 줄 수 있다는 것이 개인적으로 큰 행복이라고 생각한다.

마지막으로 이 책이 나오기까지 도움을 주신 출판사 직원들에게 깊은 감사의 말씀을 전한다. 그리고 아낌없는 조언과 가르침을 주신 전문가 여러분들과 블로그 독자 여러분에게도 이 자리를 빌어 진심으로 감사하다는 말씀을 전한다.

2016년 4월

하라구치 히데아키

르 코르뷔지에의 그랜드 컴포트와 셰이즈롱

건축법, 배리어프리 인증(장애물 없는 생활환경), 장수명화 주택설계 지침, 각 지방자치단체의 조례 등에서 다양한 치수를 제시하고 있다. 그런데 이들 수치는 각각 차이가 있고 개인에 따라서도 차이가 있기 때문에 이 책에서는 건축사 시험 문제에 나오는 치수를 기준으로 했다. 또한 길이 단위는 cm로 대부분 통일했다. 건축설계 실무에서는 mm가 사용되지만 건축계획 단계에서는 cm로 하는 것이 좀 더 편리하다. mm 단위로 했을 경우 수치가 너무 커지기 때문이다. 건축사 시험 문제 역시 cm 단위를 사용하고 있으며 소수점 이하의 치수는 거의 무시하고 있다.

역자 머리말

이 책은 하라구치 히데아키(原口秀昭)가 저술하여 일본의 彰国社에서 출판한 「ゼロからはじめる 建築計劃 入門」을 완역한 것이다.

저자 하라구치 히데아키는 이 책에서 건축계획의 기본인 치수와 면적 등을 상세하게 수록하였으며, 건축의 종류별 또는 유형별로 구분하여 건축계획에 필요한 중요 내용을 제시하였다. 또한 독자들이 이해하기 쉽도록 건축사(建築士) 시험문제를 기본으로 하여 OX문제를 제시하고, 관련 건축계획 실례를 소개하였다. 건축도면만 다루다보면 딱딱하고 지루해질 수 있기 때문에 일러스트와 만화를 삽입하여 집필하였다.

이 책의 내용은 건축사 시험에 자주 출제되고 건축설계 실무에서도 중요한 휠체어 사용자, 노인 관련 고려사항을 비롯하여 건축계획에서 공통적으로 인체와 관련된 기본적인 치수, 면적, 면적비 등 구체적인 내용을 제시함으로써 건축설계에 바로 적용할 수 있도록 하였다. 또한 건축계획 시 건축의 종류별 또는 유형별로 용어 정의와 개념 정립, 그리고 필수적인 고려 사항 등을 상세하게 제시함으로써 건축계획 및 설계 과정에서 독자들의 요구를 충족시켜 줄 수 있도록 편성되어 있다.

역자는 이 책을 완역함에 있어서 저자가 나타내려고 하는 의도를 최대한 전달하기 위해 주요 단어는 원어를 괄호 속에 넣어 독자의 이해를 높이려고 하였다. 그러나 역자의 능력 부족으로 인하여 잘못된 점도 있으리라 여겨지므로 독자 여러분의 기탄없는 충고를 바라며, 아무쪼록 건축계획을 배우려는 독자들에게 좋은 지침서가 될 수 있기를 기대한다.

끝으로 이 책이 출판되도록 도움과 격려를 아끼지 않으신 기문당의 강해작 사장님과 편집부 여러분들께 깊은 감사의 말씀을 전한다.

2017년 8월

윤천근

차례

Contents

03 주택

04 공동주택

05 사무소

06 극장

07 상점

08 호텔

기초부터 배우는

건축계획

Q 붙박이 의자와 테이블 높이를 각각 40cm, 70cm로 했다.

A <u>의자의 좌면과 테이블의 표준 높이는 약 40cm, 70cm이며 둘 사이의 차이는 30cm</u>이다. 약 30cm 정도의 높낮이 차이를 두면 작업을 하거나 음식을 먹는 데 불편함이 없다(답 : ○).

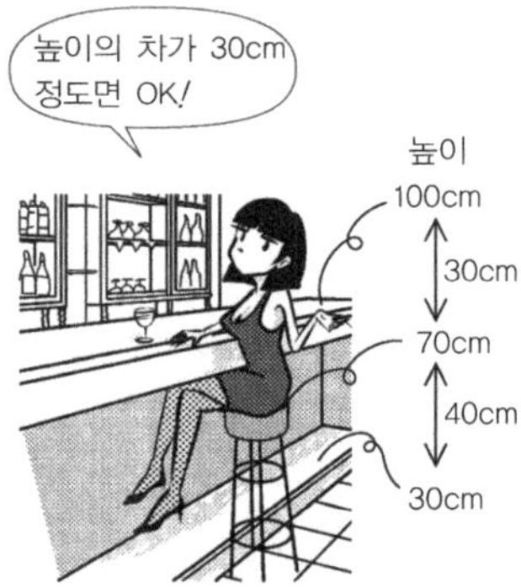

예를 들어 바(bar)의 카운터 테이블 높이가 100cm일 경우 의자의 높이는

100cm−30cm=70cm

가 된다.

이때 발이 바닥에 닿지 않아서 뒤뚱거릴 수 있으므로 높이 30cm(70cm−40cm)의 발판을 만들어주는데, 의자의 좌면으로부터 40cm 정도의 차이를 두면 된다. 즉 의자 40cm, 테이블 70cm를 기본으로 하고, 둘 사이의 높낮이 차이를 30cm로 잡는다는 것을 기억해두면 더 높은 카운터 테이블에도 응용할 수 있다.

의자와 테이블의 형태를 연상해서 외우자.

답 ▶ ○

Q 휠체어 사용을 고려하여 건축물 계획 시 양식 화장실의 좌변기 높이를 바닥으로부터 45cm로 했다.

A 휠체어 좌면 높이는 좌변기 높이와 거의 동일하며 43cm 정도가 많다(답 : ○). 좌변기 높이, 침대의 높이, 욕조 모서리 높이도 휠체어 좌면 높이에 맞추면 이동하기에 편리하다.

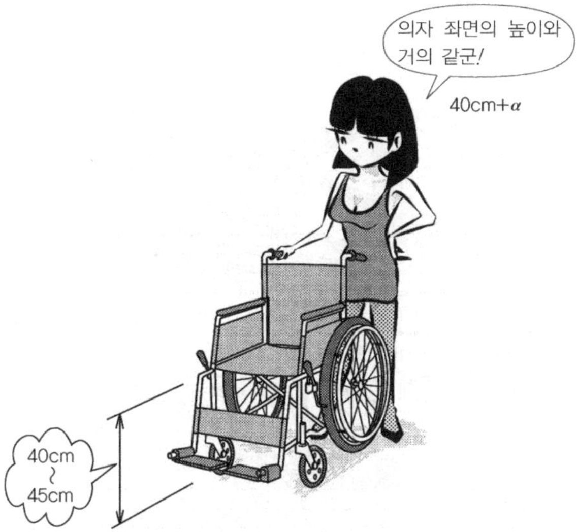

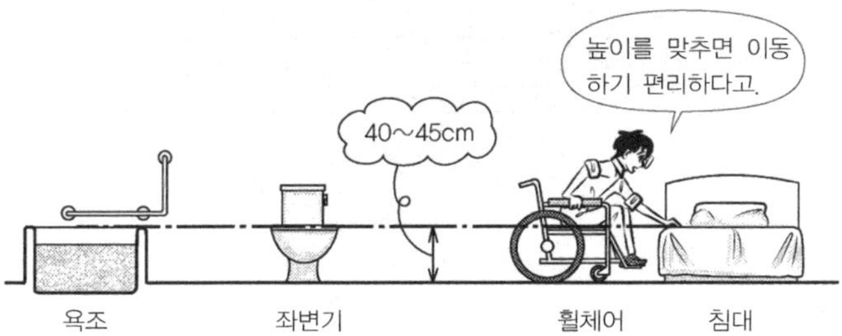

답 ▶ ○

Q 음식점에서 서서 먹는 카운터 테이블의 높이를 바닥으로부터 100cm로 했다.

A 서서 먹는 카운터 테이블은 높이 약 <u>1m</u>로 한다(답 : ○). 바(bar)의 카운터 테이블은 원래 서서 먹는 사람을 위해 만들어진 것이다. 따라서 카운터 테이블에 의자를 놓을 경우에는 일반 의자보다 높게 제작한다(R001 참조). 호텔의 <u>프런트 카운터</u>도 1m 정도이다.

답 ▶ ○

Q 바(bar)에서 카운터 안쪽의 바닥 높이는 손님 자리의 바닥 높이보다 낮게 한다.

A 서서 일하는 종업원과 의자에 앉아 있는 손님의 시선 높이는 똑같이 맞추든가 손님쪽을 조금 더 높게 한다. 손님의 시선을 높게 하려면 카운터 안쪽의 바닥을 10~20cm 정도 낮춘다(답 : ○).

답 ▶ ○

Q 주방 싱크대의 높이는 85cm 전후로 한다.

A 주방 싱크대의 높이는 85cm를 기본으로 하는데, 기성품은 80cm, 90cm 짜리가 많다(답 : O). 키가 작은 사람이 사용할 경우에는 80cm 제품의 밑판을 잘라서 높이를 조정할 수 있다. 싱크대의 안길이는 약 65cm, 75cm 이상이면 가스테이블 안쪽에 냄비를 둘 공간이 생겨서 편리하다.

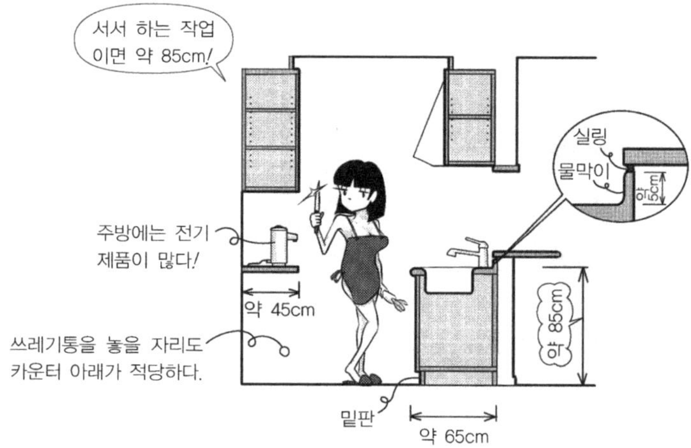

답 ▶ O

Q 1. 세면대의 높이를 75cm로 했다.
2. 세면대의 세면기 간격을 75cm로 했다.

A <u>세면대의 높이, 간격 모두 약 75cm</u>로 한다(답 : ○). 테이블보다 약간 높고 주방 싱크대보다 약간 낮은 높이가 된다.

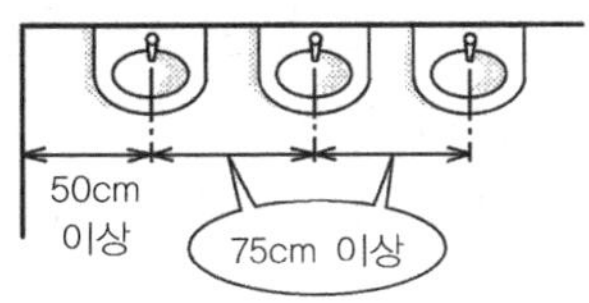

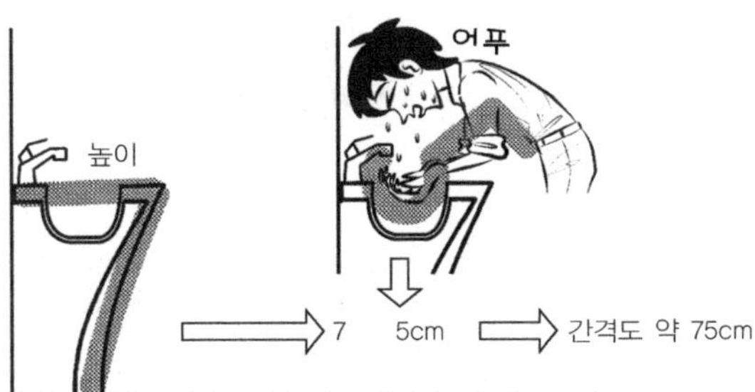

카운터 모양과 물을 받는 모습에서 7과 5를 연상하면 외우기 쉽다.

답 ▶ 1. ○, 2. ○

Q 휠체어 사용자를 고려한 건축물 계획 시

1. 주방 카운터의 높이를 90cm로 했다.
2. 주방 카운터 아래에 다리가 들어갈 수 있도록 높이 50cm, 안길이 30cm의 클리어런스(clearance)를 두었다.

A 높이 90cm는 서서 일하는 사람을 위한 카운터 높이이다. 일반 주방의 카운터(싱크대, 조리대) 높이는 85cm 전후(80~90cm 정도)이지만, 휠체어 사용자는 앉아서 이용하기 때문에 테이블의 높이는 약 70cm로 설정한다(답 : 1번은 ×). 싱크대의 경우 싱크(sink, 수조)에 무릎이 닿지 않도록 약 75cm로 한다. 다리가 들어가는 공간은 높이 약 60cm, 안길이 약 45cm이다(답 : 2번은 ×). 주방 카운터는 서서 또는 앉아서도 사용할 수 있도록 전동으로 올렸다 내렸다 하는 제품도 있다.

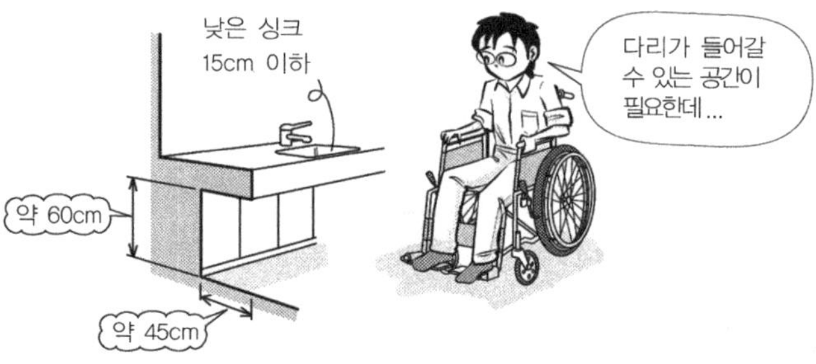

휠체어 바퀴의 모양을 연상해서 외우자.

답 ▶ 1. ×, 2. ×

Q 휠체어 사용자가 이용하는 주방 타입을 L자형으로 했다.

A 가장 일반적인 I형 주방으로 했을 경우 휠체어 사용자가 옆쪽으로 이동하려면 일단 옆으로 회전을 한 다음에 앞으로 가야 한다. 휠체어 사용자가 이용하는 주방은 회전을 자주 한다는 것을 고려하여 사용하기 편리하게 해야 한다. 따라서 L자형이나 U자형 배치로 하는 것이 적당하다(답 : ○).

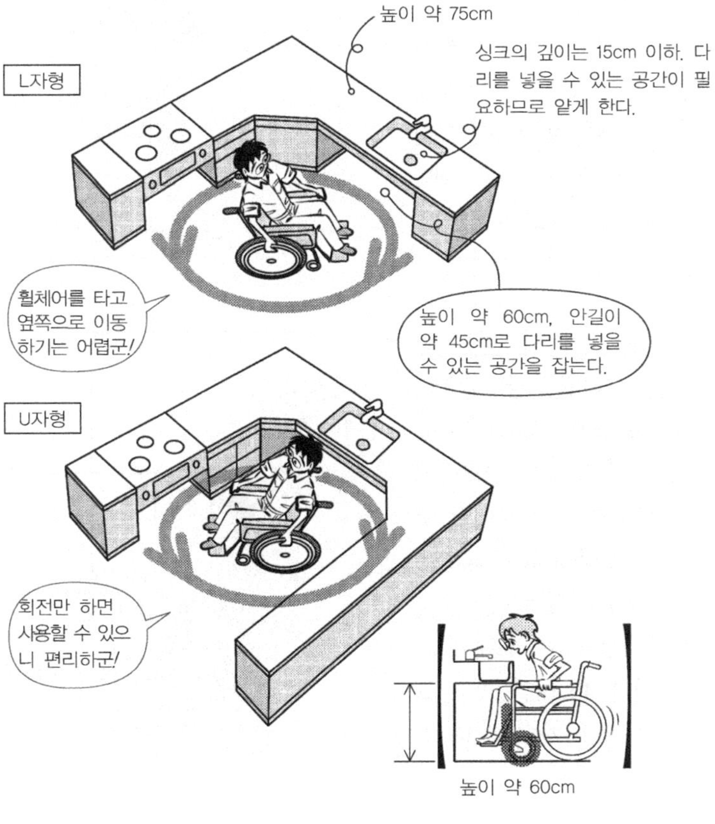

답 ▶ ○

Q 휠체어 사용자가 이용하는 주방에서, 싱크대 상부에 고정하는 식기선반 상단까지의 높이를 휠체어 좌면으로부터 120cm로 했다.

A 싱크대 상부에 설치하는 선반의 높이와 내민 길이는 설계자들이 가장 많이 고민하는 것 중 하나다. 손이 닿기 쉽게 높이를 낮게 하고 내민 길이를 크게 하면 키가 큰 사람은 머리를 부딪칠 수 있기 때문이다. 선반 하단을 130cm로 할 경우 내민 길이는 35cm 정도로 해야 작업에 방해가 되지 않는다.

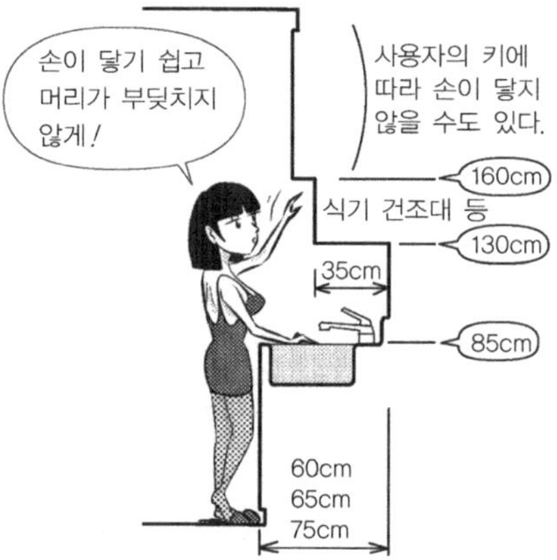

<u>휠체어 사용자가 이용하는 선반의 상부 높이는 약 150cm</u>로 하도록 되어 있다. 다만, 휠체어의 팔걸이가 싱크대에 닿아서 안까지 깊이 들어갈 수 없으므로 주방에서는 되도록 선반을 만들지 않는 편이 낫다. 높이 150cm는 휠체어 좌면의 높이가 45cm일 경우 그 차이는 105cm가 된다(답 : ×).

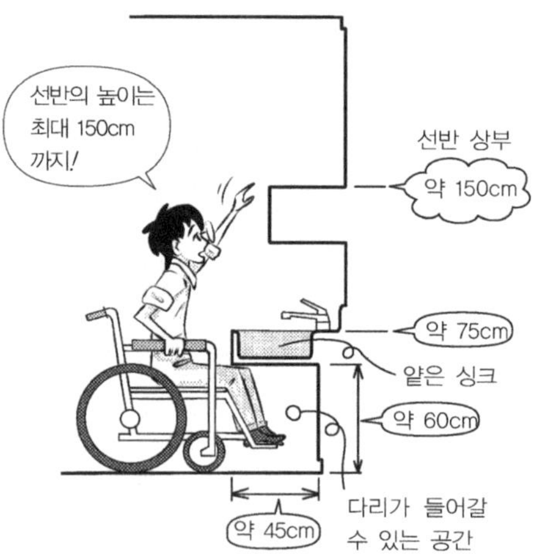

답 ▶ ×

Q 휠체어 사용자가 이용하는

1. 벽부 스위치의 높이를 바닥으로부터 140cm로 했다.
2. 벽부 콘센트의 높이를 바닥으로부터 40cm로 했다.

A 휠체어에 앉아서도 손이 닿을 수 있게 스위치는 낮게, 콘센트는 높게 설치한다. 휠체어를 사용하지 않는 노인의 경우도 콘센트를 뽑을 때 몸을 덜 굽힐 수 있도록 콘센트의 위치는 높게 한다. <u>스위치는 100~110cm 정도</u>로 휠체어에 앉았을 때의 눈높이 정도로 하고, <u>콘센트는 40cm 정도</u>의 높이로 한다(답: 1번은 ×, 2번은 ○). 콘센트에 발이 걸려서 넘어지지 않도록 자석식 콘센트로 하는 것도 유용하다.

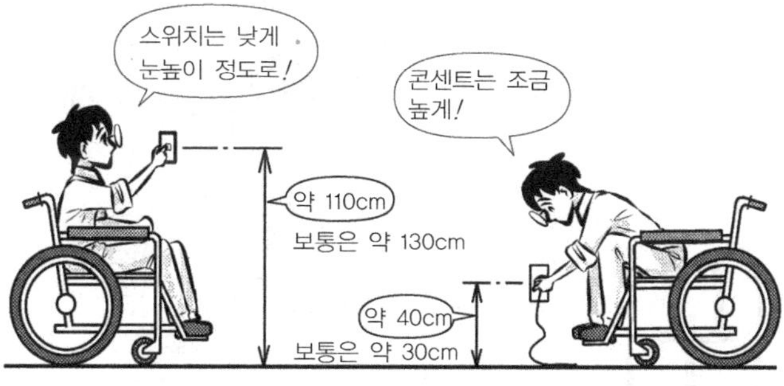

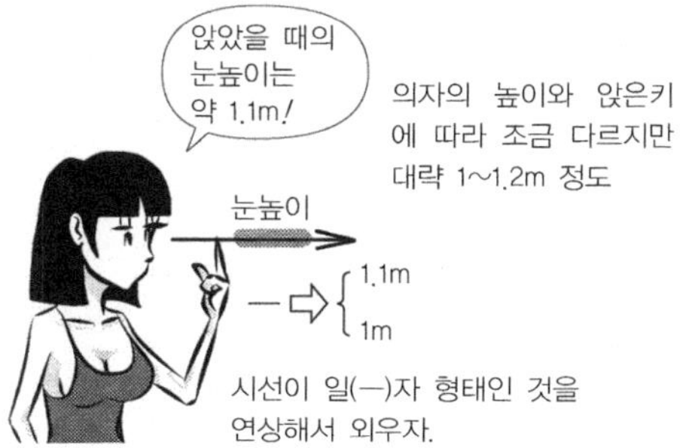

답 ▶ 1. ×, 2. ○

1 치수

Q 붙박이 벤치 시트의 좌면 높이를 40cm, 안길이를 45cm로 했다.

A 시트의 좌면 높이는 약 40cm, 안길이는 약 45cm로 한다(답 : ○). 앉았을 때 무릎 뒤쪽과 몸체 사이의 길이가 약 45cm이므로 그에 맞춘 것이다. R007에서 다리를 넣을 수 있는 공간을 45cm로 하는 것도 이와 마찬가지 원리이다.

답 ▶ ○

Q 붙박이 벤치 시트의 1인당 폭을 45cm로 했다.

A 좌면의 폭은 약 45cm로 한다(답 : ○). 예를 들어 신칸센 보통칸의 경우 약 45cm, 그린칸의 경우 50cm이다. 가로×세로의 길이가 45cm×45cm인 사각형 의자인 것이다. 높이는 45cm보다 약간 낮은 40cm 정도로 하는 것이 앉았을 때 편안하다.

답 ▶ ○

Q KS와 JIS 규격의 수동 휠체어, 전동 휠체어의 길이는 120cm 이하이다.

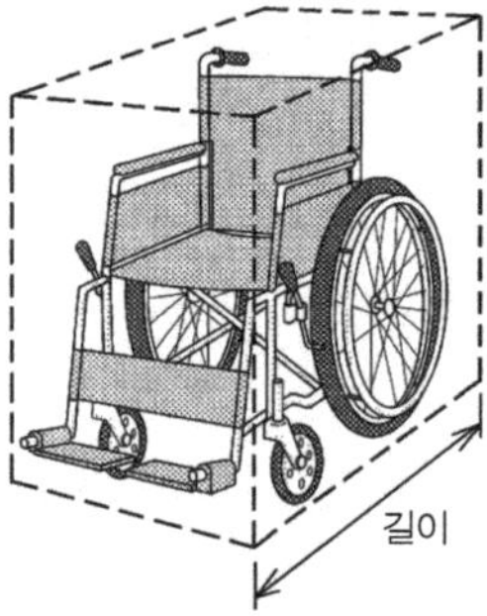

A KS, JIS, ISO 모두 (전동)휠체어(wheelchair)의 길이는 120cm 이하로 되어 있다(답 : ○). 실제 제품은 약 110cm이다. 휠체어의 길이는 현관 입구의 안길이, 단차 해소기의 안길이, 엘리베이터의 안길이 등과도 관련 있다. 우선 휠체어의 길이는 120cm 이하라는 것을 기억해두자.

참고 : 우리나라의 한국산업표준(KS P ISO 7193 : 2008)에서 휠체어의 치수는 전체 길이 120cm, 전체 너비 70cm, 전체 높이 109cm 이하로 규정하고 있다.

답 ▶ ○

Q KS와 JIS 규격의 수동 휠체어, 전동 휠체어의 너비는 70cm 이하, 높이는 109cm 이하이다.

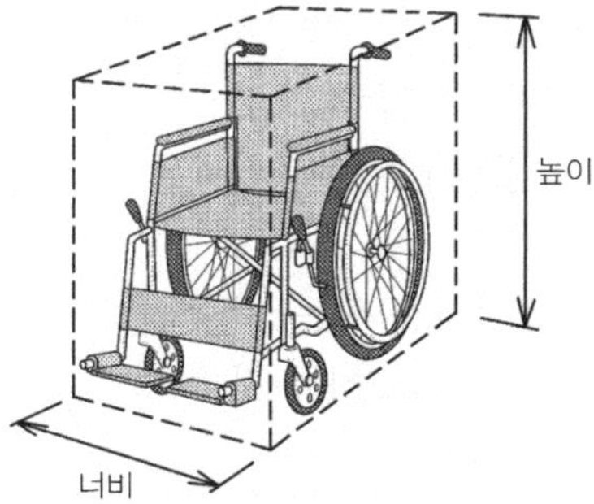

A 휠체어의 너비는 70cm 이하, 높이는 109cm 이하로 정해져 있다(답 : ○). 수동 휠체어는 다른 사람의 도움을 받지 않고 핸드 림(hand rim : 손으로 회전시키는 바퀴)이므로 너비가 넓은 편인데 보통 60cm 전후의 제품이 많다.

답 ▶ ○

Q 휠체어 사용자를 고려한 건축물 계획 시

1. 출입구의 유효폭을 70cm로 했다.
2. 문 아래에 킥 플레이트(kick plate)를 설치했다.

A 휠체어의 너비는 70cm 이하로 정해져 있다. 따라서 <u>출입구의 유효폭은 80cm 이상</u>으로 한다(답 : 1번은 ×). 또한 손이나 팔꿈치가 닿는 것을 고려해서 90cm 이상으로 하는 것이 바람직하다.

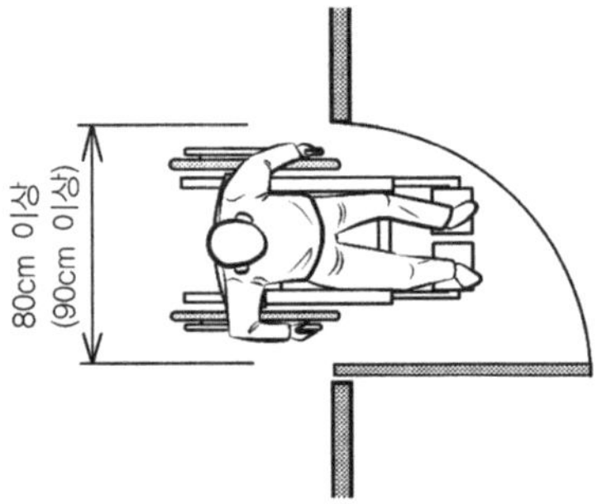

풋 레스트가 닿아 문에 흠집이 생기는 것을 방지하기 위해 문 아래에 킥 플레이트를 설치하는 것도 고려한다(답 : 2번은 ○).

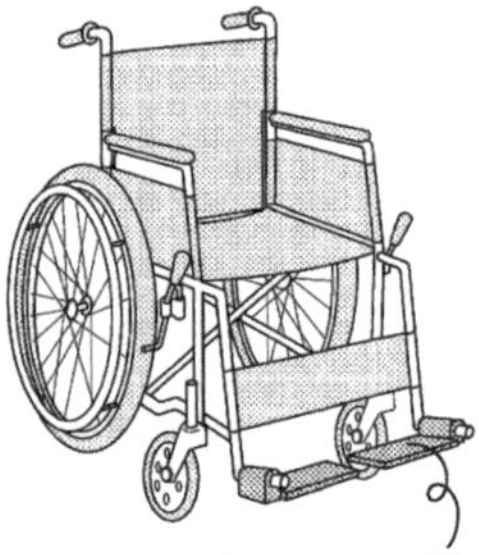

풋 레스트(foot rest : 발을 올려놓는 곳)

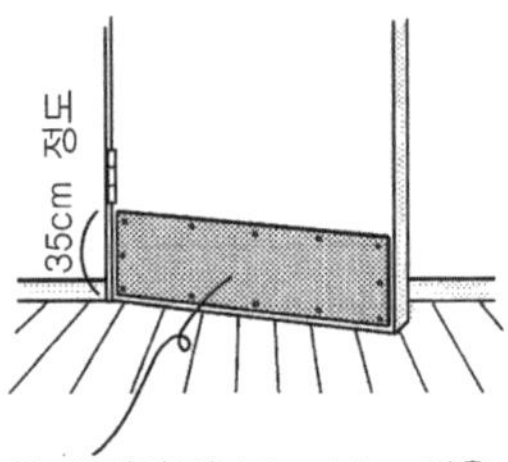

킥 플레이트(kick plate : 킥을 하는 판) : 스테인리스나 놋쇠 1mm 정도 두께의 판(철판에 도장을 하는 경우는 도장이 금방 벗겨진다)

- 일본의 어떤 노인 전용 임대주택의 출입구는 유효폭이 77cm로 좁아서 휠체어가 출입할 때 팔꿈치가 부딪치지 않도록 주의한다.

답 ▶ 1. ×, 2. ○

Q 휠체어 1대가 통과하는 복도폭을 90cm로 했다.

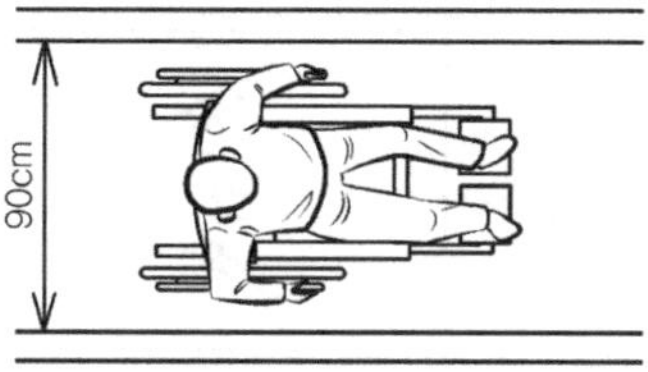

A 휠체어의 너비는 70cm 이하(실제 제품은 60cm 전후)이므로 여기에 10cm를 더한 80cm 이상으로 해야 문이나 복도를 통과할 수 있는 최소한의 치수가 된다. 또한 손이나 팔꿈치가 닿을 수 있는 것을 고려하여 10cm를 더 더한 <u>90cm 이상</u>으로 하는 것이 적당한 치수이다(답 : ○).

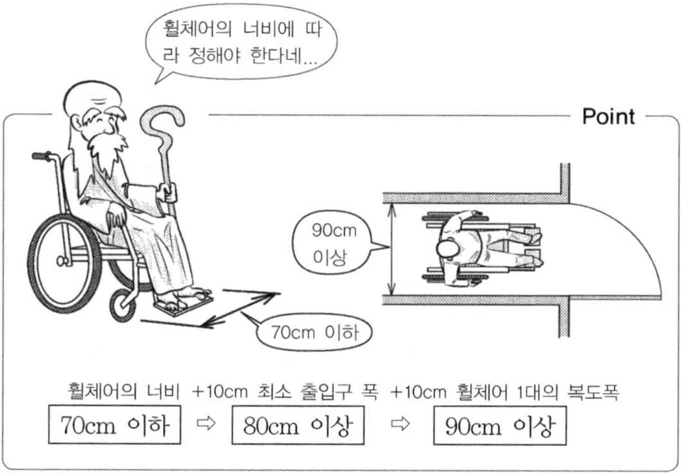

답 ▶ ○

Q 목발 사용자를 고려하여 복도의 폭을 120cm로 했다.

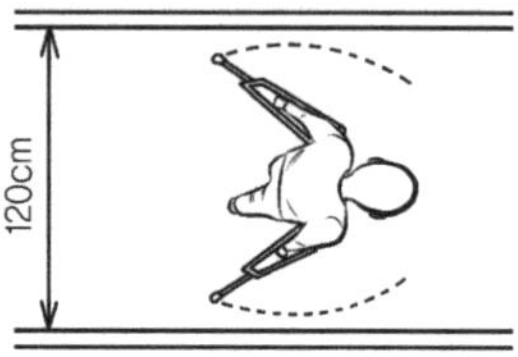

A 목발(crutches)을 사용하는 경우 양 어깨에서 비스듬히 넓어지는 만큼을 폭으로 잡는다. 휠체어처럼 안정적으로 움직이지 않으므로 흔들림을 고려한 폭도 크게 잡는다. 따라서 휠체어 1대의 복도폭보다 넓은 <u>90~120cm</u>로 한다(답 : ○).

		복도폭
휠체어 1대	……	약 90cm
목발 1명	……	약 120cm

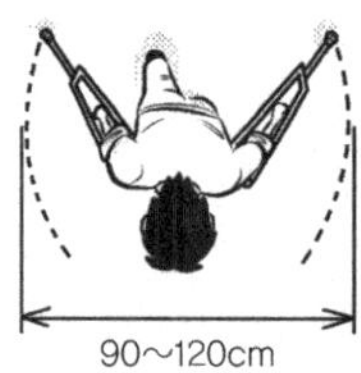

답 ▶ ○

★ R018 ○×문제 휠체어 2대의 복도폭

Q 복도의 유효폭을 휠체어 2대가 통과하는 경우를 고려하여 130cm로 했다.

A <u>휠체어 1대의 복도폭은 90cm 이상이며 2대인 경우는 그 배인 180cm 이상</u> 필요하다(답 : ×). 휠체어의 너비 70cm 이하, 최소 출입구폭 80cm 라는 점을 다시 한 번 기억해 두자.

휠체어의 너비

70cm 이하

⇩

최소 출입구폭

80cm 이상

⇩

출입구폭　휠체어 1대의 복도폭

80cm+10cm=90cm 이상

↳손이 닿을 수 있는 부분

⇩

휠체어 2대의 복도폭

90cm×2=180cm 이상

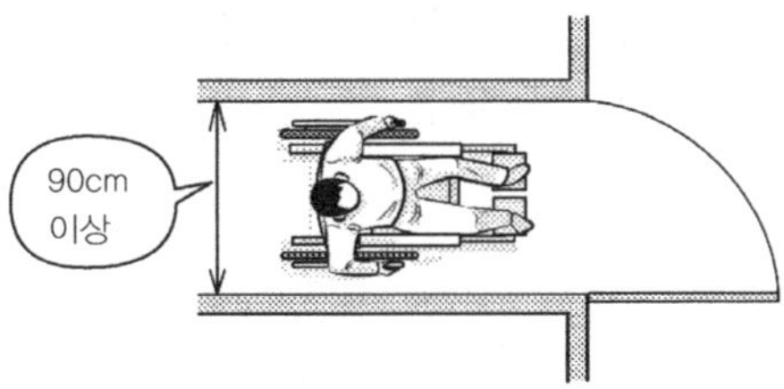

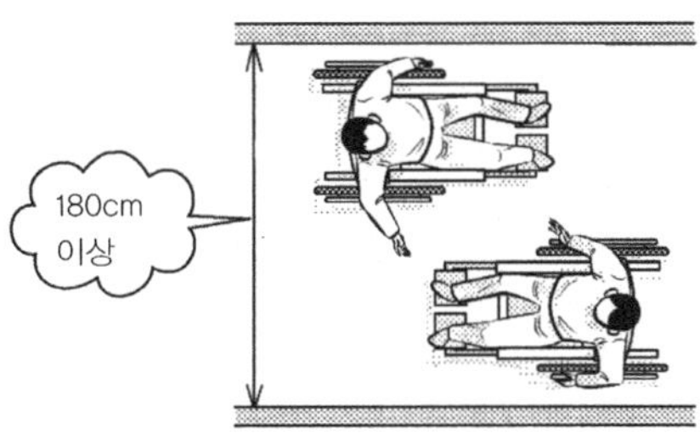

답 ▶ ×

Q 수동 휠체어가 양쪽 바퀴를 사용해서 1회전하는 직경은 120cm 이상, 한쪽 바퀴를 사용해서 1회전하는 직경은 180cm 이상 필요하다.

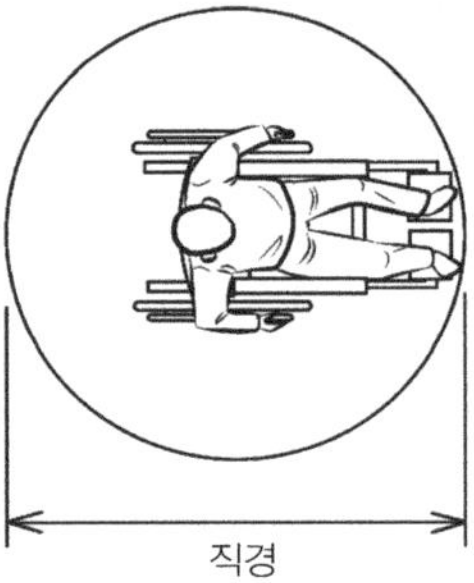

A <u>양쪽 바퀴를 사용하는 회전인 경우 지름 150cm 이상, 한쪽 바퀴를 사용하는 회전인 경우 지름 210cm 이상</u> 필요하다(답 : ×). 다기능 화장실(장애인용 화장실)의 크기는 안에서 회전할 수 있도록 적어도 직경 150cm의 크기가 필요하다.

답 ▶ ×

Q 휠체어가 180° 회전할 수 있는 복도폭은 140cm 이상이다.

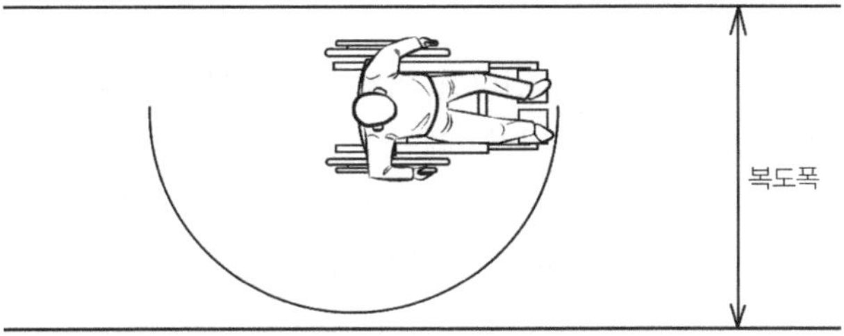

A 360° 회전하는 경우는 양쪽 바퀴를 사용할 경우 150cm 이상이지만, 180° 회전하는 경우는 반원을 그리면 되므로 약간 작은 약 140cm 정도면 충분하다(답 : ○). 복도폭 140cm는 주택에서는 현실적으로 불가능하며 공공시설이나 사회복지시설 등에서 참고하는 치수이다.

답 ▶ ○

Q 다기능 화장실의 크기를 안목길이 200cm×200cm의 정사각형으로 했다.

A 안목길이란 벽체 안쪽부터 건너편 벽체 안쪽까지의 유효한 부분의 길이를 말한다. 다기능 화장실은 변기, 세면대, 유아용 기저귀 교환대 등이 마련되어 있으며, 장애인이나 휠체어 사용자가 이용하기 편리하도록 만든 화장실을 말한다. 다음 그림처럼 안목길이 2m 이상이면 가능하다(답 : ○).

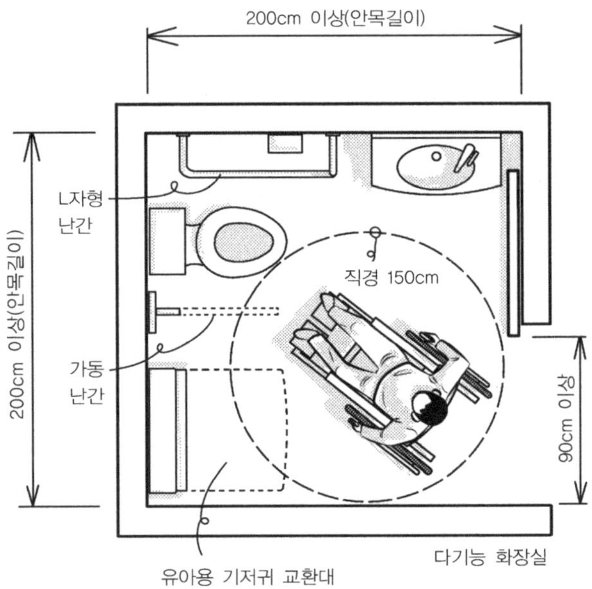

답 ▶ ○

Q 단독주택의 화장실에서 도움 공간을 고려하여 화장실의 안목길이를 140cm×180cm로 했다.

A 도우미가 필요한 경우 유효폭은 140cm 이상이다. 세면기는 이동에 방해가 되지 않도록 입구 쪽에 설치한다.

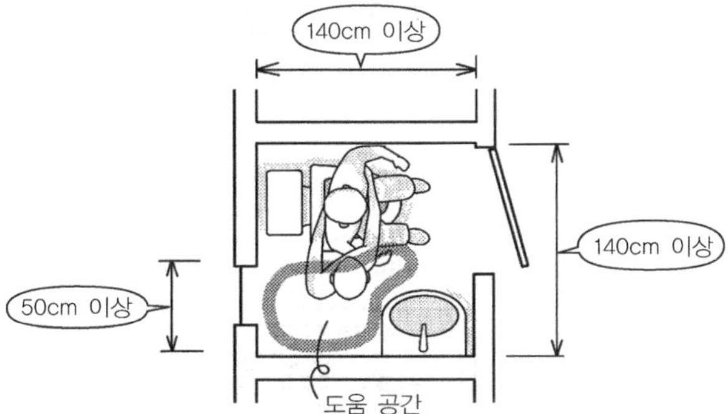

도움 공간은 50cm 이상 필요하다.

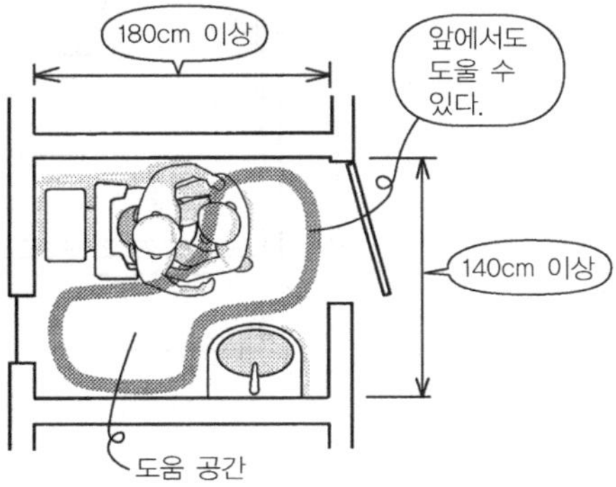

안길이를 180cm 정도로 하면 앞에서도 도울 수 있다 (답 : ○).

답 ▶ ○

Q 휠체어 사용을 고려하여 엘리베이터의 카고(cargo) 크기를 폭 140cm, 안길이 120cm로 했다.

A 휠체어의 길이는 120cm 이하이며 풋 레스트(발 받침대)에 놓이는 발 앞꿈치의 길이를 고려하면 안길이 120cm로는 부족하다(답 : ×). 안길이는 135cm 이상 되어야 한다. 또한 엘리베이터 안에 휠체어가 있어도 다른 사람이 탑승할 수 있도록 폭은 140cm 이상 되어야 한다.

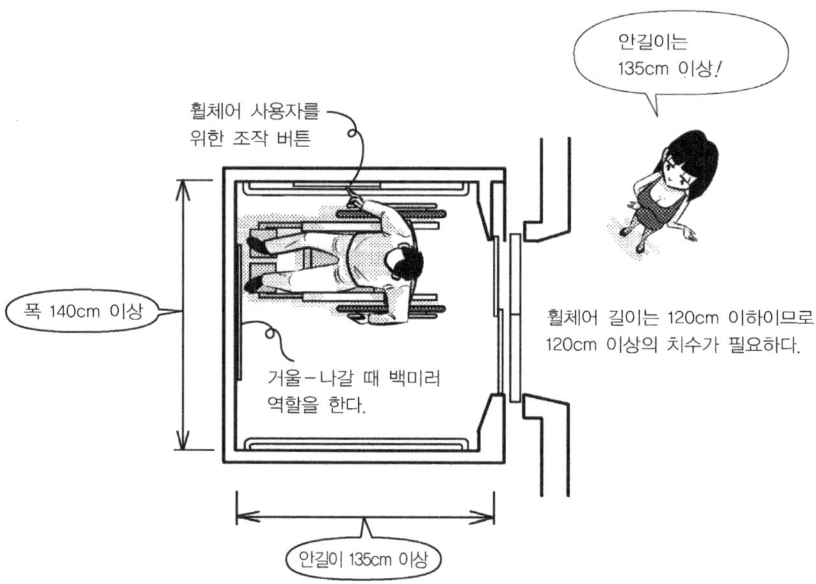

답 ▶ ×

Q 1. 엘리베이터 승강 로비에서 휠체어의 회전을 고려하여 승강 로비의 넓이를 180cm×180cm로 했다.

2. 휠체어 사용자가 이용하는 엘리베이터 조작 버튼의 높이를 바닥으로부터 130cm로 했다.

A 승강 로비(lobby)는 휠체어가 회전할 수 있도록 직경 150cm 이상의 공간이 필요하다(답 : 1번은 ○). 엘리베이터 조작 버튼은 휠체어에 앉았을 때의 눈높이인 100~110cm 위치에 설치한다(답 : 2번은 ×).

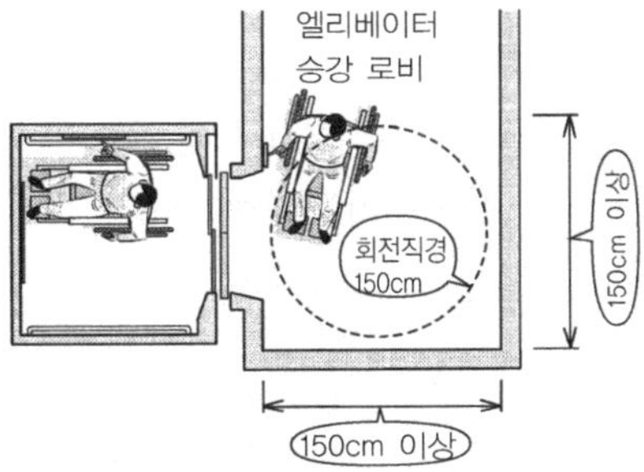

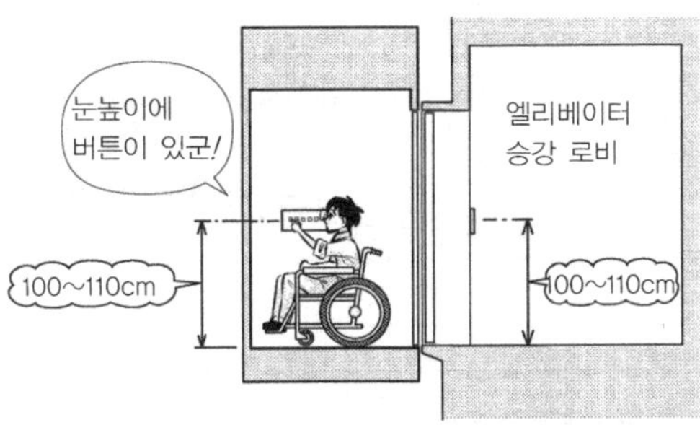

일반 사용자의 경우 100cm는 낮으므로 120~130cm 위치에 별도의 조작 버튼을 설치하는 것이 일반적이다.

시선이 일(一)자 형태인 것을 연상해서 외우자.

답 ▶ 1. ○, 2. ×

Q 1. 휠체어용 경사로의 구배를 1/15로 했다.
2. 보행자용 경사로의 구배를 1/6로 했다.

A 경사로(slope)의 구배는 휠체어용일 경우 1/12 이하에서 1/18 이하가 바람직하다(답 : 1번은 ○). 또한 보행자용일 경우에는 1/8 이하로 해야 한다(답 : 2번은 ×). 1/12, 1/8이라는 숫자는 지금 바로 외워두도록 하자. 3m 층고를 경사로로 만들려면 보행자용일 경우 3m×8=24m, 휠체어용일 경우 3m×12=36m가 필요하다(경사로참 제외).

휠체어용 경사로 … 1/12 이하(1/18 이하가 바람직하다)
보행자용 경사로 … 1/8 이하

• 르 코르뷔지에가 자주 사용한 경사로 중에 사보아 주택(1931년)과 라 로쉬 잔느 주택(1923년)의 경사로를 올라가 보니 생각보다 걷기 힘들다는 느낌을 받았다.

답 ▶ 1. ○, 2. ×

경사로를 적극적으로 사용한 최초의 건축가는 르 코르뷔지에(Le Corbusier)라 할 수 있다. 라 로쉬 잔느 주택의 아틀리에로 가는 경사로는 실제로 올라가보니 꽤 힘들었다. 구배를 계산해보니 약 1/3.8로 급경사였다. 또한 사보아 주택의 경사로는 약 1/5.6로 역시 가파른 편이어서 지금의 건축법으로는 만들 수 없는 경사로였다.

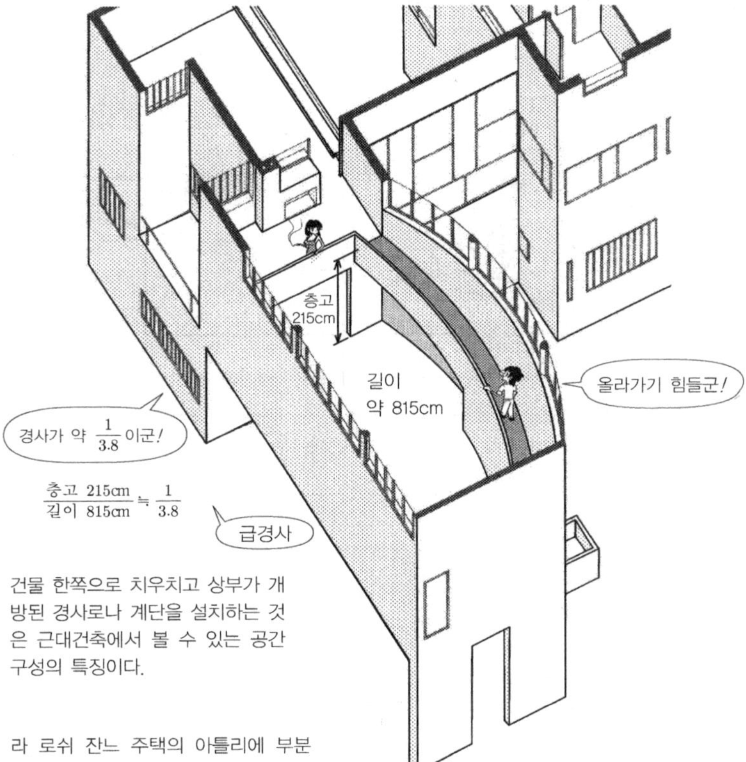

건물 한쪽으로 치우치고 상부가 개방된 경사로나 계단을 설치하는 것은 근대건축에서 볼 수 있는 공간 구성의 특징이다.

라 로쉬 잔느 주택의 아틀리에 부분
(1923년, 파리, 르 코르뷔지에)

참고자료 : 르 코르뷔지에 재단의 실측도

Q 1. 주차장 전용 경사로의 구배를 1/5로 했다.
2. 주차장 계단에 병행 설치하는 자전거용 경사로의 구배를 1/4로 했다.

A 자동차용은 1/6(17%) 이하, 계단에 병행 설치하는 자전거용은 1/4 이하로 하도록 되어 있다(답 : 1번은 ×, 2번은 ○). 이 경우 자전거용 경사로란 자전거에서 내려 끌고 올라가는(내려가는) 경우의 경사로이다.

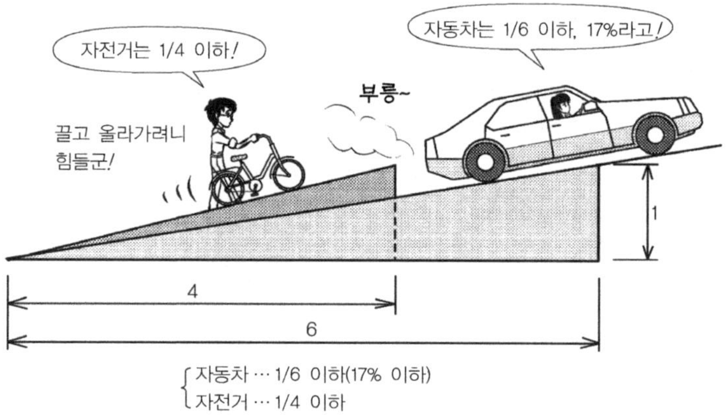

답 ▶ 1. ×, 2. ○

Q 1. 휠체어용 경사로의 구배를 1/12로 하고 폭은 100cm로 했다.
2. 계단에 병행 설치하는 경사로의 폭을 100cm로 했다.

A 휠체어용 경사로의 폭은 120cm 이상, 계단에 병행 설치하는 경우는 90cm 이상으로 하도록 되어 있다. 계단에 병행 설치하는 경우 보행자는 계단을 이용하기 때문에 휠체어만 지나가면 된다. 출입구 최소폭 80cm 이상 +10cm=90cm 이상이 되며 복도폭과 같은 치수이다(R016 참조). 한편 계단이 없는 단독 경사로인 경우는 보행자도 함께 지나가야 하므로 적어도 120cm 이상은 필요하다(답 : 1번은 ×, 2번은 ○).

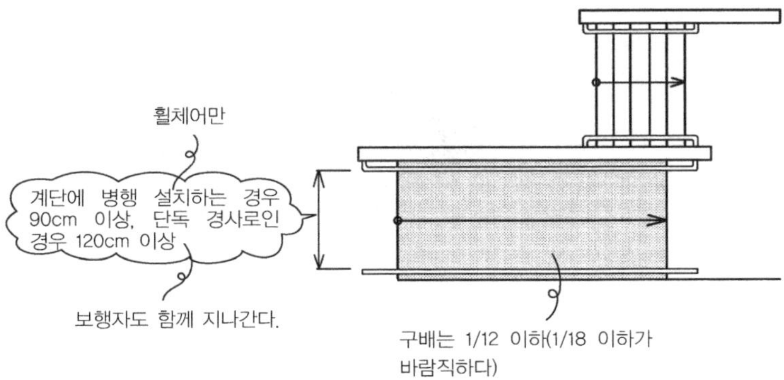

• 휠체어 사용자의 통행이 가능한 접근로는 단차 또는 틈새가 있을 경우 그 높이 또는 간격을 2cm 이하로 하여야 한다.

답 ▶ 1. ×, 2. ○

Q 1. 휠체어용 경사로의 구배를 1/12로 하고 높이 100cm 이내마다 경사로참을 설치했다.

2. 휠체어용 경사로의 폭을 120cm로 하고 경사로참의 활동공간을 150cm로 했다.

A 휠체어 바퀴를 스스로 굴리면서 경사로를 오르는 것은 매우 힘든 일이다. 따라서 바닥면으로부터 높이 75cm 이내마다 경사로참을 설치하도록 되어 있다(답 : 1번은 ×). 경사로참의 활동공간은 휠체어 길이(120cm 이하)보다 더 여유 있게 150cm 이상으로 한다(답 : 2번은 ○).

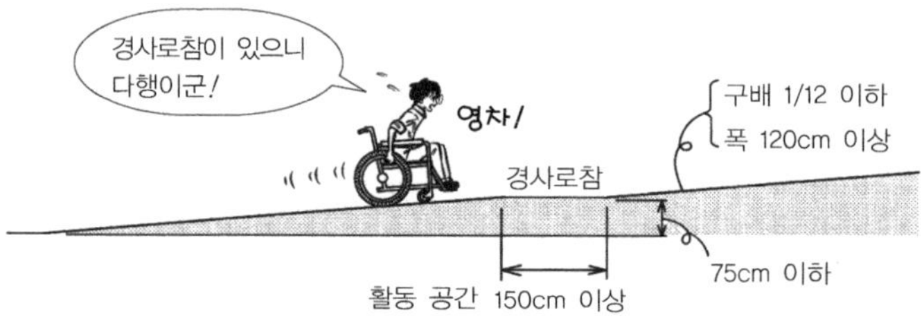

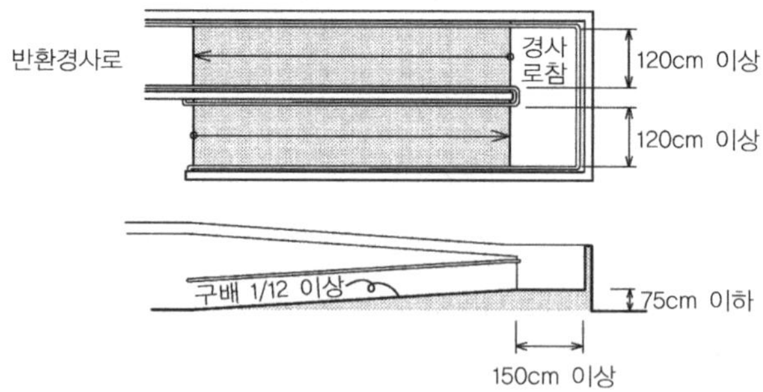

답 ▶ 1. ×, 2. ○

Q 노인이 이용하는 계단의 구배를 6/7로 했다.

A 노인용 계단은 6/7(약 40°) 이하, 7/11 이하가 바람직하다고 되어 있다(답 : ○). 계단의 구배는 계단코를 연결한 선으로 측정한다.

답 ▶ ○

Q 노인용 계단의 단높이(R), 단너비(T)는 55cm≦2R+T≦65cm를 충족하는 치수로 한다.

A 오르기 쉬운 계단 치수의 지표로 2R+T가 있다. 평지에서 1보의 길이는 수평방향으로 측정한다. 이는 단너비(T)로 생각할 수 있다. 한편 계단은 높이방향의 단높이(R)로 생각할 수 있다. 높이 방향으로 몸을 움직이는 것은 평면방향으로 몸을 움직이는 것보다 더 힘들어서 2배로 잡아 2R로 한다. 따라서 계단에서의 1보는 2R+T라 할 수 있다. 2R+T는 55cm 이상, 65cm 이하로 하고 그 중간인 60cm가 오르기 쉽다고 할 수 있다(답 : ○).

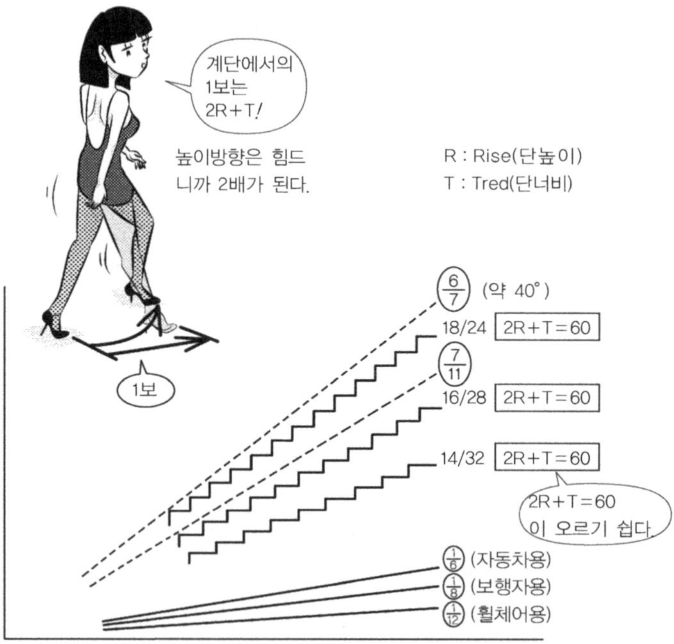

답 ▶ ○

Q 에스컬레이터의 구배를 1/2로 했다.

A 에스컬레이터의 구배는 30° 이하로 하도록 되어 있다. 구배 30°를 분수로 나타내면 $1/\sqrt{3}=1/1.73$이 되며 질문에서의 1/2은 1/1.73… 이하가 된다(답 : ○).

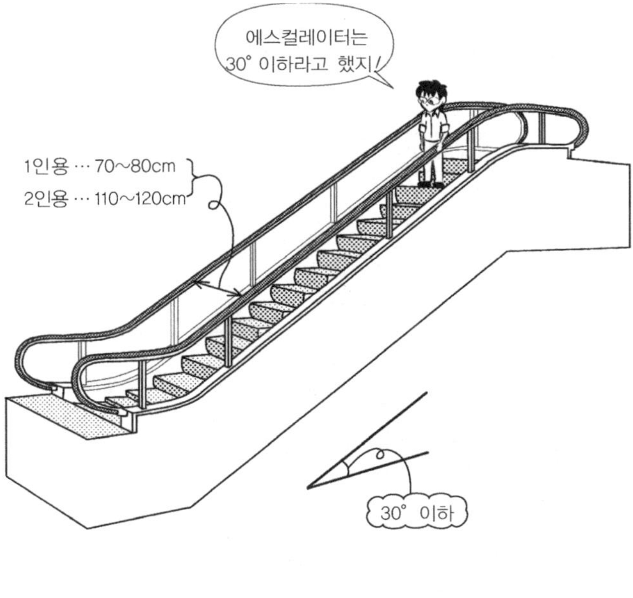

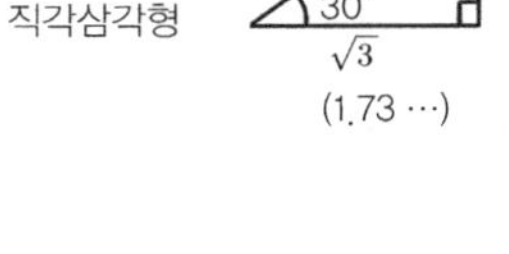

구배 $\frac{1}{\sqrt{3}}=\frac{1}{1.73\cdots}$ 이하

$\frac{1}{2}\leqq\frac{1}{1.73}$ 이므로

답은 ○

답 ▶ ○

Q 1. 슬레이트(섬유강화시멘트판) 이음의 지붕구배를 2/10로 했다.
2. 일본기와 이음의 지붕구배를 4/10로 했다.
3. 금속판 기왓가락 이음의 지붕구배를 2/10로 했다.

A 슬레이트의 지붕구배는 3/10(세치 구배) 이상으로 한다. 금속판은 물이 흐르기 쉽기 때문에 그보다 완만한 2/10(두치 구배) 이상으로 한다. 기와는 겹쳐지는 부분으로 물이 들어가기 쉬우므로 슬레이트보다 급한 4/10(네치 구배) 이상으로 한다(답 : 1번은 ×, 2번은 ○, 3번은 ○).

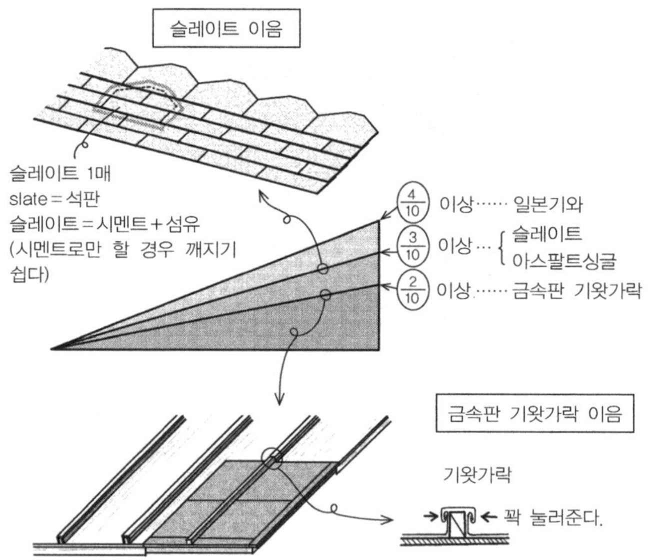

• 지붕구배가 너무 급하면 물의 흐름은 좋아지지만 지붕에 올라가기가 어렵기 때문에 관리하기 어려운 단점이 있다.

답 ▶ 1. ×, 2. ○, 3. ○

휠체어용 경사로	$\frac{1}{12}$ 이하 ($\frac{1}{18}$ 이하가 바람직하다)
보행자용 경사로	$\frac{1}{8}$ 이하
자동차용 경사로(주차장)	$\frac{1}{6}$ 이하 (17% 이하)
자전거용 경사로 (주차장, 계단 병행 설치)	$\frac{1}{4}$ 이하
노인용 계단	$\frac{6}{7}$ 이하 $55cm \leqq 2R + T \leqq 65cm$
에스컬레이터	30° 이하
슬레이트 지붕	$\frac{3}{10}$ 이하

Q 계단에서 난간의 높이를 디딤판의 계단코 위치로부터 120cm로 했다.

A 계단 벽에 설치하는 몸을 보조하는 난간의 높이는 75~85cm 정도로 한다. 120cm로 하면 너무 높아서 몸을 기대지 못한다(답 : ×). 벽이 없는 계단에서는 90cm 정도로 하는 것이 안전하지만, 이 경우도 손으로 잡을 수 있는 난간은 낮은 위치에 별도로 설치하는 것이 좋다. 옥상광장, 베란다, 외복도의 추락방지용 난간은 건축법에서 120cm 이상으로 정하고 있다.

몸을 보조하는 난간 … 높이 75~85cm 정도
수평바닥 부분의 난간 … 높이 120cm 이상

베란다가 없는 창문 아래 벽의 높이도 120cm 이상으로 하는 경우가 많다.

- 계단의 난간은 양쪽에 있는 것이 바람직하지만, 한쪽에만 있는 경우에는 내려올 때 붙잡기 편한 쪽에 설치한다.

참고 : 추락방지용 난간의 높이를 일본 건축법에서는 110cm 이상으로 규정하고 있으나, 우리나라 건축법에서는 120cm 이상으로 규정하고 있다.

답 ▶ ×

Q 복도 벽에 설치하는 난간은 노인을 고려해 바닥으로부터 75cm와 60cm 2단으로 만들었다.

A 허리를 구부려 난간에 몸을 기대는 경우 또는 키가 작은 노인의 경우 75cm는 너무 높을 때가 있다. 따라서 <u>높이 75~85cm와 60~65cm의 2단 난간</u>으로 하는 것이 효과적이다(답 : ○).

• 유니버설 디자인(universal design)이란 직역하면 '보편적 설계'라 할 수 있다. 문화, 능력, 언어, 남녀노소, 장애 유무 등의 차이에 상관없이 이용할 수 있는 시설, 제품, 정보 등을 설계하는 것을 말한다.

답 ▶ ○

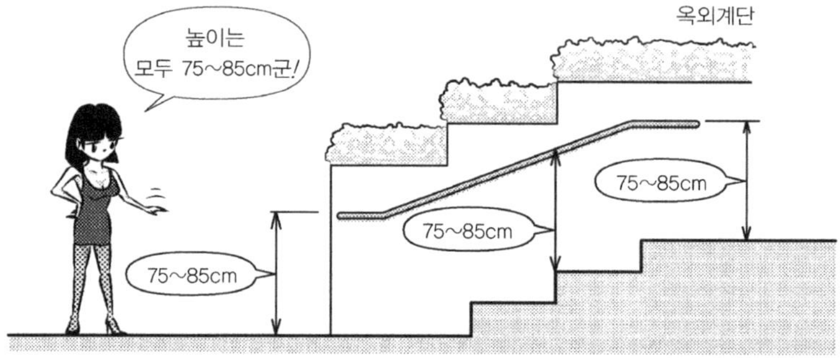
옥외계단
높이는 모두 75~85cm군!
75~85cm
75~85cm
75~85cm

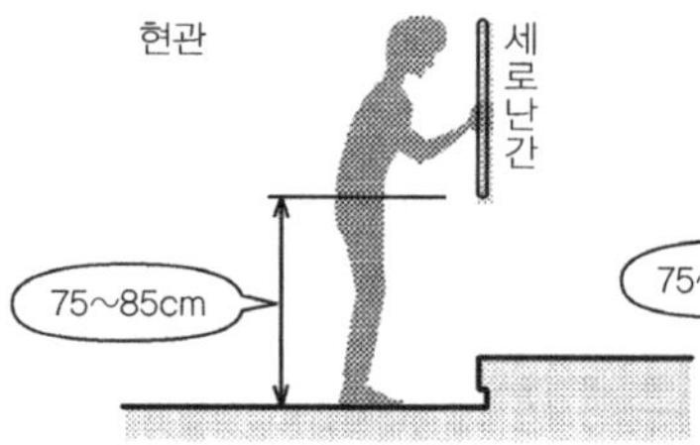
현관
세로난간
75~85cm

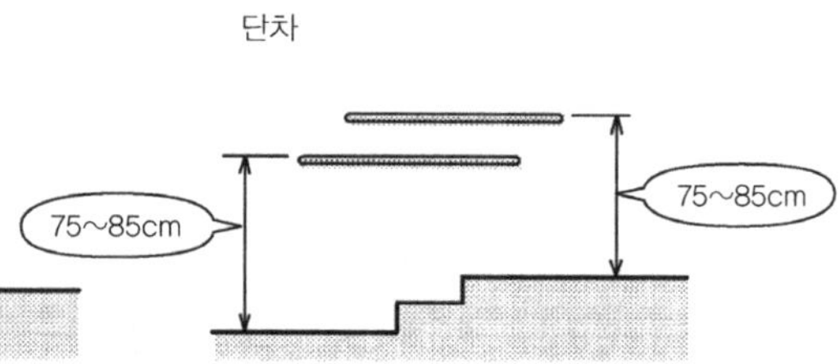
단차
75~85cm
75~85cm

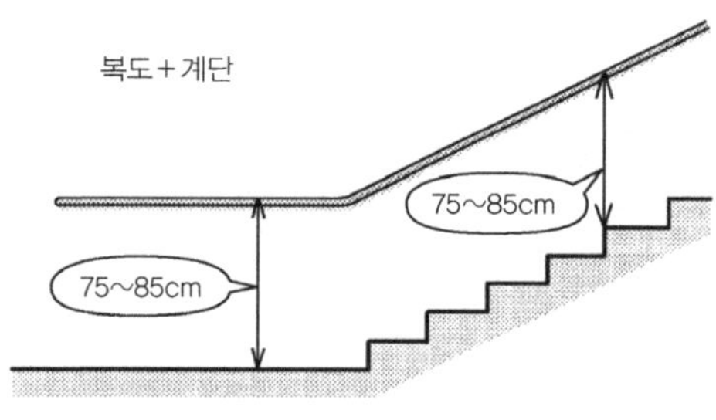
복도+계단
75~85cm
75~85cm

Q 계단과 복도의 난간 직경을 3.5cm, 난간과 벽 사이의 간격을 40mm로 했다.

A 난간을 잡기 쉽게 하려면 난간의 직경은 3~4cm로 한다. 또한 벽으로부터의 간격은 4~5cm로 한다(답 : ○).
벽에서 돌출되는 브래킷(돌출철물)의 모양은 손이 걸려서 방해되지 않도록 아래에서 받치는 모양으로 한다.

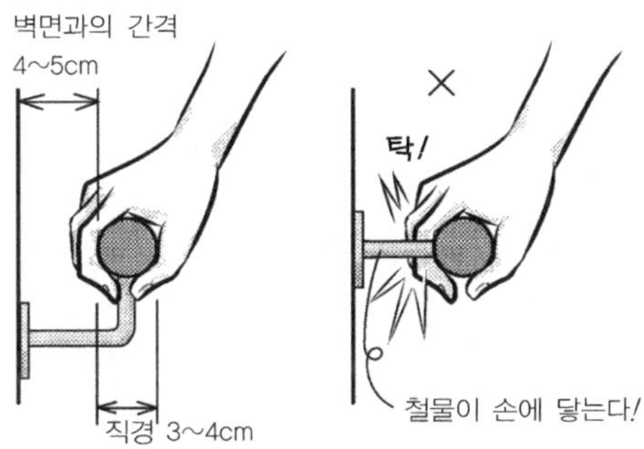

답 ▶ ○

Q 1. 계단이 끝나는 부분의 난간을 수평으로 30cm 늘인 후 아래로 구부렸다.

2. 복도와 계단의 난간을 연결하고 끝부분을 아래로 구부렸다.

A

난간이 끝나는 부분은 옷소매가 걸리지 않도록 끝부분을 벽쪽이나 아래로 꺾어서 구부린다. 또한 복도와 계단의 난간은 계속 이어지게 연결하는 것이 좋다. 계단에만 난간을 설치하는 경우는 수평 부분을 30cm 정도 두면 복도에서 계단으로 이동할 때 몸을 기댈 수 있어 편리하다(답 : 1, 2번 모두 ○).

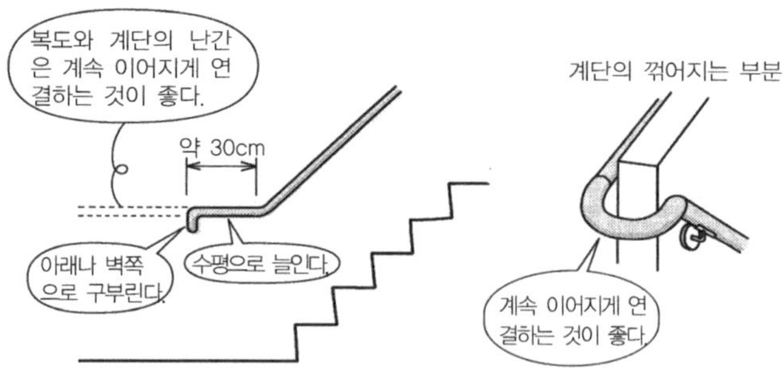

답 ▶ 1. ○, 2. ○

Q 1. 양식 화장실의 난간 직경을 가로형 난간보다 세로형 난간을 굵게 했다.
2. 양식 화장실의 L형 난간 길이를 세로방향 80cm, 가로방향 60cm로 했다.

A 화장실에서 앉았다 일어났다 하는 동작 시 무릎에 가해지는 부담을 줄이기 위해 난간을 사용하는 경우가 있다. 세로형 난간은 손으로 붙잡고 당기기 때문에 <u>직경 3~4cm 정도</u>로 한다.

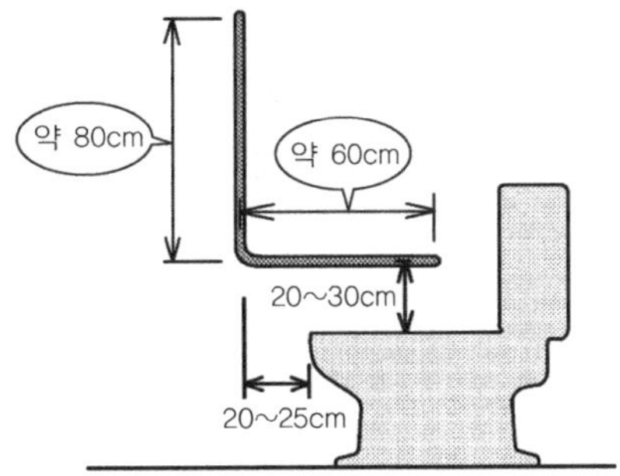

가로형 난간은 팔을 올려놓고 몸을 기대기 때문에 세로형 난간보다 굵게 하는 경우가 많다(답 : 1번은 ×). 또한 화장실에서는 L형 난간의 세로 부분을 붙잡고 일어나거나 가로 부분에 팔을 올려놓는 경우가 많기 때문에 세로는 약 80cm, 가로는 약 60cm 정도가 필요하다(답 : 2번은 ○).

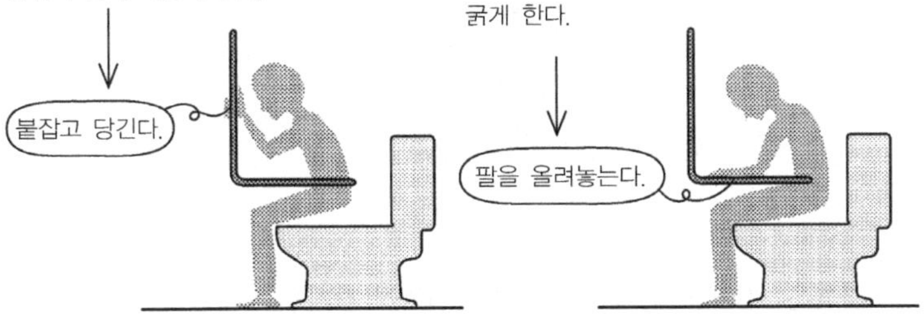

L형 난간의 기성품으로는 가로 및 세로 모두 직경 32mm 정도인 것이 많다.

답 ▶ 1. ×, 2. ○

Q 1. 시각장애인을 위한 점자블록을 계단으로부터 30cm 정도 되는 위치의 바닥 위에 설치했다.

2. 노인을 위한 발밑등(foot light)을 계단이 시작되는 첫 번째 디딤판과 계단이 끝나는 디딤판의 바닥으로부터 30cm 정도 되는 높이에 설치했다.

A 공공장소에 설치하는 계단에는 시각장애인용 점자블록이나 시력이 좋지 않은 사람을 위해 발밑등을 설치한다(답 : 1, 2번 모두 ○).

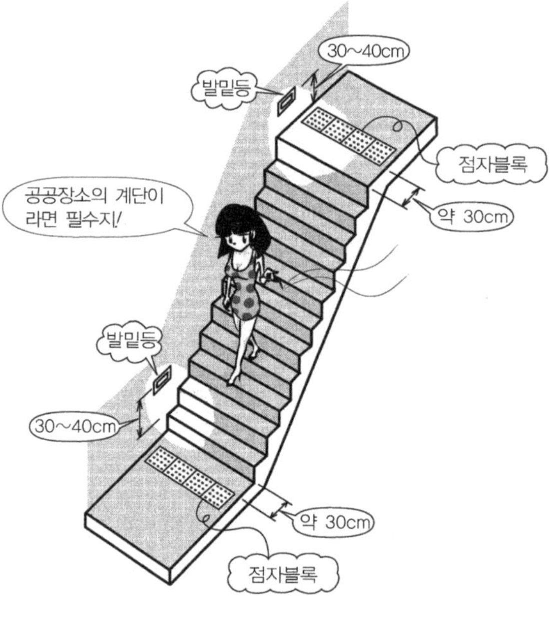

• 점자블록은 시각장애인의 보행편의를 위하여 감지용 점형블록과 유도형 선형블록을 사용하고 있다. 점형블록은 승강기, 화장실, 승강장 등 시각장애인을 유도할 필요가 있거나 위험한 장소 또는 선형블록이 시작 · 교차 · 굴절되는 지점에 설치하며, 선형블록은 시각장애인을 진행방향으로 유도하는 용도로 사용한다.

답 ▶ 1. ○, 2. ○

Q 1. 휠체어 사용자를 고려하여 현관의 문지방과 현관 포치(porch)의 고저차를 3cm로 했다.

2. 노인을 고려하여 현관의 문지방을 현관 포치와 같은 색으로 했다.

A 문지방은 방수성과 기밀성을 확보하기 위해 안쪽을 높게 한다. 그러나 단차를 크게 하면 휠체어가 출입하기에 불편하고 발이 걸리기 쉽다. 따라서 2cm 이하로 하도록 되어 있다(답 : 1번은 ×). 또한 노인은 색채 인식능력이 떨어지는 경향이 있으므로 주위와 색을 달리해서 발이 걸려 넘어지지 않도록 한다(답 : 2번은 ×).

• 일본의 어떤 노인 임대주택의 현관문에 있는 문지방은 단차가 2cm 정도 나는데, 그 정도의 높이만으로도 휠체어가 출입하기에 매우 불편하다. 방수성을 유지하는 범위 내에서 편평한 면으로 하는 것이 좀 더 실용적이고 바람직할 것이다.

답 ▶ 1. ×, 2. ×

Q 노인을 고려하여

1. 현관 마룻귀틀의 단차를 18cm 이하로 했다.
2. 발코니로 가는 출입구의 단차가 36cm여서 높이 18cm, 안길이 25cm, 폭 50cm의 발판을 설치했다.

A

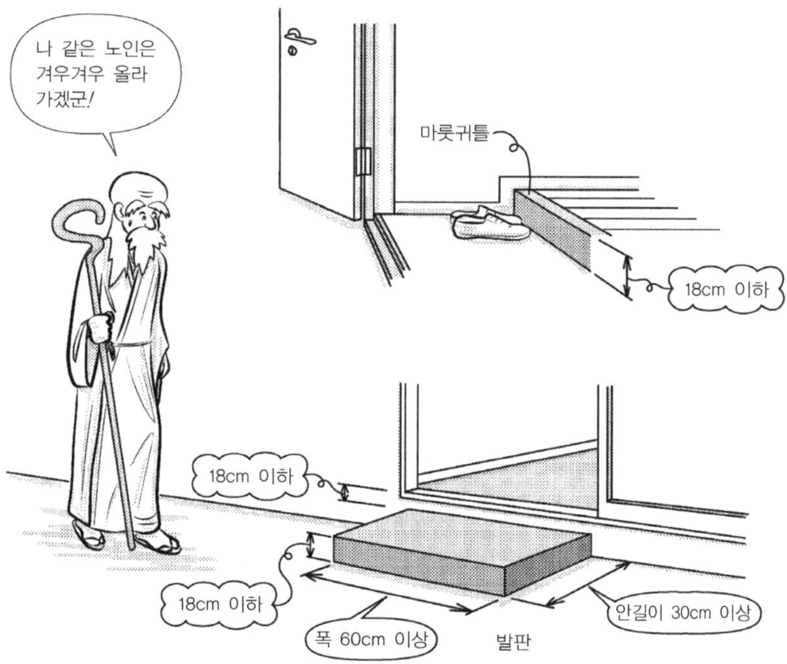

마룻귀틀의 높이는 18cm 이하, 베란다나 발코니로 가는 출입구도 1단이 18cm 이하가 되도록 한다. 발판은 안길이 30cm 이상, 폭은 60cm 이상으로 하도록 되어 있다(답 : 1번은 ○, 2번은 ×).

답 ▶ 1. ○, 2. ×

Q 노인을 고려하여

1. 그레이팅을 사용해서 욕실 입구의 단차를 없앴다.
2. 욕실 바닥에서 욕조 모서리까지의 높이를 40cm로 하고 욕조의 깊이를 50cm로 했다.

A 욕실 바닥은 물이 탈의실로 들어가지 않도록 탈의실보다 10cm 정도 낮게 하는 것이 일반적이다. 배수구와 그레이팅을 설치해서 편평하게 이어지게 할 수 있다(답 : 1번은 ○). 기존 욕실 바닥에 발판을 깔아서 출입구의 단차를 없애는 것도 효과적인 방법이다. 발판은 짧은 것으로 여러 개 깔면 분리해서 청소할 수 있기 때문에 편리하다.

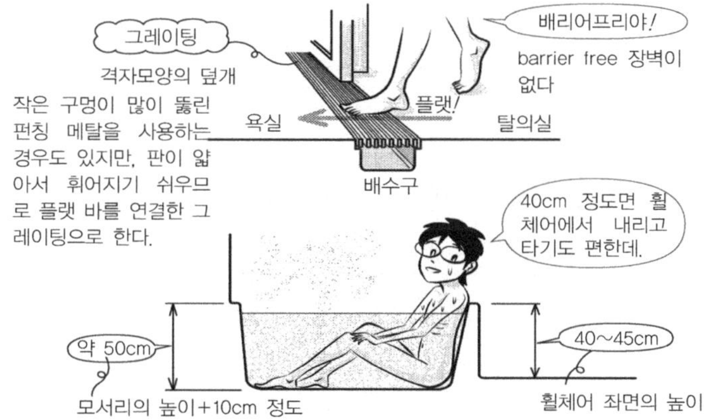

휠체어의 좌면 높이 <u>40~45cm</u>와 욕조 모서리의 높이를 맞추면 휠체어에서 내리고 타기가 편리하다(답 : 2번은 ○). 내리고 탈 경우는 욕조에 배스보드(bath board ; 욕조판)를 걸쳐놓고 그 위에 일단 앉을 수도 있다. 욕조의 깊이는 40cm면 너무 낮아서 몸을 충분히 담그기 어렵다. <u>50cm</u> 정도로 하는 것이 바람직하므로 바닥으로부터 5~10cm 낮춘다.

답 ▶ 1. ○, 2. ○

Q 주차공간을 1대당 폭 200cm, 안길이 400cm로 했다.

A 일반적으로 주차공간은 폭 230~300cm, 안길이 500~600cm 정도로 한다 (답 : ×). 230cm×600cm로 외워두자. 폭이 210cm여도 주차는 가능하다. 승용차의 표준 크기는 폭 170cm×길이 470cm×높이 200cm 이하이다. 평면적으로 봤을 때 꽤 큰 공간을 차지한다.

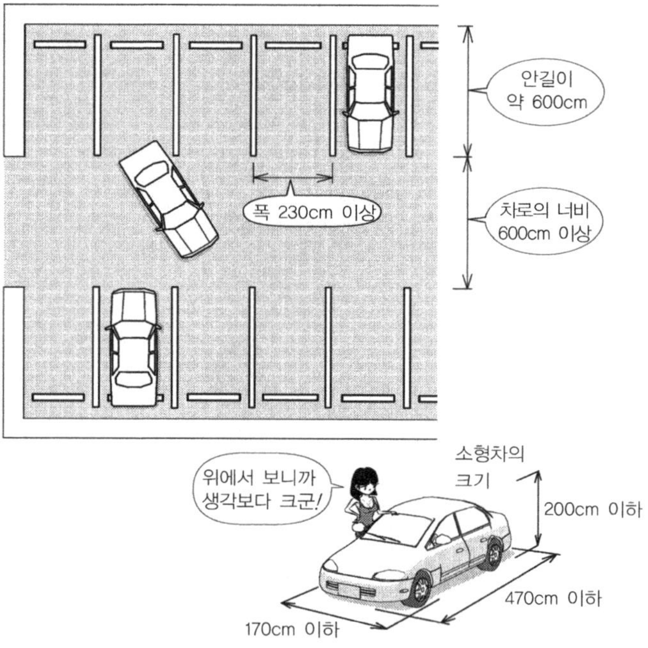

참고 : 우리나라의 주차장법 시행규칙에서 주차장의 주차구획은 직각주차의 경우 폭 230cm 이상, 안길이 500cm 이상으로 규정하고 있으며, 차로의 너비는 600cm 이상으로 규정하고 있다.

답 ▶ ×

Q 휠체어용 주차공간을 1대당 폭 250cm, 안길이 600cm로 했다.

A 주차공간은 일반적으로 폭 230~300cm, 안길이 500~600cm 정도가 필요하다. 휠체어용 주차공간은 문을 연 상태에서 출입하기 때문에 폭이 350cm 이상 필요하다(답 : ×).

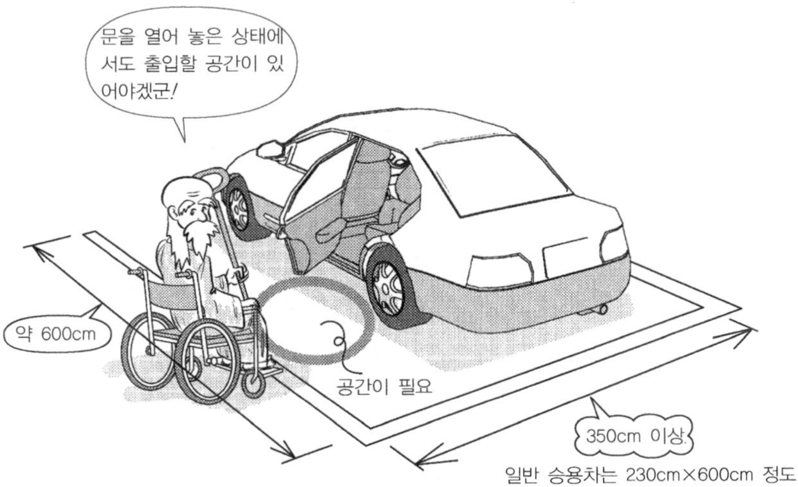

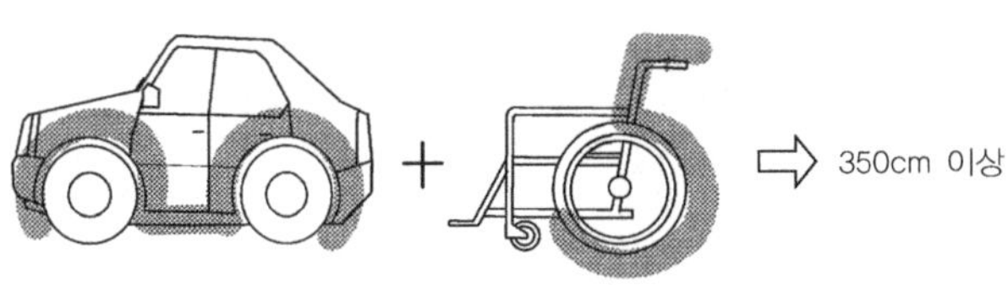

참고 : 우리나라의 주차장법 시행규칙에서 휠체어용 주차공간은 직각주차의 경우 폭 330cm 이상, 안길이 500cm 이상으로 규정하고 있다.

답 ▶ ×

Q 주차장에서 휠체어용 주차공간을 전체 주차대수 50대 중 2대 확보했다.

A 휠체어용 주차장은 전체 주차공간의 1/50(2%) 이상 확보해야 한다. 전체 주차대수가 50대라면 1대 이상 확보하면 된다(답 : ○).

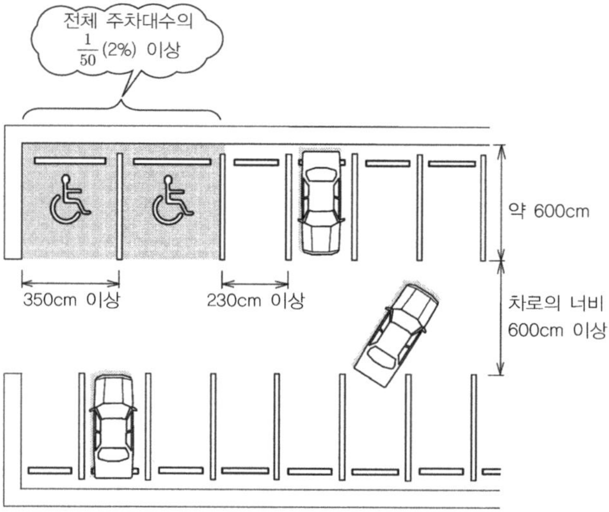

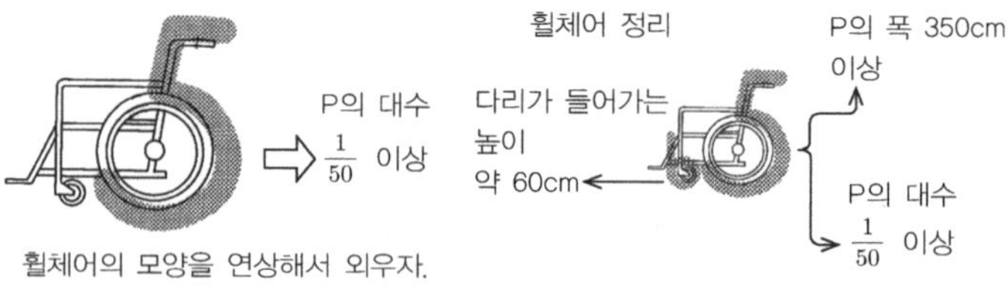

참고 : 우리나라의 주차장법 시행령에서 장애인전용 주차구역을 설치해야 하는 시설물에는 부설주차장 설치기준에 따른 부설주차장 주차대수는 2~4% 범위에서 지방자치단체의 조례로 정하는 비율 이상을 확보해야 한다.

답 ▶ ○

Q 1. 차로를 포함한 주차장 1대당 면적을 50㎡로 했다.

2. 차로를 포함한 주차장 1대당 면적은 직각주차보다 60° 주차가 작다.

A 차로를 포함한 주차장 면적은 1대당 30~50㎡이다(답 : 1번은 ○). 비스듬히 주차하는 방식은 차가 출입하기 편하고 차로폭도 덜 필요하지만 낭비되는 공간이 많아 1대당 면적이 커진다(답 : 2번은 ×).

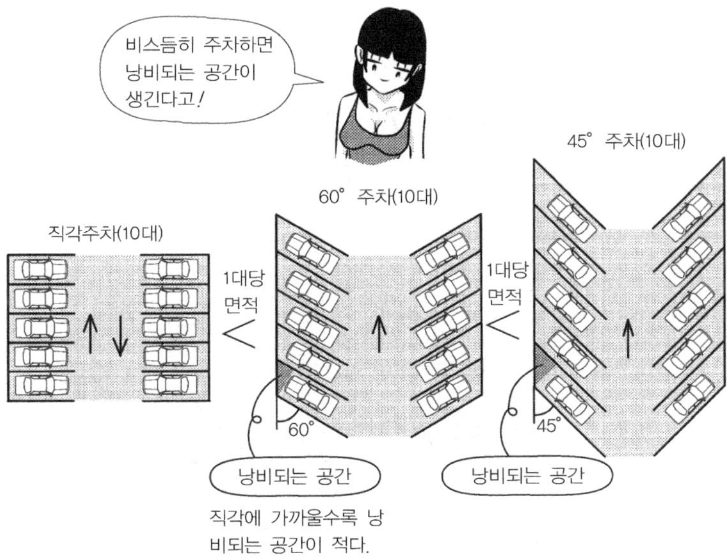

답 ▶ 1. ○, 2. ×

Q 주차장 차로의 폭을 600cm로 했다.

A 주차장 차로의 폭은 양방통행일 경우 550cm 이상, 일방통행일 경우 350cm 이상으로 한다(답 : ○).

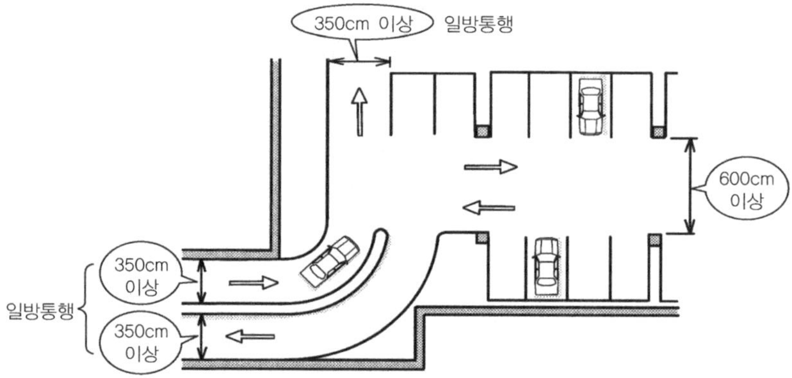

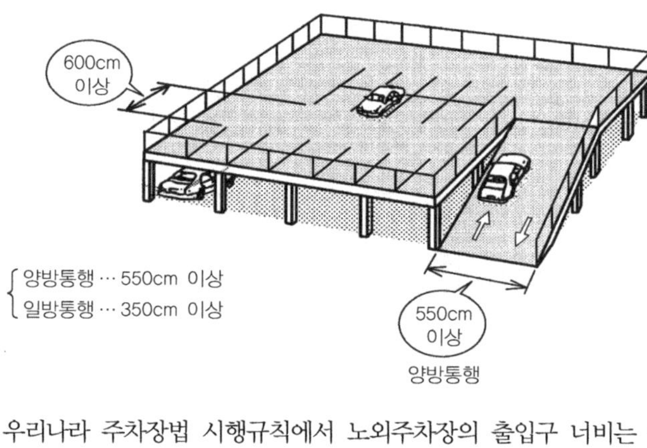

참고 : 우리나라 주차장법 시행규칙에서 노외주차장의 출입구 너비는 주차대수 규모가 50대 이상인 경우에는 입구와 출구를 분리하거나 너비 5.5m 이상의 출입구를 설치하도록 규정하고 있다.

답 ▶ ○

Q 주차장 차로에서 곡선 부분의 내측 회전반경을 600cm로 했다.

A 내측 회전반경이란 자동차의 가장 안쪽에서 측정한 회전반경이다. 회전반경은 작을수록 급커브이므로 바람직하지 않다. 주차장 곡선 부분에서는 600cm 이상(주차장의 총주차대수가 50대 이하인 경우 : 500cm 이상)으로 하도록 되어 있다(답 : ○).

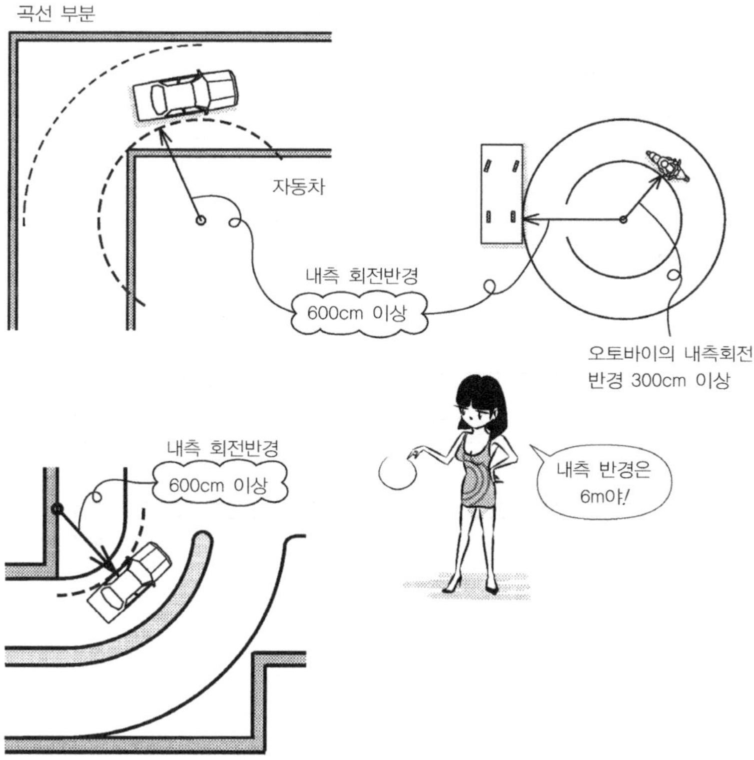

답 ▶ ○

Q 주차장에서 보 아래의 높이를 200cm로 했다.

A 주차장에서 보 아래의 높이는 차로일 경우 230cm 이상, 주차공간일 경우 210cm 이상으로 하도록 되어 있다. 차체의 천장이 높은 웨건차의 경우 높이가 210cm 정도이므로 주차공간도 230cm 정도는 되어야 한다 (답 : ×).

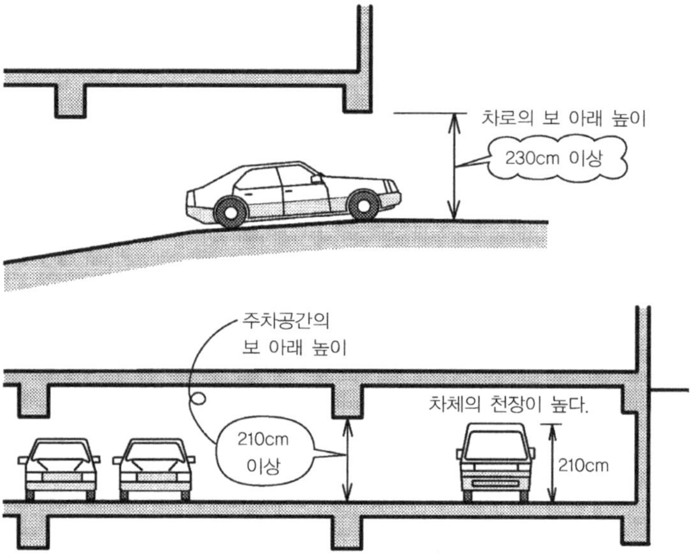

답 ▶ ×

Q 자주식 지하주차장에서 경사로의 시작 부분과 종료 부분을 완화구배로 하고 그 구배를 본구배의 1/2로 했다.

A 수평 부분에서 구배 부분으로 이어지는 부분을 약 350cm씩, 본구배의 1/2 이하로 해서 무리 없이 이동할 수 있도록 연결한다(답 : ○). 본구배는 경사로의 직선 부분에서는 1/6(17%) 이하로 하며, 곡선 부분에서는 14% 이하로 한다.

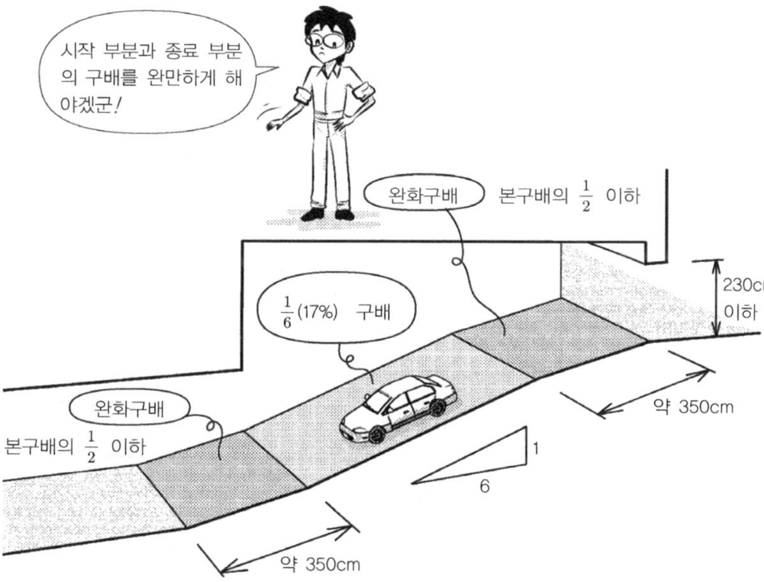

답 ▶ ○

Q 주차장의 출입구를 교차점에서 6m, 초등학교 출입구에서 23m 떨어진 곳에 설치했다.

A 주차장의 출입구는 사람이나 자동차의 동선과 교차하기 때문에 매우 위험하다. 따라서 여러 가지 규제가 적용되고 있는데 교차점에서 5m 이내, 유치원이나 초등학교 출입구에서 20m 이내에는 만들 수 없다는 두 가지만큼은 꼭 기억해두자(답 : ○).

답 ▶ ○

Q 소형자동이륜차(오토바이) 1대당 주차공간을 폭 55cm, 안길이 190cm로 했다.

A 오토바이의 크기는 다소 차이가 있지만 일반적으로 폭 90cm×안길이 230cm 정도로 하면 된다(답 : ×). 안길이 230cm는 주차공간의 폭과 동일하다.

답 ▶ ×

Q 자전거 1대당 주륜 공간을 폭 60cm, 안길이 190cm로 했다.

A 주륜장의 1대당 공간은 자전거일 경우 60cm×190cm, 오토바이일 경우 90cm×230cm 정도로 한다(답 : ○). 자전거의 경우 핸들끼리 서로 닿지 않도록 전후, 좌우에 겹치지 않는 주륜기(랙)를 사용하면 폭 방향의 간격을 30cm 이하로 줄일 수 있다.

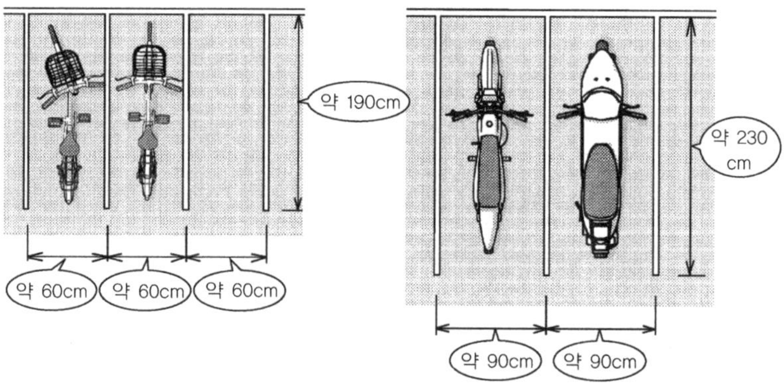

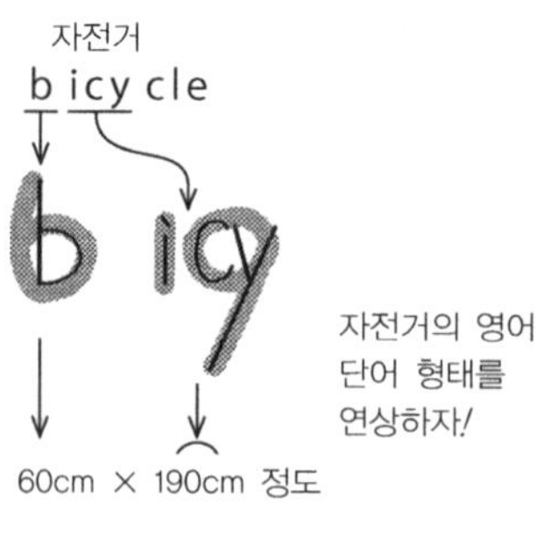

답 ▶ ○

Q 대규모 상업시설 계획 시 지하층에 설치하는 주차장의 각 기둥 사이에 일반자동차가 병렬로 3대 주차할 수 있도록 기둥 스팬(span)을 7m×7m로 설정했다.

A 다음 그림과 같이 약 6m 스팬일 경우 2대, 약 8m 스팬일 경우 3대 주차할 수 있다. 7m로 하면 2대 밖에 들어가지 않는다(답 : ×).

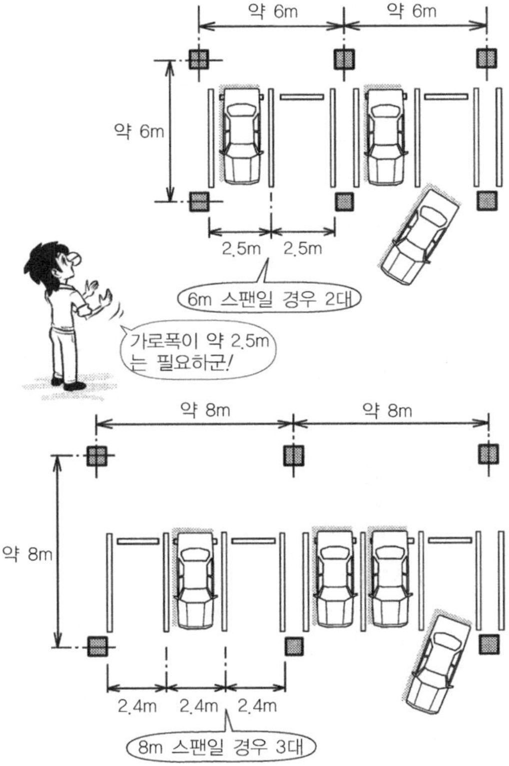

기둥 굵기를 0.8m로 하면 (8−0.8)÷3=2.4m

답 ▶ ×

자동차	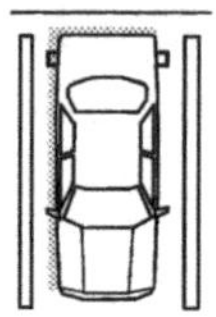	230cm×600cm 정도 (우리나라 주차장법은 230cm×500cm 이상임)
오토바이	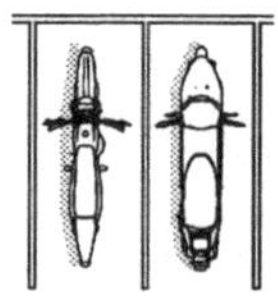	90cm×230cm 정도
자전거	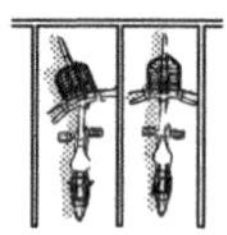	60cm×190cm 정도 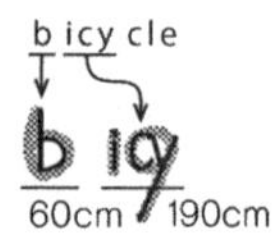
장애인용	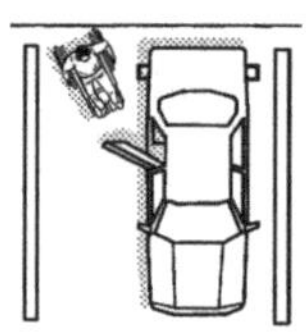	350cm 이상×600cm 정도 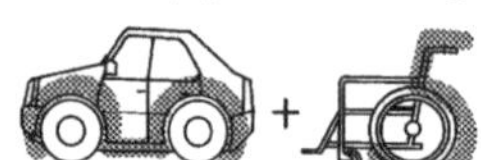 (우리나라 주차장법은 330cm×500cm 이상임)
차로의 폭 (양방통행)	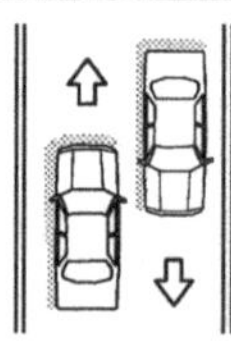	550cm 이상 (일방통행 350cm 이상)
내측 회전반경	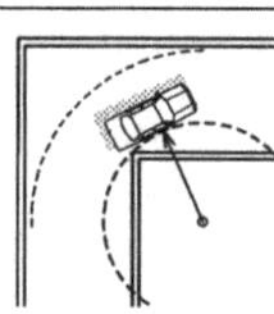	600cm 이상

Q 병원에서 환자 4인용 일반 병실의 면적을 안목치수 28㎡로 했다.

A 병원의 일반 병실은 <u>환자 1인당 6.3㎡ 이상</u> 필요하다. 따라서 28㎡÷4명 =7㎡/명이므로 기준을 충족시킨다(답 : ○). 이 면적은 안목치수에 의한 측정으로 의료법 시행규칙에도 제시되어 있다. 건축에서는 면적이라고 하면 보통 중심선치수를 적용한다.

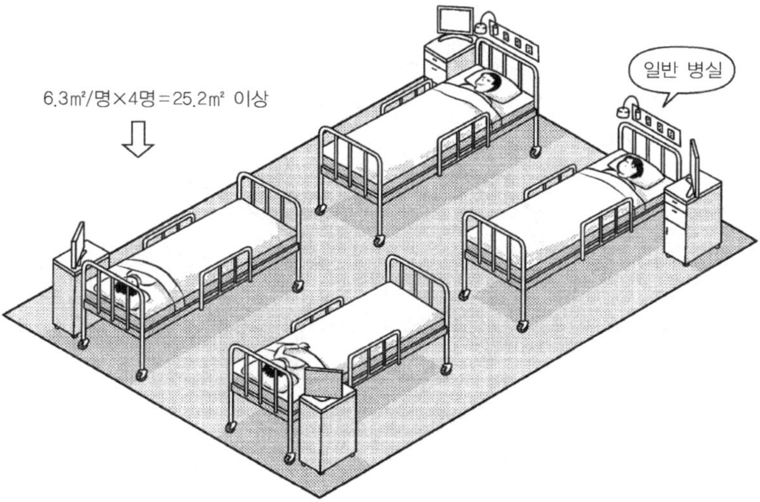

참고 : 일반 병실의 면적을 일본 의료법에서는 환자 1인당 6.4㎡ 이상으로 규정하고 있으나, 우리나라 의료법에서는 환자 1인실인 경우 10㎡ 이상, 환자 2인실 이상인 경우 환자 1인당 6.3㎡ 이상(벽 · 기둥 및 화장실 면적은 제외)으로 규정하고 있다.

답 ▶ ○

Q 특별양호노인홈에서 정원 2명인 개인실의 바닥면적을 16㎡로 했다.

A 특별양호노인홈(特別養護老人ホーム)에서 개인실의 면적은 10.65㎡/명 이상으로 하도록 되어 있다. 따라서 16㎡÷2명=8㎡/명이므로 기준을 충족시키지 못한다(답 : ×).

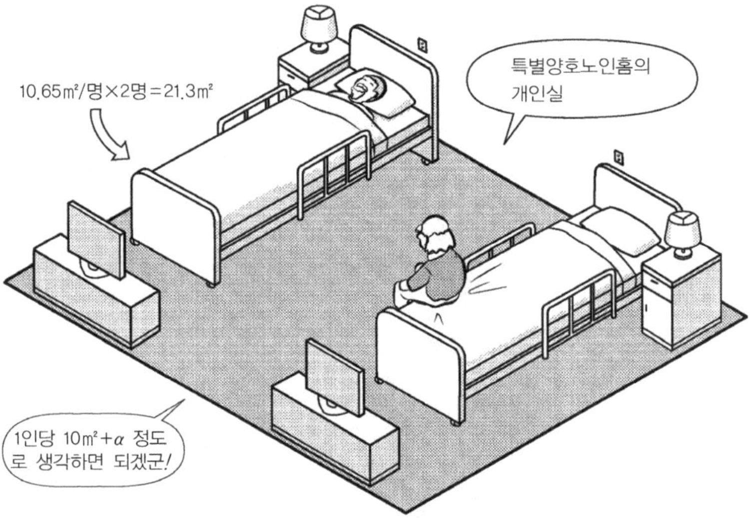

참고 : 일본과 우리나라의 노인복지시설의 명칭과 운영방식(R251~R255)은 다소 차이가 있으나 자택에서 재가 요양을 받을 수 없고 장기요양을 필요로 하는 노인을 위한 노인요양병원의 개인실 면적 계획에 참조하기 바란다.

답 ▶ ×

Q 어린이집에서 정원 30명인 보육실의 바닥면적을 36㎡로 했다.

A 보육실의 바닥면적은 <u>1인당 2.64㎡ 이상</u>으로 하도록 되어 있다. 따라서 36㎡÷30명=1.2㎡/명이므로 기준을 충족시키지 못한다(답 : ×).

참고 : 우리나라 영유아보육법 시행규칙([별표 1] 어린이집 설치기준)에서 보육실 면적은 영유아 1명당 2.64㎡ 이상의 공간을 확보하도록 규정하고 있다.

답 ▶ ×

Q 초등학교에서 35명 학급 일반교실의 면적을 56㎡로 했다.

A 초 · 중학교의 일반교실은 1.2~2.0㎡/명으로 하도록 되어 있다. 따라서 56㎡÷35명=1.6㎡/명이므로 기준을 충족시킨다(답 : ○).

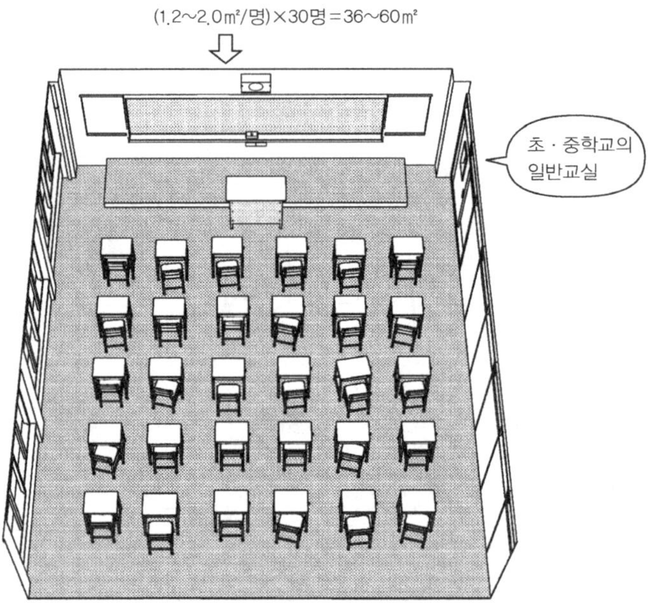

답 ▶ ○

Q 지역도서관에서 서가가 없고 50명을 수용할 수 있는 일반열람실의 면적을 125㎡로 했다.

A 자치단체에서 주민에게 직접 서비스를 제공하는 것이 지역도서관이다. 열람실이란 책을 읽거나 자료를 열람하는 공간으로 1.6~3.0㎡/명이 필요하다. 따라서 125㎡÷50명=2.5㎡/명이므로 기준을 충족시킨다 (답 : ○).

답 ▶ ○

Q 일반 사무소 건물에서 12명이 근무하는 사무실의 면적을 120㎡로 했다.

A 사무실의 면적은 8~12㎡/명으로 하도록 되어 있다. 1인당 약 10㎡라고 외워두면 된다. 10㎡±2㎡이므로 8~12㎡가 된다. 따라서 120㎡÷12=10㎡/명이므로 기준을 충족시킨다(답 : ○).

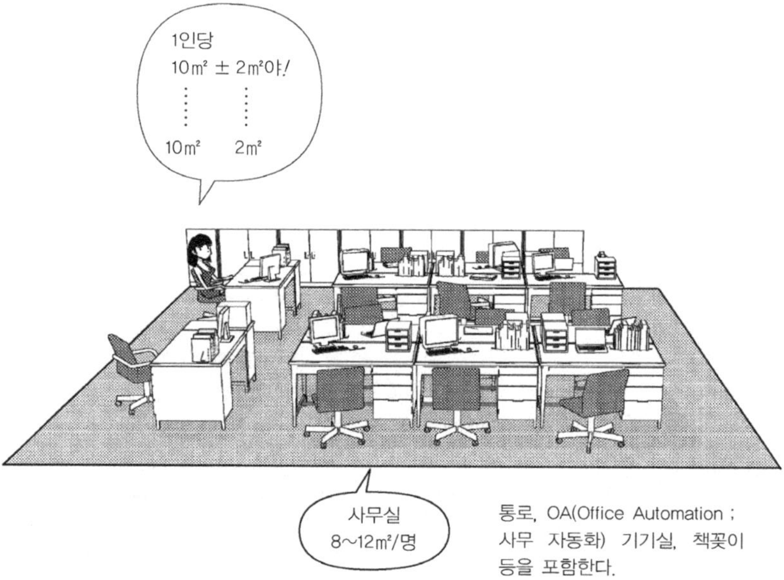

답 ▶ ○

Q 1. 수용인원이 12명 정도인 회의실의 안목치수를 5m×10m로 했다.

2. 수용인원이 20명 정도이고 책상을 ㅁ형으로 배치하는 회의실의 넓이를 3.6m×7.2m로 했다.

A 회의실은 2~5㎡/명이 필요하므로 문제 1번은 (5m×10m)/12명≒4.2㎡/명, 문제 2번은 (3.6m×7.2m)/20명≒1.3㎡/명이므로 답은 1번은 ○, 2번은 ×가 된다.

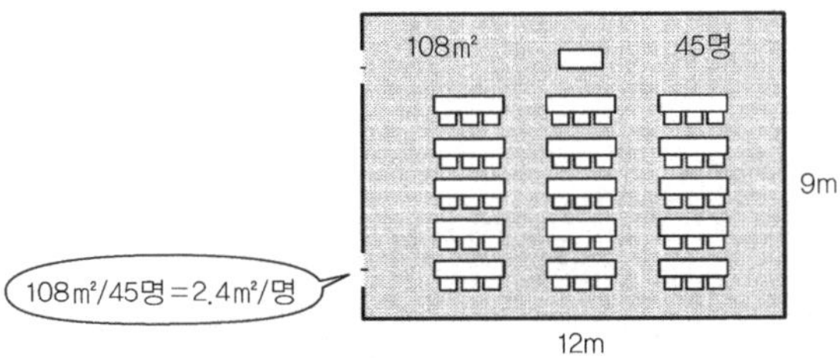

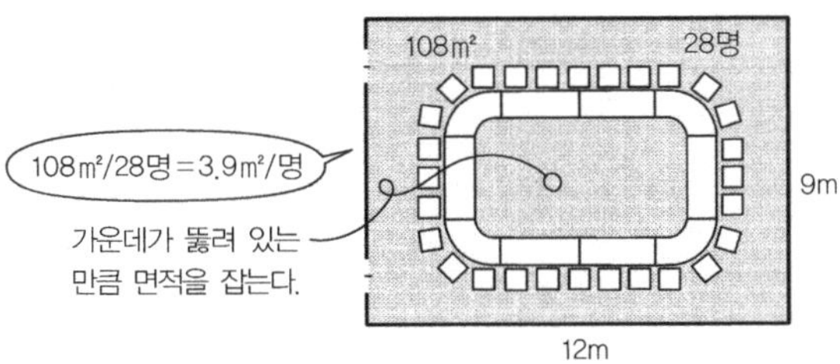

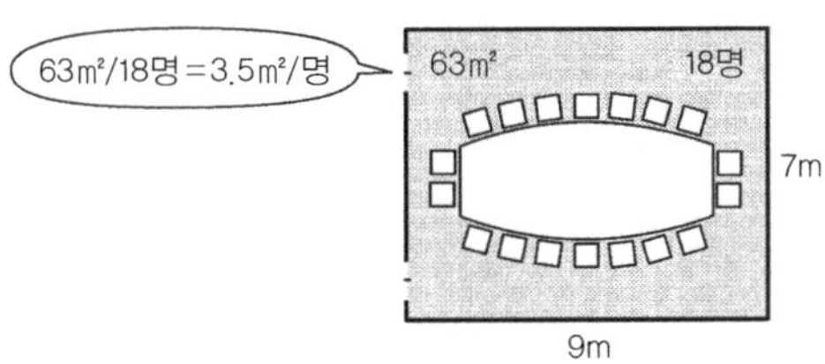

답 ▶ 1. ○, 2. ×

Q 영화관에서 정원이 600명인 객석의 면적을 420㎡로 했다.

A 영화관, 극장의 객석 면적은 통로를 포함해 0.5~0.7㎡/명으로 하도록 되어 있다. 따라서 420㎡÷600명＝0.7㎡/명이므로 기준을 충족시킨다(답 : ○).

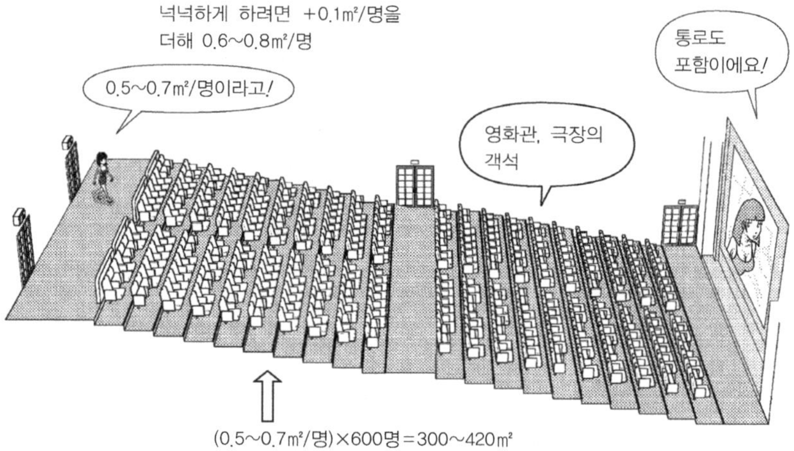

답 ▶ ○

Q 1. 영화관에서 객석의 폭(1명당 넓이)을 50cm, 전후간격을 100cm로 했다.
2. 영화관에서 객석의 전후간격이 110cm 확보되면 비교적 넉넉한 공간이다.

A 극장, 영화관의 객석 공간은 <u>폭 50cm×전후간격 100cm 이하</u>로 하는 경우가 많다. 좁은 객석으로는 폭 45cm×전후간격 80cm도 있다(답 : 1번은 ○). 좌면과 앞좌석 등받이 사이의 간격은 35cm 이상 필요하다. 전후간격이 110cm면 넉넉한 공간이라 할 수 있다(답 : 2번은 ○).

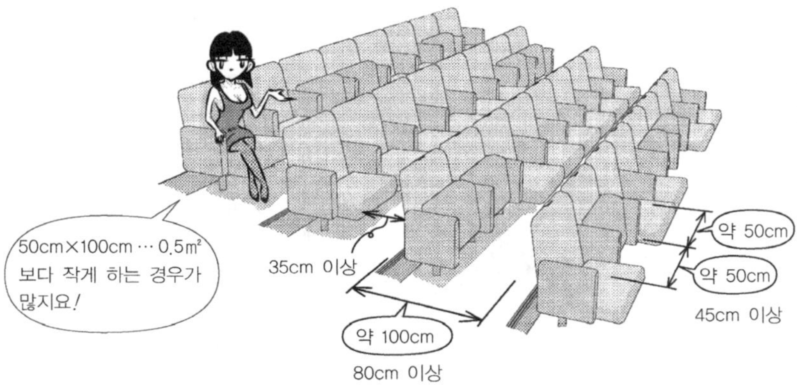

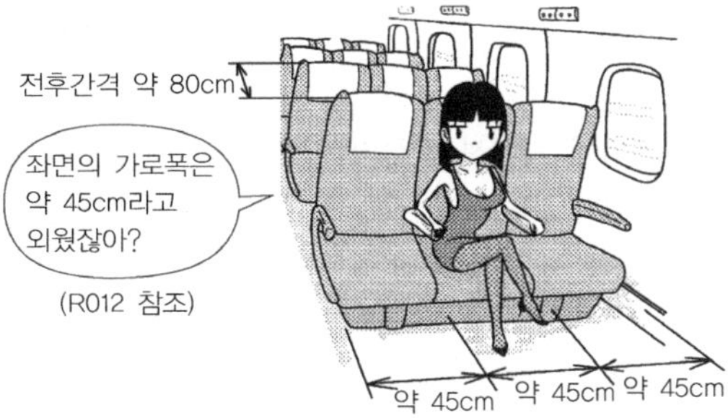

기차든 비행기에서든 이코노미석은 폭 약 45cm, 전후간격 약 80cm

답 ▶ 1. ○, 2. ○

Q 비즈니스 호텔에서 싱글(single)베드룸 1실당 면적을 15㎡로 했다.

A 비즈니스 호텔(business hotel)의 베드룸은 최소한의 면적으로 하는 경우가 많으며 면적은 12~15㎡ 정도이다(답 : ○).

• 버블경제기에 지어진 맨션의 원룸은 16㎡ 정도의 넓이에 3유닛을 갖춘 구조가 대부분이었다. 요즘 지어지는 원룸은 욕실과 화장실이 별도이며 넓이도 25㎡ 정도는 된다.

답 ▶ ○

Q 시티 호텔에서 트윈(twin)베드룸 1실당 면적을 30㎡로 했다.

A 시티 호텔(city hotel)은 비즈니스 호텔보다 넓게 지어져 트윈베드룸(싱글 베드 2개가 놓인 방)은 <u>약 30㎡</u>이다(답 : ○).

답 ▶ ○

Q 시티 호텔 계획시 수용인원이 100명 정도이고 착석형식으로 결혼피로연을 할 수 있도록 연회장의 바닥면적을 250㎡로 했다.

A <u>연회장은 1.5~2.5㎡/명</u> 정도이다. 여유 있는 배치로 할 경우 착석형은 2.5㎡/명, 스탠드형은 2㎡/명 정도이다. 따라서 250㎡/100명=2.5㎡/명이므로 기준을 충족시킨다(답 : ○).

착석형
255㎡/100명=2.55㎡/명

스탠드형
255㎡/120명=2.1㎡/명

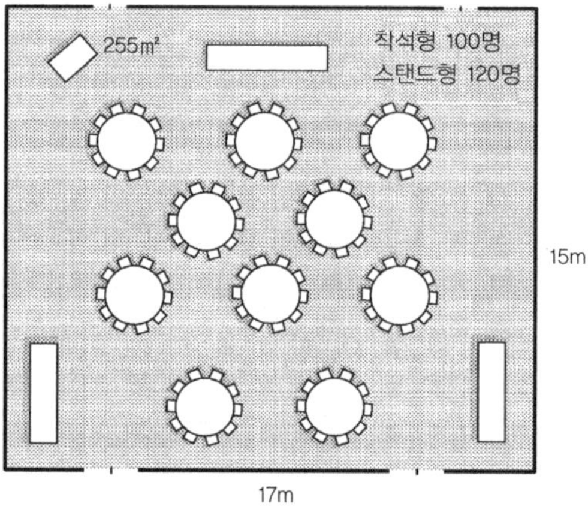

답 ▶ ○

Q 양식 레스토랑에서 50석을 갖춘 객석 부분의 면적을 80㎡로 했다.

A <u>레스토랑(restaurant) 객석 부분의 면적은 1~1.5㎡/명</u> 정도이다. 연회장의 1.5~ 2.5㎡/명보다 0.5㎡/명 정도 작아 약간 타이트한 배치이다. '연회장 2㎡- 0.5㎡'로 외워두자. 따라서 80㎡/50명=1.6㎡/명이므로 기준을 충족시킨다(답 : ○).

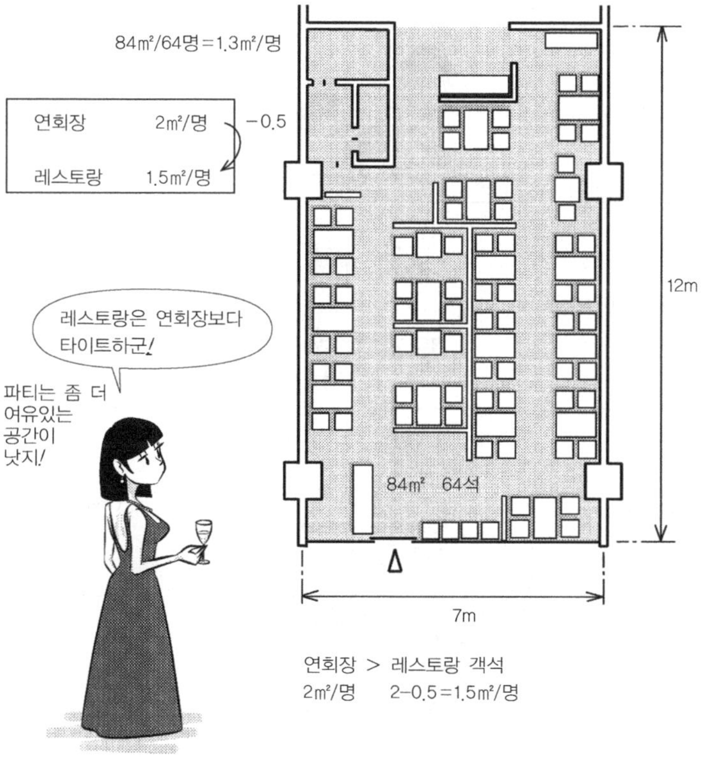

답 ▶ ○

병원의 일반병실		6.3m^2/베드 이상
특별양호노인홈의 개인실		10.65m^2/명 이상
어린이집의 보육실		2.64m^2/명 이상
초 · 중학교의 일반교실	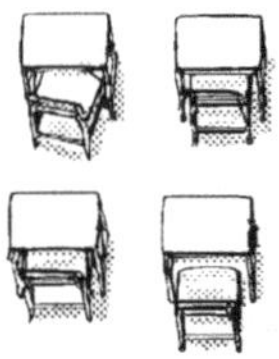	1.2~2.0m^2/명
도서관의 열람실		1.6~3.0m^2/명
사무실		8~12m^2/명

회의실	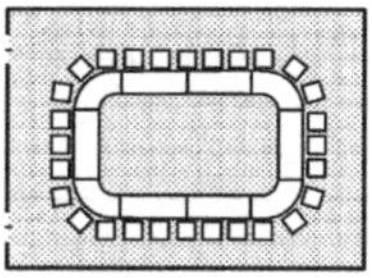	2~5m^2/명
극장, 영화관의 객석		0.5~0.7m^2/명
비즈니스 호텔의 싱글베드룸		12~15m^2
시티 호텔의 트윈베드룸		약 30m^2
연회장		1.5~2.5m^2/명
레스토랑 객석 부분	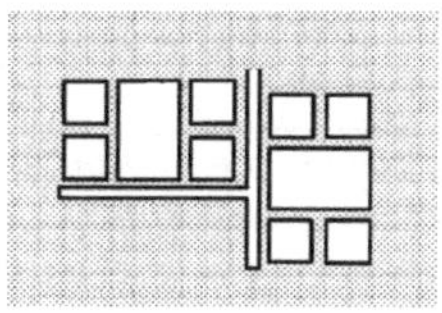	1~1.5m^2/명

의자만 놓으면 약 0.5㎡/명, 의자+테이블을 놓으면 약 1.5㎡/명이 된다.

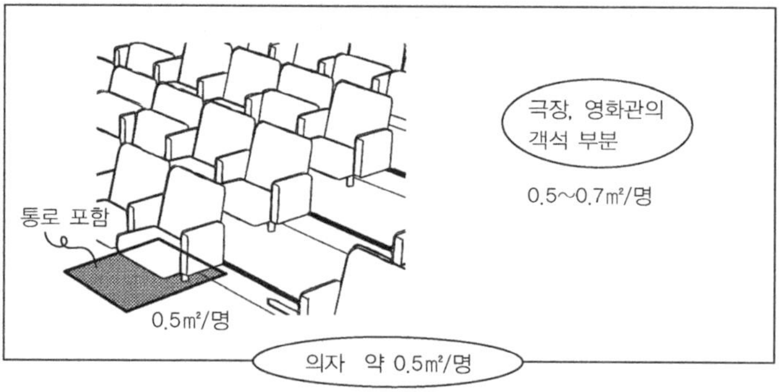

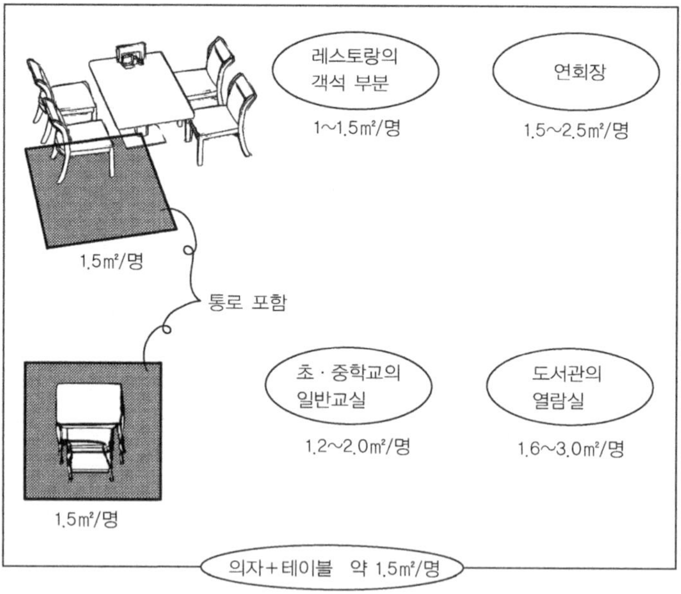

Q 주택의 수납공간은 각 방 바닥면적의 20%로 했다.

A 주택의 수납공간은 각 방(거주공간)의 15~20% 정도는 확보해야 한다. 워크 인 클로젯(드레스룸)도 효과적이다. 주택의 수납공간은 연면적의 약 10%이다(답 : ○).

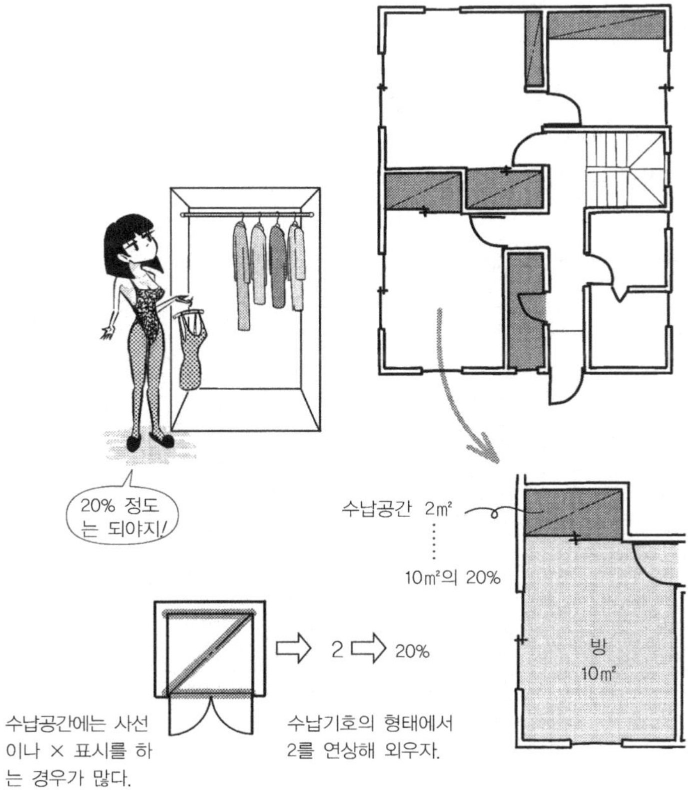

답 ▶ ○

Q 기준층의 바닥면적이 500㎡인 임대 사무소 건물에서 기준층의 대실면적을 400㎡로 했다.

A 수익 부분과 전체(이 경우는 기준층)의 비를 <u>렌터블비</u>(임대율)라고 한다. 빌릴(rent) 수 있는(able) 면적의 비로, 사무소 건물 기준층의 렌터블비는 <u>75~85%</u>이다. 따라서 400㎡/500㎡=0.8=80%가 되므로 적합하다(답 : ○).

$$\text{렌터블비} = \frac{\text{수익 부분의 바닥면적}}{\text{총 바닥면적}}$$

rent able
빌릴 수 있는

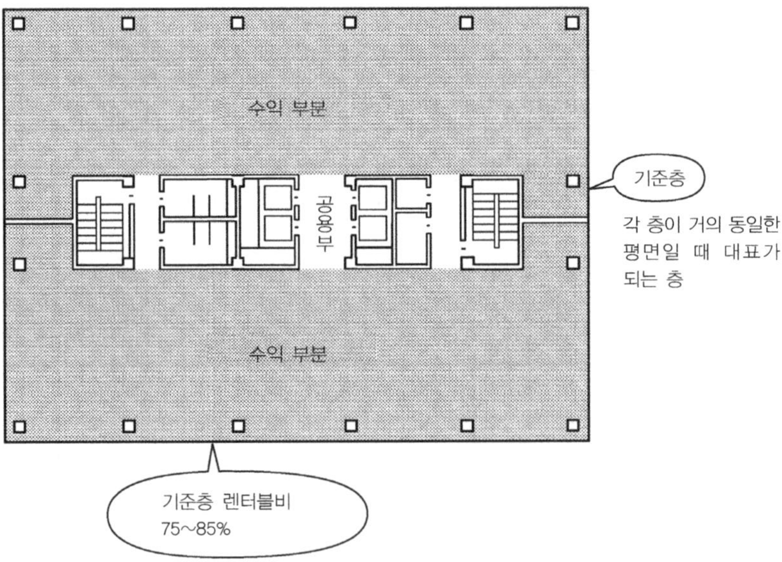

답 ▶ ○

Q 연면적이 5,000㎡인 임대 사무소 건물에서 대실면적을 3500㎡로 했다.

A 사무소 건물의 렌터블비는 기준층에 대해서는 75~85%이지만, 연면적에 대해서는 65~75%이다. 입구 로비, 기계실 등이 들어가므로 연면적에 대한 렌터블비는 작아진다. 75%±10%라고 외워두자.
따라서 3,500㎡/5,000㎡=0.7=70%가 되므로 적합하다(답 : ○).

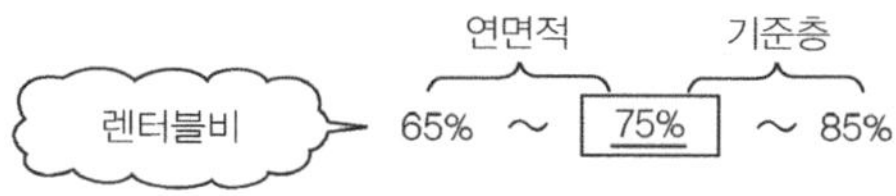

답 ▶ ○

Q 비즈니스 호텔에서 연면적에 대한 객실 부문의 면적을 75%로 했다.

A 비즈니스 호텔의 객실 면적은 사무소 건물과 마찬가지로 연면적에 대해서는 약 75% 정도 이하, 기준층에 대해서는 약 75% 이상이다(답 : ○).

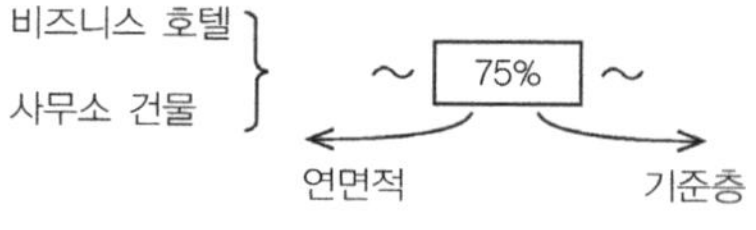

답 ▶ ○

Q 호텔에서 연면적에 대한 객실 면적의 비율은 비즈니스 호텔보다 시티 호텔이 더 크다.

A 비즈니스 호텔은 숙박 기능을 우선으로 한 호텔이므로 객실 면적의 비율이 크다. 반면 시티 호텔은 연회장, 레스토랑, 카페, 바 같은 <u>포디움 부문</u>을 전체의 약 50%로 넓게 잡기 때문에 객실 면적의 비율은 비즈니스 호텔에 비해 작다(답 : ×). 포디움이란 그리스 신전의 기단에서 유래한 말이다.

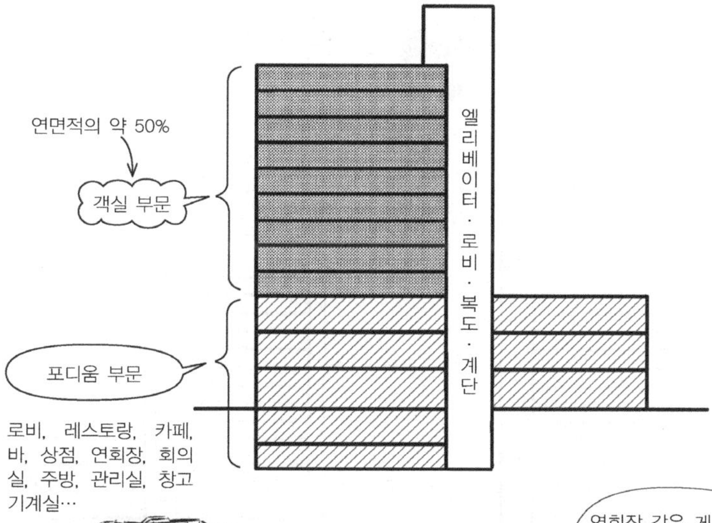

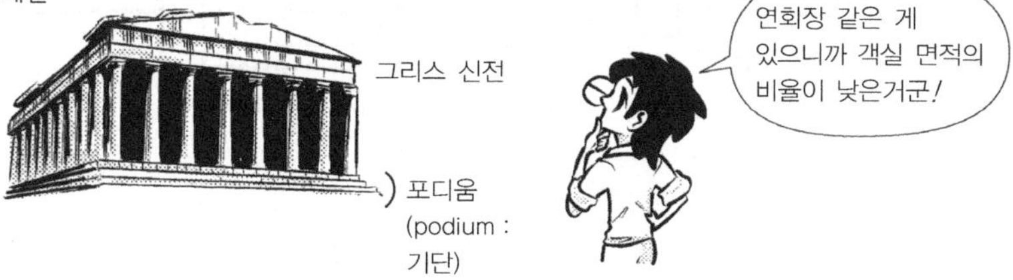

답 ▶ ×

Q 연회장을 갖춘 객실 수 750실의 시티 호텔 계획 시 객실 1실당의 연면적을 100㎡로 검토했다.

A 호텔 전체의 연면적은 시티 호텔, 리조트 호텔의 경우 약 100㎡/실, 비즈니스 호텔의 경우 약 50㎡/실로 한다(답 : ○). 시티 호텔은 포디움 부문이 크기 때문에 그 만큼 1실당의 연면적이 커진다.

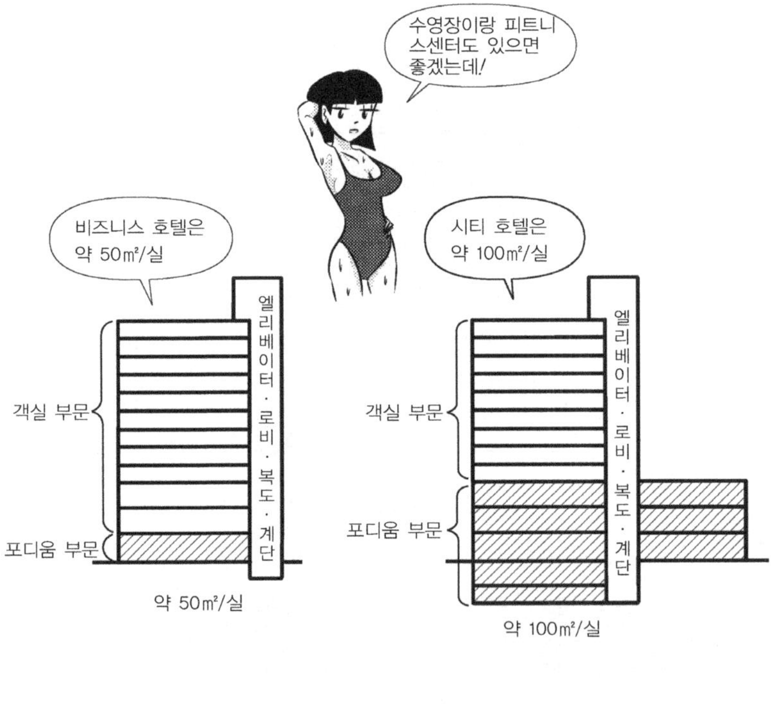

답 ▶ ○

Q 백화점의 매장 면적(통로 포함)을 연면적의 60%로 했다.

A 백화점의 매장 면적은 연면적의 50~60% 정도로 한다(답 : ○). 입구 로비, 엘리베이터, 엘리베이터 홀, 계단, 창고, 관리실 등은 나머지 40~50%이다. 고급 백화점일수록 매장 면적을 작게 한다.

$$\text{백화점} \cdots \frac{\overset{\text{(통로 포함)}}{\text{매장 면적}}}{\text{연면적}} = 50\sim60\%$$

답 ▶ ○

Q 1. 대형 마트에서 바닥면적당 판매효율을 높이기 위해서는 저층 건축물로 하고 연면적에 대한 매장 면적의 비율을 크게 한다.

2. 연면적이 1,000㎡인 대형 마트에서 매장 면적의 합계(매장 내 통로 포함)를 600㎡로 했다.

A 백화점에 비해 대형 마트는 매장 면적을 크게 하여 60% 이상으로 한다(답 : 1, 2번 모두 ○). 백화점 매장의 여유로움에 비하면 대형 마트의 매장은 다소 답답하게 배열된다. 60%를 기본으로 그보다 조금 크거나 작게 한다고 외워두자.

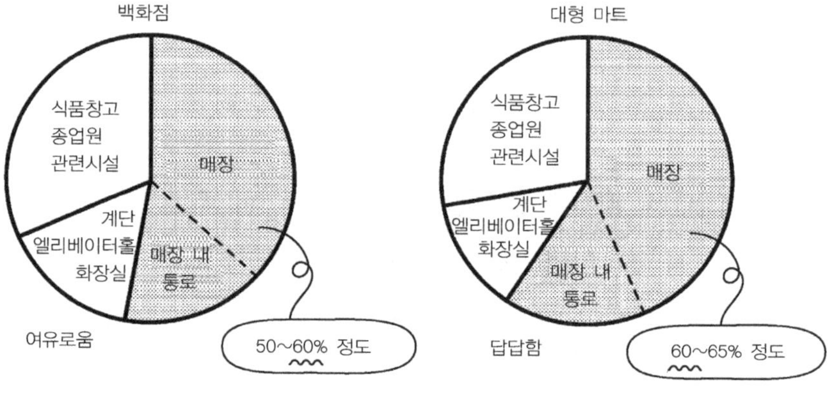

답 ▶ 1. ○, 2. ○

Q 바닥면적의 합계가 200㎡인 레스토랑에서 주방의 면적을 60㎡로 했다.

A 레스토랑의 주방 면적은 레스토랑 전체의 약 30%로 한다.
따라서 60㎡÷200㎡=0.3=30%로 적합하다(답 : ○).

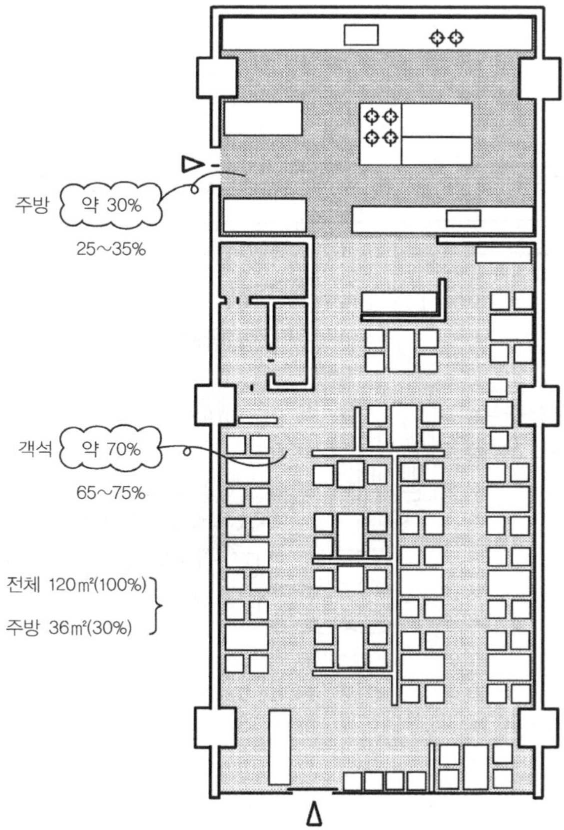

답 ▶ ○

Q 바닥 면적의 합계가 100㎡인 커피숍(coffee shop)에서 주방의 면적을 15㎡로 했다.

A 요리를 별로 하지 않는 커피숍(카페)의 경우 주방 면적은 전체의 15~20% 정도로 한다(답 : ○). 레스토랑이 30%이므로 그의 절반이라고 외워두자.

답 ▶ ○

Q 미술관에서 전시실의 면적은 연면적의 30~50%인 경우가 많다.

A 미술관, 박물관의 전시실 면적은 연면적의 30~50% 정도로 하는 경우가 많다(답 : ○). 입구 로비, 복도, 휴게실 등의 공용 부문과 수장실도 많은 면적이 필요하다.

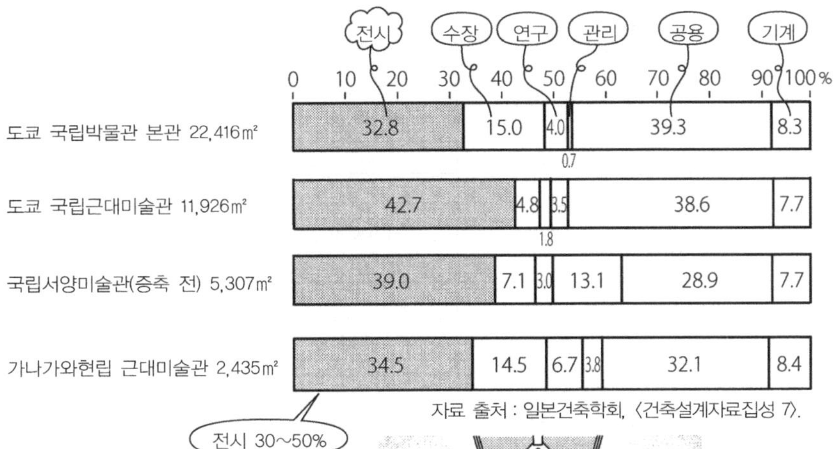

자료 출처 : 일본건축학회, 〈건축설계자료집성 7〉.

킴벨 미술관(1972년, 포트워스, 루이스 칸)

답 ▶ ○

면적비	비율	
주택의 수납공간 / 개실 면적	15~20%	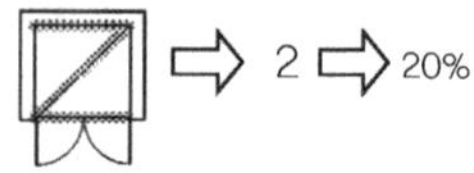
오피스 빌딩의 렌터블비 (기준층 대비)	75~85%	
오피스 빌딩의 렌터블비 (연면적 대비)	65~75%	
비즈니스 호텔의 객실 면적 / 연면적	약 75%	
시티 호텔의 객실 면적 / 연면적	약 50%	
백화점의 매장 면적 / 연면적	50~60%	
대형 마트의 매장 면적 / 연면적	60~65%	
레스토랑의 주방 면적 / 레스토랑의 면적	약 30%	
커피숍의 주방 면적 / 커피숍의 면적	15~20%	
미술관의 전시실 면적 / 연면적	30~50%	

답 ▶ ○

Q 식침 분리란 이부자리의 먼지를 피하는 등 위생상의 이유로 식사공간과 잠자는 공간을 분리하는 것이다.

A 이부자리가 있는 방에서 식사를 하는 것은 위생상 바람직하지 않기 때문에 '식침 분리'를 중요시 여겨 왔다(답 : ○). 이를 위해 공공주택이나 독립주택에서 nDK 평면을 내놓기 시작했다.

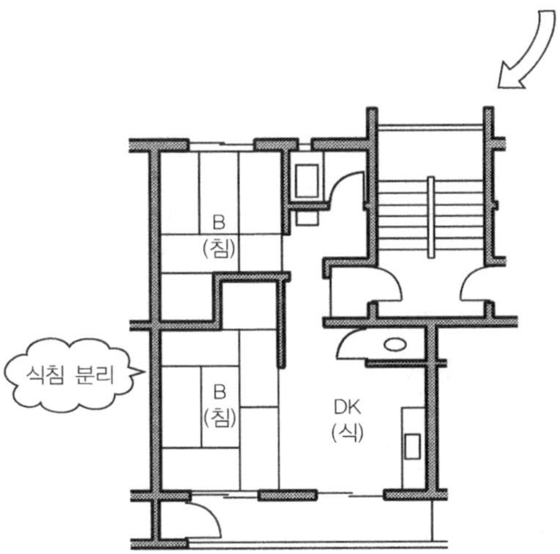

구 주택공단 2DK(40.6㎡)

- 1942년 일본 주거학 연구의 선구자인 니시야마 우조(西山夘三)는 주거공간의 위생을 위해 식침 분리는 최소한의 조건이라고 하였다. 이후 구 주택공단이 nDK형 공공주택으로 발전시켰다. 처음에는 욕실이 없는 2DK로 왼쪽과 같은 평면이었고, 이후 3DK, 3LDK, 4LDK로 발전되었다.

참고 : 일본건축학회, 〈건축설계자료집성 6 건축–생활〉, 1981.

답 ▶ ○

Q 취침 분리란 거실 등의 공동 공간과 침실 등의 개인 공간을 분리하는 것이다.

A 취침 분리는 부모와 자녀의 침실을 분리하거나, 성별이 다른 자녀의 침실을 분리하는 것을 말한다(답 : ×). 따라서 질문 내용은 공사실 분리에 해당한다.

식침 분리	… D와 B를 분리	⇒ nLDK
취침 분리	… B와 B를 분리	
공사실 분리	… LD와 B를 분리	

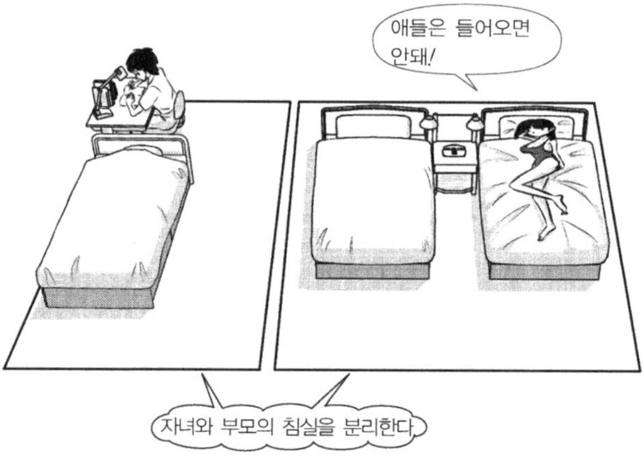

- nLDK 방식에 맞서듯 제2차 세계대전 이후 건축가들은 B, L, D, K를 일체화시키는 공간구성을 많이 시도했다. 중복도, 편복도에 의해 연결되는 nLDK의 단조로운 구성에 대한 저항이었다. 건물 내부의 천장을 없애고 지붕까지 확 트인 실내구조나 스킵 플로어, 중정 등을 채용했으며 화장실, 욕실까지 오픈하는 구조가 나왔다.

답 ▶ ×

Q 협소 주택이란 생활에 필요한 최소한의 요소를 뽑아서 설계한 주택이다.

A 생활에 필요한 최소한의 요소만으로 지은 협소 주택은 1950년대 건축가들에 의해 다수 지어졌다(답 : ○). 주택공단의 nDK 플랜에 맞서듯 오픈 플랜을 추구했던 것이다. 협소한데다가 오픈형으로 할 수밖에 없는 당시의 상황 외에도, 양식 표현이 아닌 공간구성으로 승부하는 건축 디자인의 현실과도 부합되었다.

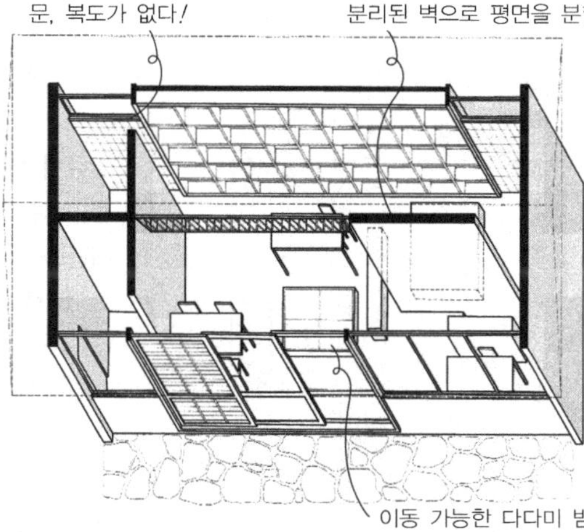

참고 : 〈신건축〉, 1954년 11월호.
세이케 자택(도쿄, 1954년, 세이케 기요시(清家清))

- 그림에서 알 수 있듯이 세이케 자택은 공간을 상자처럼 폐쇄하지 않고 독립적으로 만든 벽을 정교하게 구성하여 평면을 분할함과 동시에 XY방향으로 구조벽을 확보하고 있다. 복도나 문이 없는 원룸 구조로 오픈 플랜의 뛰어난 사례이다.

답 ▶ ○

건물 내부의 천장을 없애고 지붕까지 시원하게 트인 구조로 만듦으로써 최소한의 바닥면적으로도 넓다는 느낌을 갖게 할 수 있다. 이러한 구조로 지은 협소 주택의 우수한 사례들을 다수 볼 수 있다.

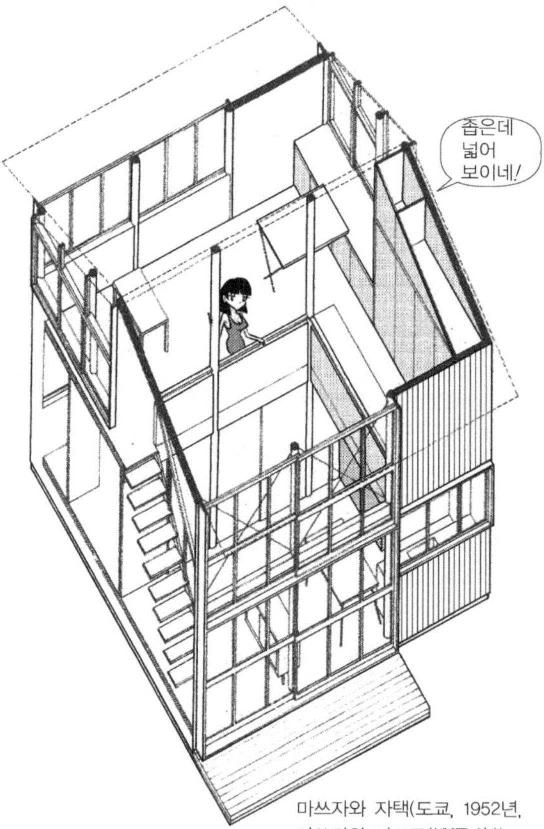

마쓰자와 자택(도쿄, 1952년, 마쓰자와 마코토(增澤 洵))

- 건물 내부의 천장을 일부분만 없애고 지붕까지 시원하게 뚫은 구조에 각 방을 오픈형으로 연결하고 계단을 설치하는 구성은 르 코르뷔지에의 1920년대 구성으로 이어지는 근대건축에서 많이 볼 수 있는 사례이다.
레몽드의 커닝햄 주택(1954년), 요시자카 다카마사(吉阪隆正)의 빌라 쿠쿠(1957년), 이쿠타 츠토무(生田勉)의 이쿠타 자택(1962년)

참고 : 〈신건축〉, 1952년 7월호.

건물 내부의 천장을 없애고 지붕까지 시원하게 트인 구조로 지은 협소 주택으로 르 코르뷔지에가 지은 기능인을 위한 주택계획안(1924년)이 있다. 정사각형을 45° 로 잘라 한쪽을 개방시킨 구조가 인상적이다.

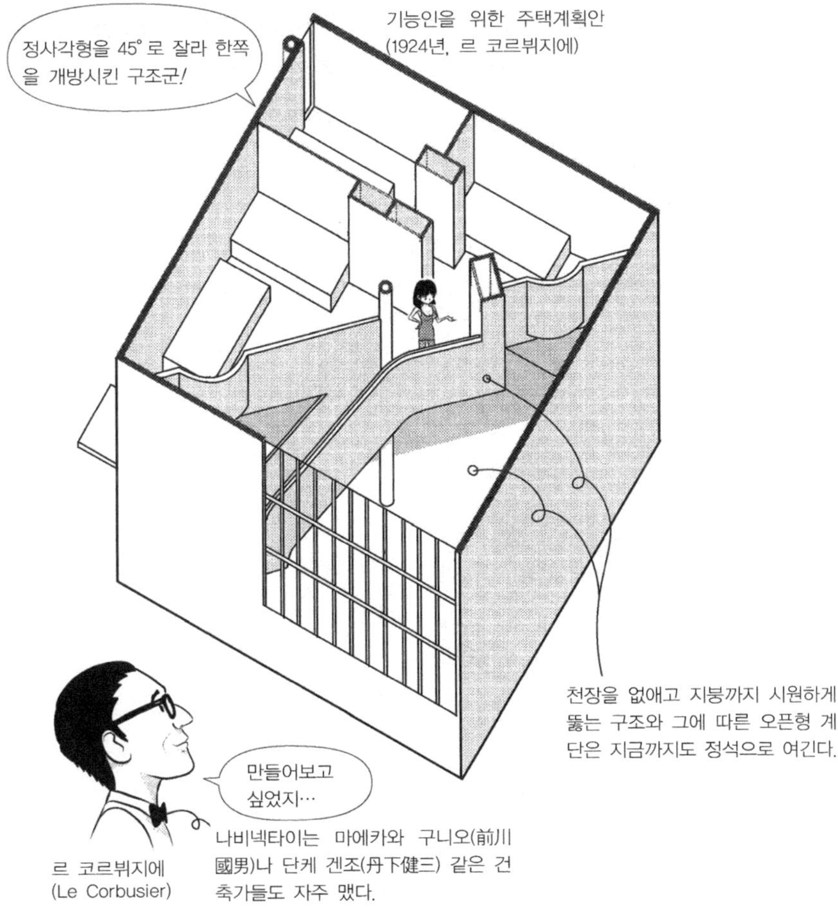

참고 : W. Boesiger, 'Le Corbusier' Artemis, 1964.

Q 주택에서 설비 코어에 따른 코어 계획은 외주부에 방 부분을 계획할 수 있다.

A 코어(core)란 중심부, 핵심이라는 뜻으로 건축에서는 화장실이나 욕실 같은 폐쇄적 공간을 한 곳에 집약하는 설비 코어나 구조적 강도를 집약하는 구조 코어가 있다. 주택에서는 설비 코어 주위에 방을 배치하는 경우가 있으며, 그런 방식을 극단적으로 실현시킨 사례로 미스 반 데어 로에의 판스워스 주택이 있다(답 : ○).

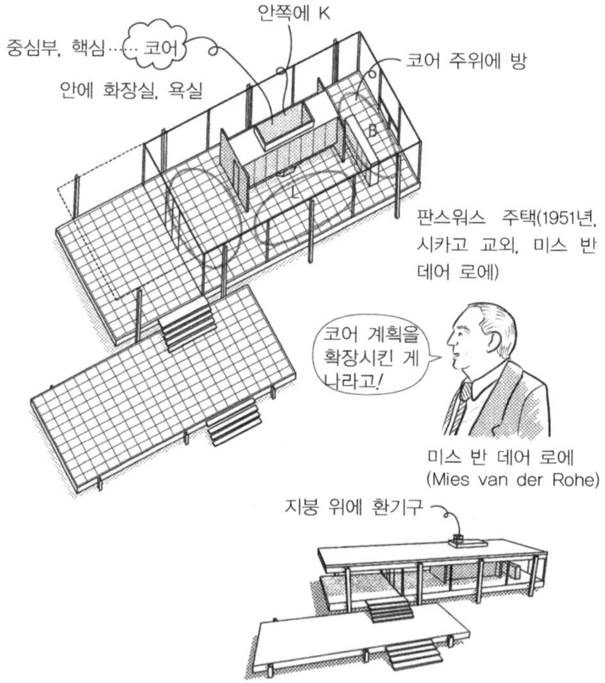

참고 : 미스 반 데어 로에, A.D.A.EDITA TOKYO, 1976.

답 ▶ ○

건축가 이케베 키요시의 작품 No.20은 T자형 평면 중앙에 코어를 배치한 것이다. 맞배지붕의 높이를 다르게 하여 세우고 코어로 향하는 창을 만들었다. 마쓰자와 마코토의 코어가 있는 H씨 주택(1953년), 단케 겐조의 단케 자택(1953년), 하야시 마사코의 하야시 자택(1955년) 등도 코어 계획의 대표적인 사례이다.

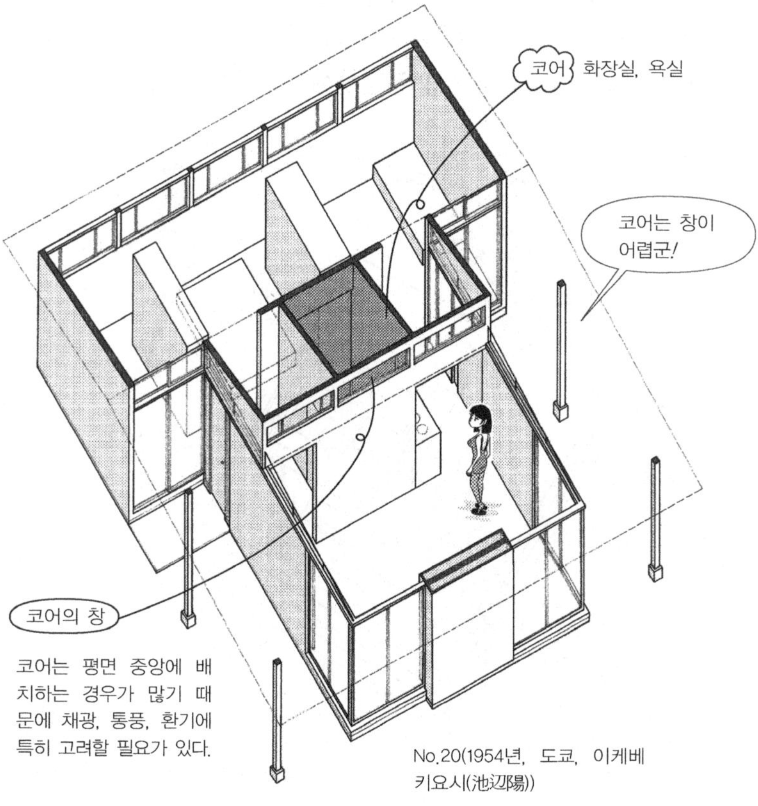

참고 : 〈신건축〉, 1954년 11월호.

Q 코트 하우스는 건축물이나 담으로 둘러싸인 중정이 있는 형식의 주택을 말한다.

A 코트(court)는 중정을 말하며, 코트 하우스(court house)는 중정이 있는 집이다(답 : ○). 미스 반 데어 로에는 1930년대에 많은 코트 하우스 계획을 했는데, 근현대의 코트 하우스에 가장 영향을 준 것은 르 코르뷔지에의 사보아주택(1931년)이라 할 수 있다. 전체 윤곽의 일부를 도려내 중정(테라스)으로 만들고 방이나 벽으로 둘러싸서 큰 유리면으로 방과 중정을 연결시키는 수법은 지금까지도 많은 주택에서 사용되고 있다.

사보아주택(1931년, 파리 근교 푸아시, 르 코르뷔지에)

참고 : W. Boesiger, 'Le Corbusier' Artemis, 1964.

답 ▶ ○

1960년대에 일본에서는 많은 코트 하우스가 지어졌다. 니시자와 후미타카(西澤文隆)가 지은 정면이 없는 집(1960년)은 등피치(equal pitch)로 배열한 보의 그리드에 맞춰서 중정이 배치되어 있다. 주위의 벽은 담이라기보다는 건축과 일체화된 벽처럼 되어 있다.

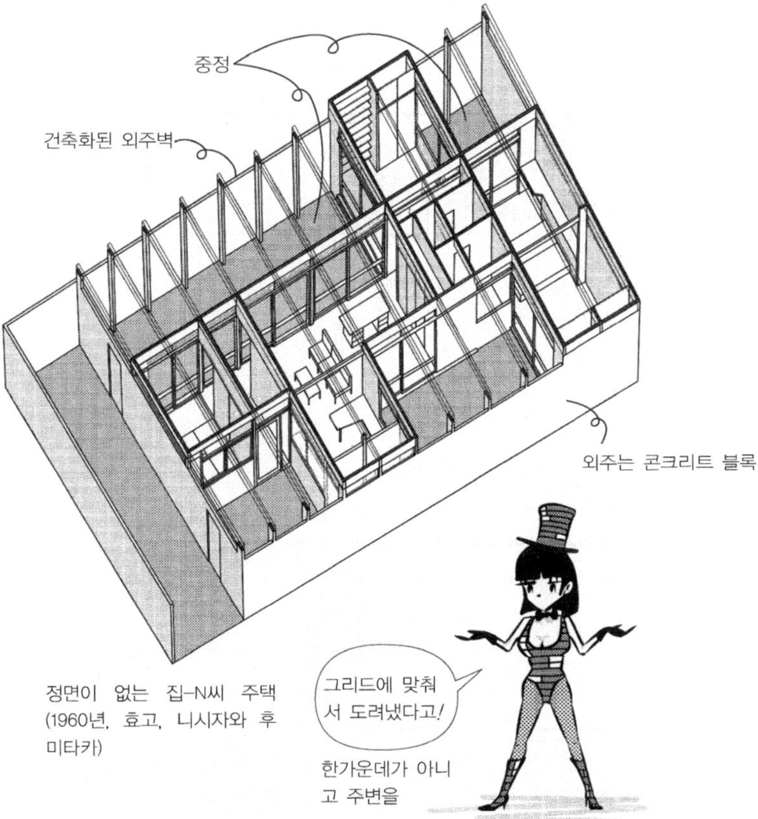

정면이 없는 집-N씨 주택(1960년, 효고, 니시자와 후미타카)

참고 : 〈신건축〉, 1961년 1월호.

Q 1. 주택에서 유틸리티는 가사일을 능률적으로 하기 위해 설치한다.

2. 유틸리티와의 동선을 고려하여 서비스 야드를 배치했다.

A <u>유틸리티(utility)</u>는 조리 외에도 세탁, 다림질, 가계부 작성 등 가사일을 하는 방으로 빨래 말리는 곳 등의 서비스 야드와 주방을 연결하면 편리하다(답 : 1, 2번 모두 ○).

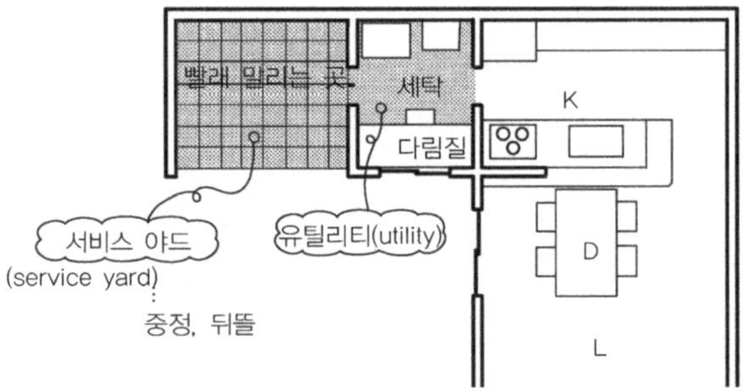

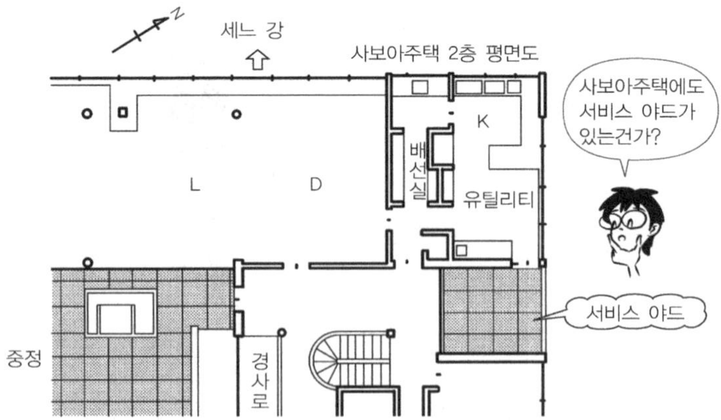

답 ▶ 1. ○, 2. ○

Q 주택 계획 시 지하층에 있는 방에 채광과 통풍을 위해 드라이 에어리어를 마련하고 그와 인접하여 개구부를 설치했다.

A 주택에서 지하층에 있는 방에는 채광, 통풍을 위해 드라이 에어리어(dry area)가 필요하다(답 : ○). 건축법에서는 일정 조건을 충족하면 연면적에 산입하지 않아도 되는 완화 규정이 있다. 지하는 2중벽으로 하고 물이나 습기가 실내에 들어오지 않는, 들어오더라도 내보내는 장치가 필요하다. 필자가 예전에 설계한 철근콘크리트(RC) 구조 주택의 경우 지하에 서재를 만들었을 때 벽을 이중으로 하고 환기팬을 설치했는데도 불구하고 습기가 차서 곰팡이가 생기는 등 고생을 했다. 다만, 겨울에 따뜻하고 여름에 시원하며 외부의 소음이 들리지 않아 조용했고, 바닥면적을 완화시킬 수 있다는 장점이 컸다.

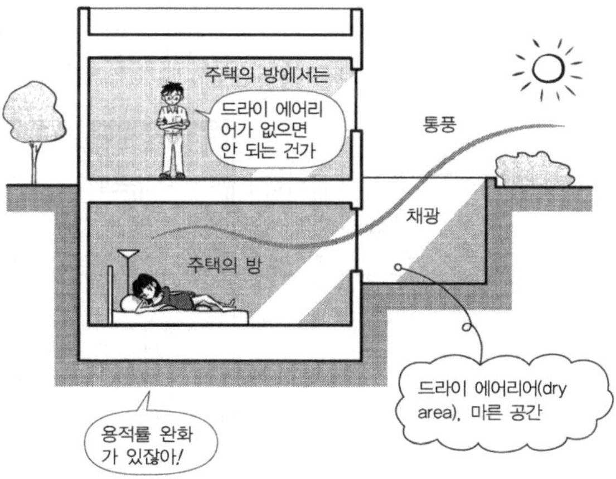

• 지하층은 건축물의 바닥이 지표면 아래에 있는 층으로서 바닥에서 지표면까지 평균높이가 해당 층 높이의 1/2 이상인 것을 의미하며 연면적에 산입하지 않아도 된다.

답 ▶ ○

Q 워크 인 클로젯이란 사람이 출입할 수 있는 의류 등의 대형 수납공간이다.

A 워크 인 클로젯(walk in closet)은 말 그대로 걸어서 들어갈 수 있는 옷장(옷방)이다(답 : ○). 좁은 집에서는 만들기가 쉽지 않다. 다음 그림은 브로이어 주택(1951년)으로 워크 인 클로젯의 우수한 사례이다.

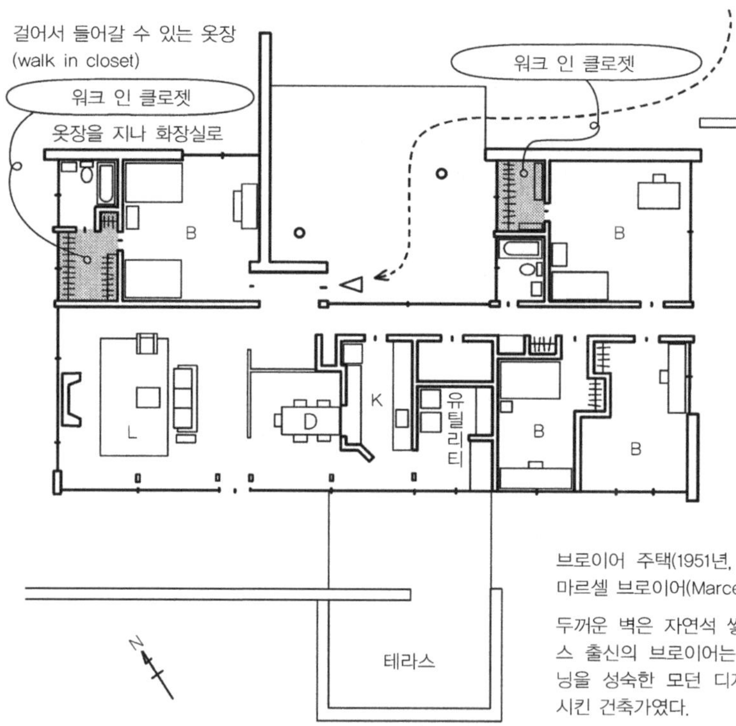

브로이어 주택(1951년, 보스턴 근교, 마르셀 브로이어(Marcel Breuer))

두꺼운 벽은 자연석 쌓기. 바우하우스 출신의 브로이어는 기능적 플래닝을 성숙한 모던 디자인으로 발전시킨 건축가였다.

참고 : 일본건축학회, 〈컴팩트 건축설계자료집성 '주거'〉, 1993.

답 ▶ ○

Q 조리를 하면서 가족이나 방문객과 대화하기 쉽도록 주방형식을 아일랜드형으로 했다.

A 아일랜드(island)형은 말 그대로 섬처럼 주방을 벽에서 떨어뜨려 배치하는 것으로 이런 주방을 <u>아일랜드 키친</u>이라고 한다. 조리와 식사를 모두 함께 즐긴다는 발상에서 나왔다(답 : ○).

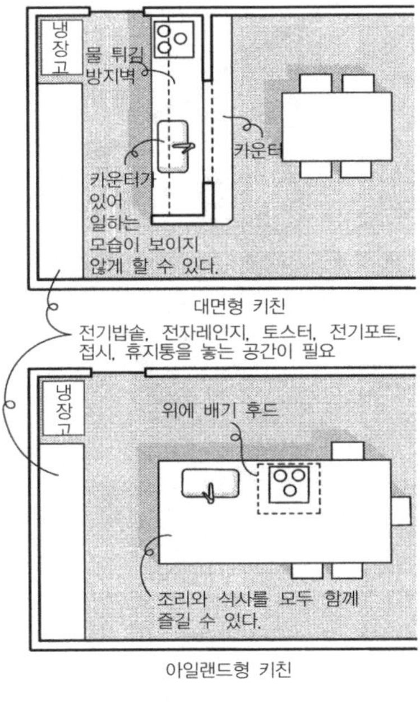

- 개수대를 완전히 오픈하면 설거지 거리를 그대로 놔둘 수 없어서 항상 깨끗하게 해야 한다는 부담감을 호소하기도 한다.

답 ▶ ○

아즈마 다카미츠(東孝光)의 작품 중 하나인 아와츠지 주택(1972년)의 주방은 개수대와 테이블을 일체화하여 아일랜드형으로 배치되어 있다. 작업 높이(약 85cm)와 테이블 높이(약 70cm)의 낙차는 카운터를 비스듬히 놓음으로써 해소하였다. 요즘은 카운터용으로 제작된 높은 의자를 사용해 높이를 맞추는 것이 일반적이다.

아와츠지 주택(1972년, 아즈마 다카미츠)

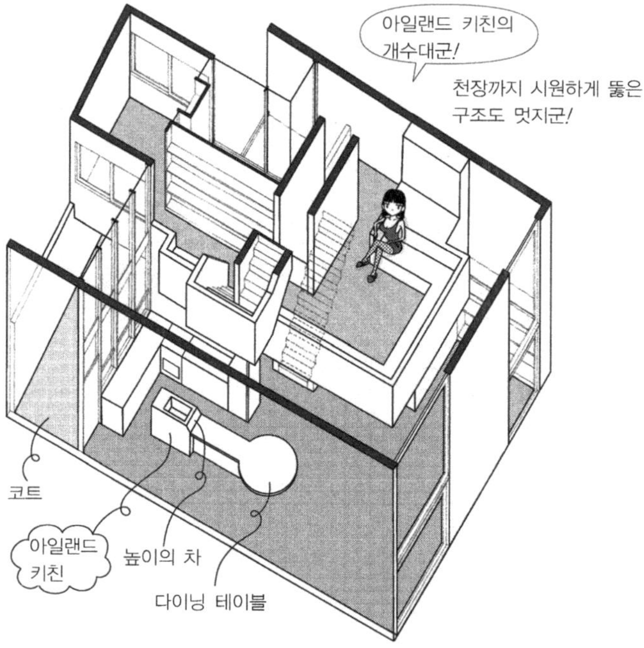

참고 : 〈신건축〉, 1972년 2월호.

- 아와츠지 주택 같은 초기 작품들의 공간구조나 찰스 무어를 연상케 하는 코트 등의 구성이 매우 뛰어났다.

Q 모듈러 코디네이션은 모듈러의 치수를 기본으로 하여 치수 체계를 정하는 것이다.

A 모듈은 기준 치수, 모듈러 코디네이션(modular coordination)은 기준 치수에 각부 치수를 조정해서 맞추는 것이다. 목조의 경우 910mm 그리드(격자)로 기둥이나 벽을 세우는데, 이때는 910mm가 모듈이 된다. 모듈러는 르 코르뷔지에가 만든 치수 체계를 말한다(답 : ×).

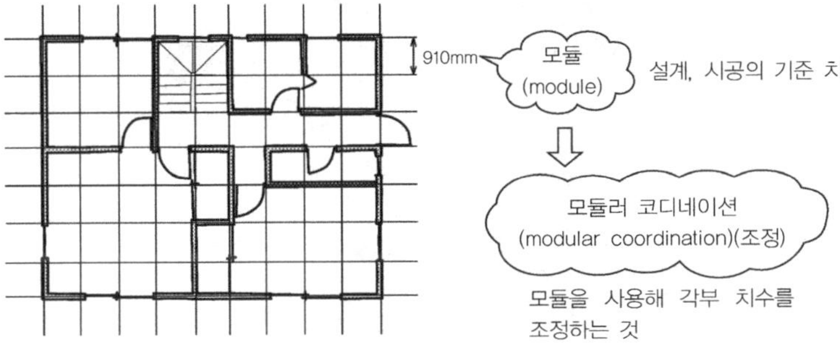

르 코르뷔지에가 인체치수와 황금분할에서 유도해낸 치수 체계. 모듈러는 module과 section d'or(황금분할 : 한 선분을 두 부분으로 나눌 때, 전체에 대한 큰 부분의 비와 큰 부분에 대한 작은 부분의 비가 같도록 나눈 것으로 그 비는 약 1.618 : 1임)를 조합해서 르 코르뷔지에가 만든 용어이다.

답 ▶ ×

3 주택

모듈은 정사각형 그리드로 짜는 것이 일반적인데 더블 그리드는 프랭크 로이드 라이트의 초기 작품과 루이스 칸 등의 작품에서 자주 볼 수 있다. 또한 3각형, 6각형, 평행사변형 그리드도 사용되고 있다. 여기서는 프랭크 로이드 라이트의 하나 주택(1936년)을 6각형 그리드(허니콤 그리드)의 예로 들어본다.

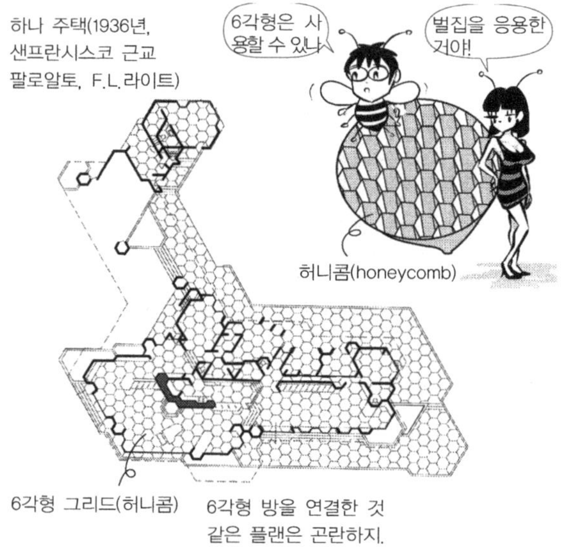

• 샌프란시스코 근교의 스탠포드대학교 근처에 지어진 하나 주택은 현재 미술관으로 보존되어 내부 견학을 할 수 있고, 직각이 아닌 흐르는 듯한 외형과 수평선을 강조한 목제 널빤지와 낮은 처마선이 매우 아름답다.

Q 연립주택은 각 주호가 벽체를 공유하며 전용의 정원을 갖고 있다.

A 한 동의 가옥을 벽으로 막아 여러 호가 살 수 있게 만든 집을 연립주택이라고 한다. 각 호는 전용의 정원(garden)이나 테라스(terrace)를 갖는다(답 : ○). 연립주택은 독립주택을 수평방향으로 연결시켜 벽체를 공유하며 각 호별로 자기 대지를 갖고 있는 공동주택이다.

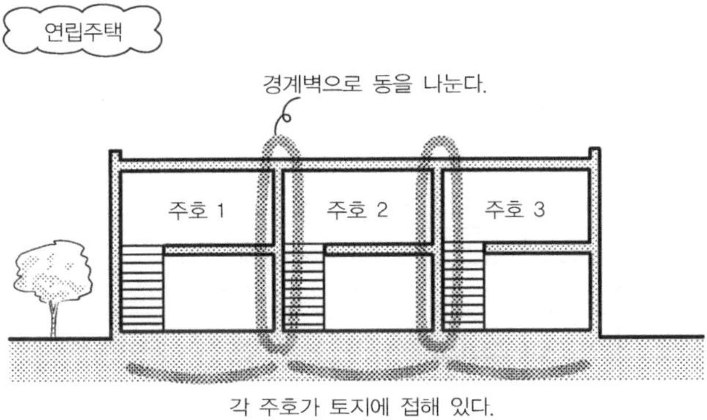

• 'terra'는 라틴어로 '대지'라는 뜻이며, 테라스는 땅에 접한 판이다.

답 ▶ ○

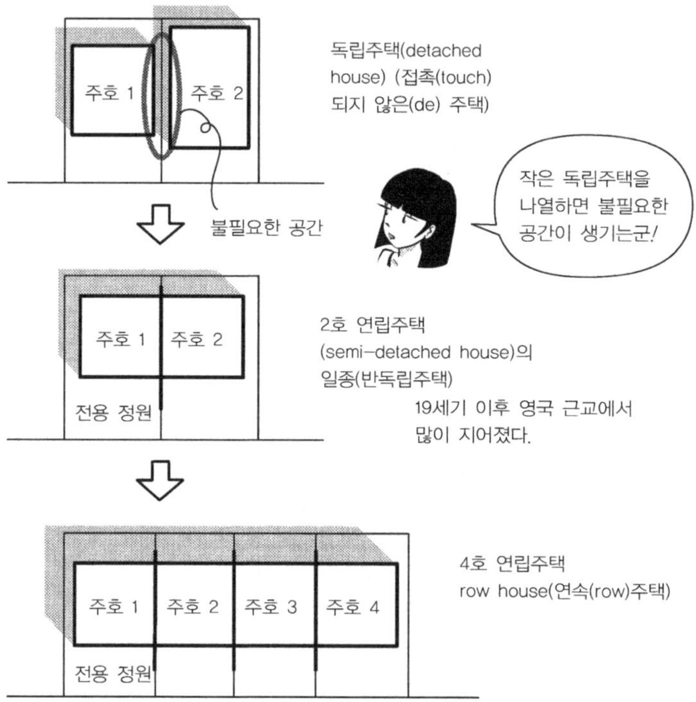

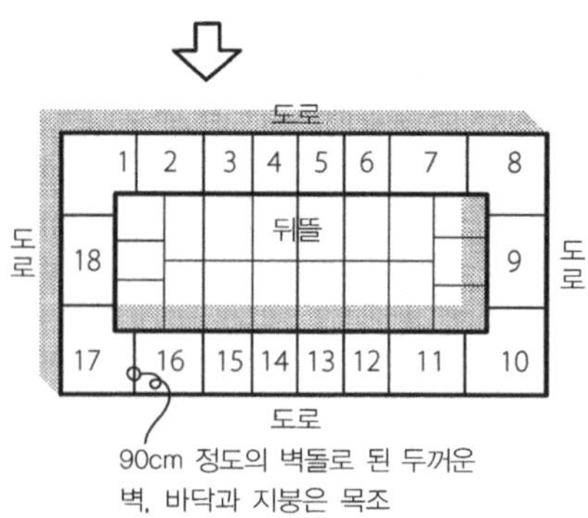

• 연립주택은 17세기 후반 영국에서 탄생했다. 18세기부터 19세기, 산업혁명으로 인구가 도심에 집중하자 런던을 중심으로 많이 지어졌다. 컨트리 하우스와 상대적인 의미에서 타운 하우스라 불렸는데, 현재는 타운 하우스라고 하면 공용 정원을 가진 연속주택(R105 참조)이라는 의미로 사용된다.

18, 19세기 런던에서 많이 지어진 연립주택은 단독주택 같은 독립성을 확보하면서 밀집시킨 공동주택이다. 반지하를 주방이나 고용인을 위한 방으로 만들고 파낸 흙은 도로에 쌓았다. 보도에서는 계단 모양의 브리지를 통해 현관으로 들어간다. 거실과 보도는 드라이 에어리어 만큼만 떨어뜨려 프라이버시 유지와 방범을 고려했다.

런던의 대표적인 연립주택(18, 19세기)

연립주택은 프라이버시나 통풍, 접지성 면에서 단독주택에 가까운 거주성을 실현시켰다. 그러나 19세기 당시 공업노동자들을 위해 지방의 공업지역에 지어진 연립주택은 주호끼리 서로 등지고 반대방향을 향하고 있어 드라이 에어리어나 뒤뜰이 없는 열악한 환경이었다.

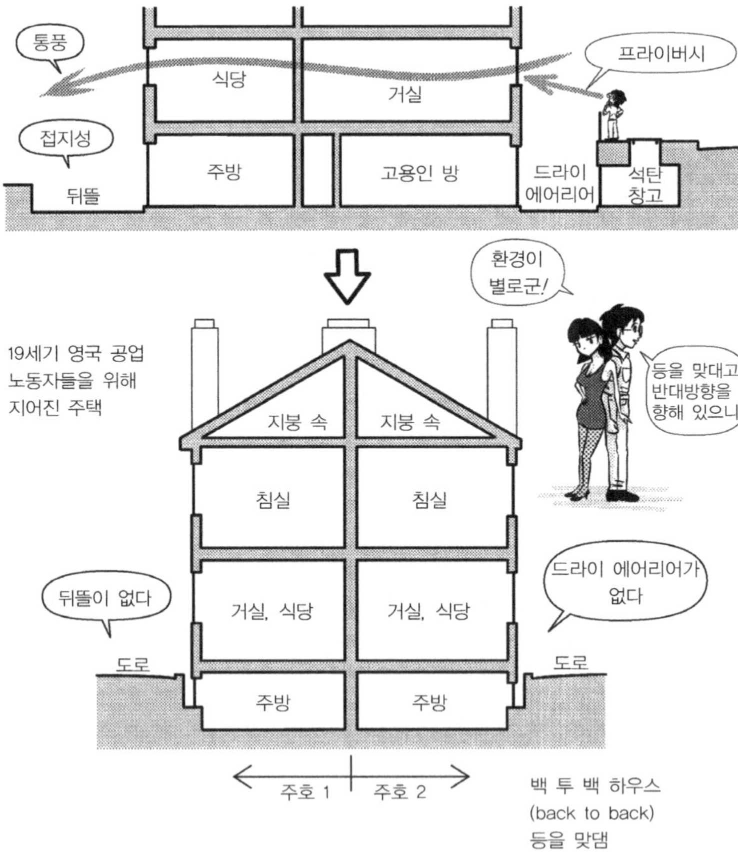

Q 1. 타운 하우스는 접지형 연속주택 중 공용 정원(common space)을 중심으로 각 주호를 배치한 것이다.

2. 커먼 액세스는 거주자가 공용 정원을 지나 각 주호로 들어가게 함으로써 거주자끼리의 교류를 도모하기 쉽다.

A 접지형 연속주택 중에서 공용 정원이 있는 것을 타운 하우스(town house)라고 한다(답 : 1번은 ○). 공용 정원을 사이에 두고 각 주호로 들어가는 형식을 커먼 액세스(common access)라고 하며, 거주자끼리의 교류를 도모하는 효과를 기대할 수 있다(답 : 2번은 ○).

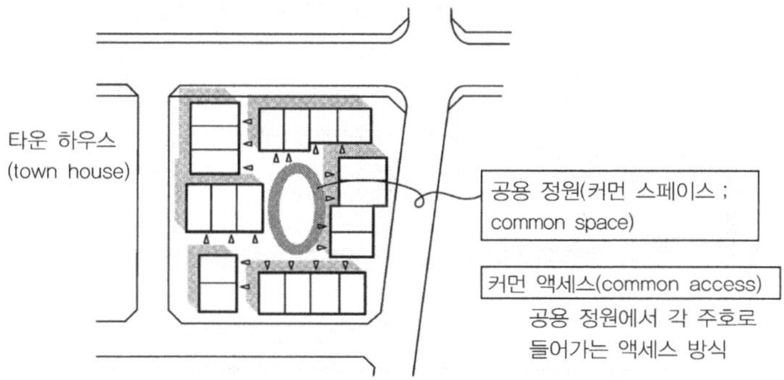

Point

접지형 연속주택 { 연립주택 : 전용 정원을 갖는다. / 타운 하우스 : 공용 정원을 갖는다. }

- 타운 하우스는 직역하면 동네의 집이라는 뜻으로 귀족들이 농지 경영을 하기 위한 컨트리 하우스와 상대되는 개념의 명칭이었다. 현재도 연립주택이나 아파트를 타운 하우스라고 부르는 경우도 있다. 1, 2층을 별도의 주호로 하고 바깥 계단에서 직접 각 주호로 들어가는 형식(중층 연립주택)도 넓은 의미에서는 연립주택, 타운 하우스에 들어갈 수 있다.

답 ▶ 1. ○, 2. ○

Q 마치야(町屋)란 안길이가 긴 대지에 입구부터 안쪽으로 통하는 마당을 향해서 각 실이 배치된 일본의 전통적인 주택형식을 말한다.

A 교토, 오사카 등에서 많이 볼 수 있는 에도시대(1603~1867)의 마치야는 앞 넓이가 짧고 안길이가 긴 대지 분할과 상대적으로 안쪽으로 이어지는 좁고 긴 다짐바닥=마당을 향해 방을 배치함으로써 대지의 악조건을 해결하였다(답 : ○). 이웃과 벽 하나를 사이에 두고 접해 있는 마치야는 연속 주택의 일종이기도 하다.

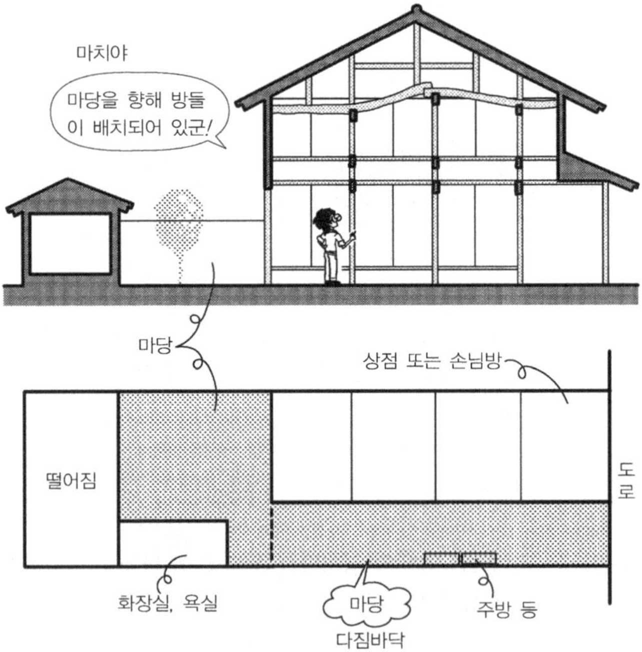

• 마치야는 법령상 연립주택이다. 마치야를 직역하면 타운 하우스이지만, 건축계획에서 타운 하우스라고 하면 공용 정원을 가진 연속주택을 가리킨다(R105 참조).

답 ▶ ○

Q 공동주택은 연립주택, 타운 하우스에 비해 토지에 대한 밀도가 높아지는데 최하층을 제외하고 비접지형 주택이 된다.

A 일반적으로 다세대주택, 아파트라고 불리는 주호를 겹겹이 쌓아놓은 형태의 주택을 공동주택이라고 한다. 연속 주택처럼 접지성이나 독립성은 기대할 수 없고 위층과의 층간 소음 문제가 있다(답 : ○).

답 ▶ ○

Q 편복도형 공동주택은 각 주호의 거주성은 균일하지만 공용 복도쪽에 방을 배치했을 경우 그 방의 프라이버시를 확보하기 어렵다.

A 대부분의 공동주택은 북쪽에 복도를 설치한 편복도형이다. 북쪽 방의 창문은 편복도쪽으로 배치하여 채광, 환기, 통풍을 한다. 때문에 프라이버시(privacy)를 확보하기 어렵다(답 : ○).

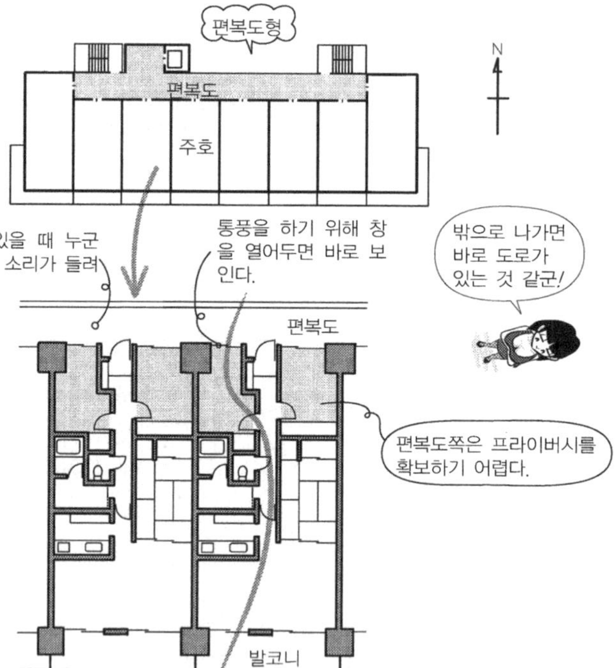

베란다 : 위층과 아래층과의 바닥 면적차로 생기는 공간
발코니 : 건축 외벽에 돌출된 형태로 따로 설치되는 바닥 공간
루프 발코니(루프 테라스) : 지붕 위를 발코니로 만든 공간
테라스 : 건물과 지면이 만나는 곳에 흙을 밟지 않도록 마감한 공간

*베란다와 발코니가 혼용되고 있는데 엄밀히 말하면 다르다.

답 ▶ ○

Q 공동주택에서 공용 통로의 통행을 방해하지 않도록 각 주호의 현관 앞에 알코브를 설치했다.

A 공용 복도에서 주호로 바로 들어가는 현관인 경우 주호와 공용 부분이 인접해서 너무 가깝고 문을 바깥쪽으로 열면 통행에 방해가 되는 등의 단점이 있다. 벽을 조금 안쪽으로 들어가게 한 <u>알코브(alcove)</u>를 설치함으로써 주호로 들어가는 거리감을 만듦과 동시에 문이 열리는 것이 방해가 되지 않게 할 수 있다(답 : ○).

카사 바트요(1906년, 바르셀로나, 안토니 가우디 (Antoni Gaudi))

참고 : 'Casa Batlló' Dosde Arte Ediciones(2011)

- 알코브(alcove)는 원래는 벽면의 아치형, 볼트형, 돔형 등의 패임을 의미하는 것이었다. 현재는 벽을 움푹 들어가게 해서 만든 작은 공간을 총칭한다.

답 ▶ ○

Q 리빙 액세스형 공동주택은 일반적으로 각 주호의 특징을 적극적으로 나타내기 위해 공용 복도쪽에 거실과 식당을 배치한다.

A 북쪽에 편복도가 있다면 현관이 마치 뒷문 같은 느낌을 주기 쉽다. 남쪽이나 LD쪽으로 들어오는 리빙 액세스(living access)형은 생활의 분위기가 공용 복도쪽에 표출된다. 프라이버시 확보를 위해 공용 복도보다 바닥 레벨을 높게 하거나 공간에 개방감을 줄 수 있도록 천장까지 확 트는 구조로 하는 등의 연구가 필요하다(답 : ○).

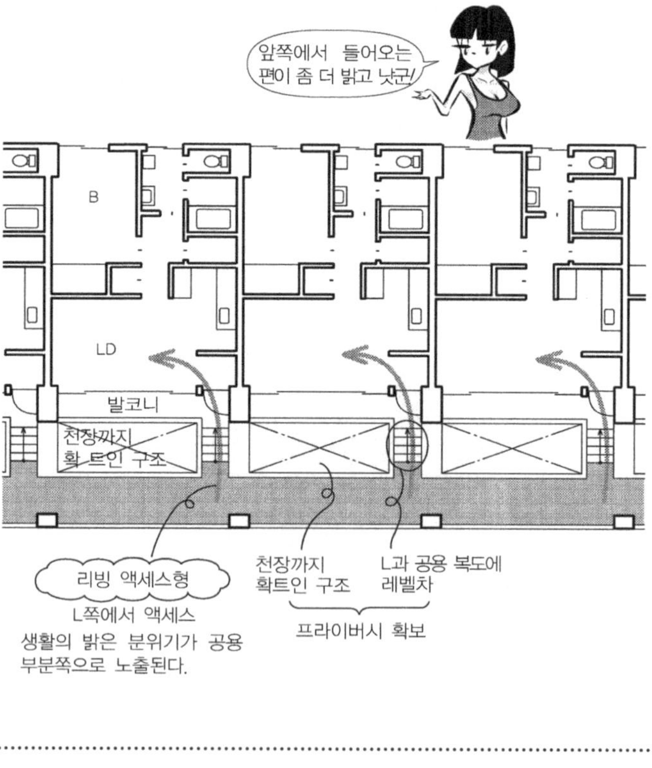

답 ▶ ○

Q 계단실형은 편복도형에 비해 북쪽 방의 프라이버시를 확보하기 쉽다.

A 계단을 올라가 좌우로 나뉘어 들어가는 계단실형은 북쪽에 복도가 없기 때문에 북쪽 방의 프라이버시를 확보하기 쉽다(답 : ○). 1층 방은 반층 정도 올라가기 때문에 지면에 섰을 때의 시선보다 위가 되어 실내가 잘 보이지 않는 구조가 된다.

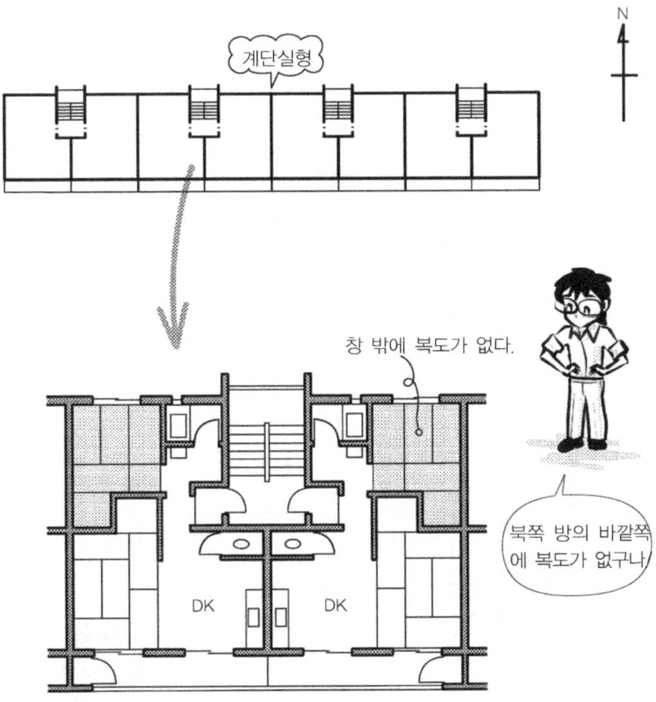

구 주택공단 2DK(40.6㎡) 2호 1유닛(unit) 주택형의 평면 … 야구에서 한 팀의 투수와 포수를 배터리라고 부르는 것처럼 두 집이 한 조가 되기 때문에 배터리 타입이라고 부르기도 한다.

참고 : 일본건축학회, 〈건축설계자료집성 6 건축-생활〉, 1981.

답 ▶ ○

Q 편복도형은 일반적으로 계단실형에 비해 엘리베이터 1대당의 주호 수를 많게 할 수 있다.

A 한 층에 8호가 들어간 5층짜리 공동주택에서 엘리베이터 1대당의 주호 수를 계산해 보자. 편복도형은 1대당 40호(엘리베이터를 2대 설치할 경우 20호), 계단실형은 1대당 10호가 된다. 편복도로 많은 주호를 연결하는 편복도형이 엘리베이터 1대당의 주호 수를 많게 할 수 있다(답 : ○).

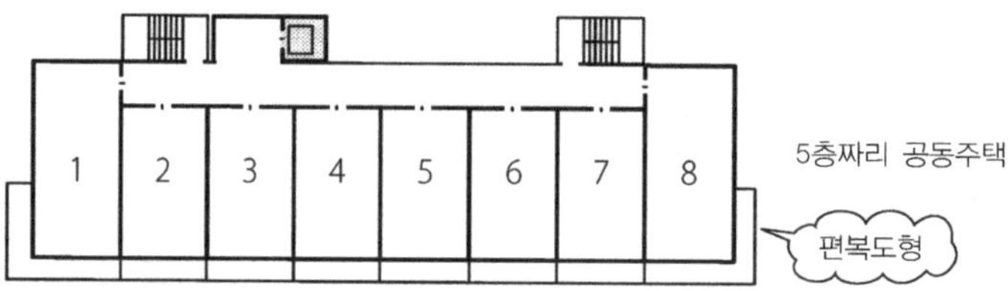

- 엘리베이터 1대당 8호×5층=40호
- 엘리베이터 2대로 하면
  엘리베이터 1대당 $\frac{(8호\times5층)}{2}=20호$

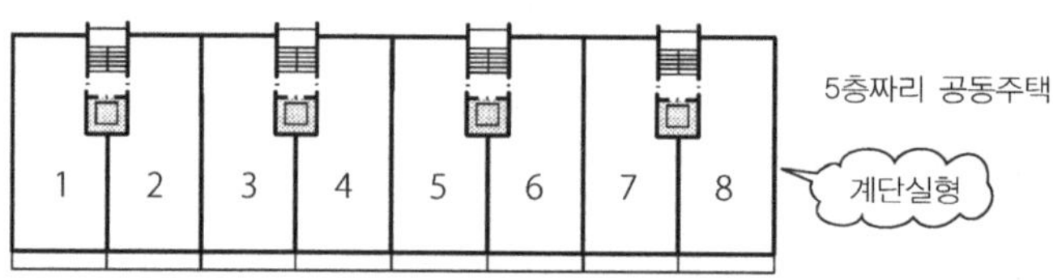

- 엘리베이터 1대당 2호×5층=10호

답 ▶ ○

Q 스킵 플로어형은 공용 복도를 두지 않고 외기에 접하는 2방향의 개구부를 가진 주호를 만들 수 있다.

A 스킵 플로어형(skip floor type)은 다음 그림과 같이 몇 개 층마다 공용 복도를 만들고 그 상하층에는 계단으로 액세스하는 방식으로 편복도형과 계단실형을 조합시킨 것이다. 엘리베이터가 서지 않는 층이 생기는 단점은 있지만, 계단으로 액세스하는 주호의 북쪽 방에는 공용 복도를 두지 않고 개구부를 설치할 수 있으며 공용 부분의 면적을 작게 할 수 있는 등의 장점이 있다(답 : ○).

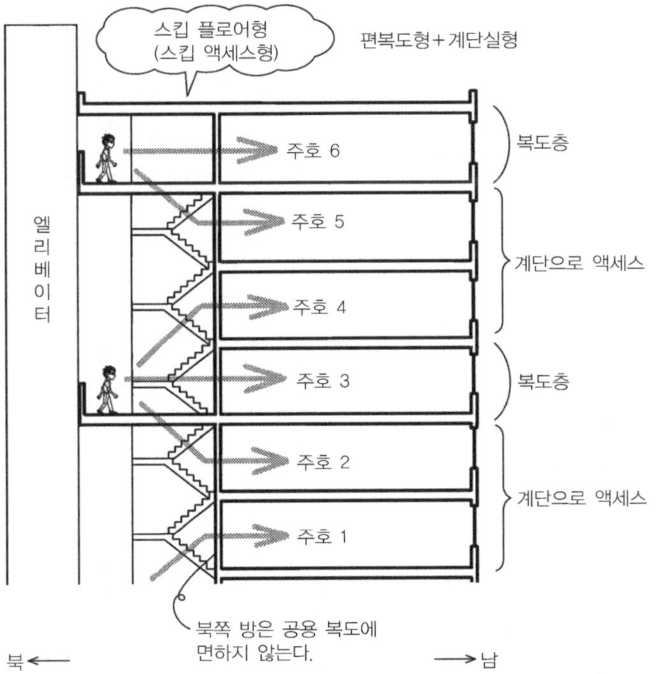

답 ▶ ○

Q 스킵 플로어형은 일반적으로 엘리베이터에서 각 주호로 가는 동선이 길어진다.

A 스킵 플로어형은 계단을 이용해서 주호로 들어가기 때문에 동선이 길고 짐을 들고 계단을 오르내리기가 힘들다는 단점이 있다(답 : ○).

하루미(晴海) 고층 아파트(1958년)는 스킵 플로어형의 대규모 공동주택(169호)이다. RC 치장과 돌출 발코니에 의한 조형, 복잡한 액세스 방식은 르 코르뷔지에의 유니테 다비타시옹을 연상케 할 정도로 닮아 있다.

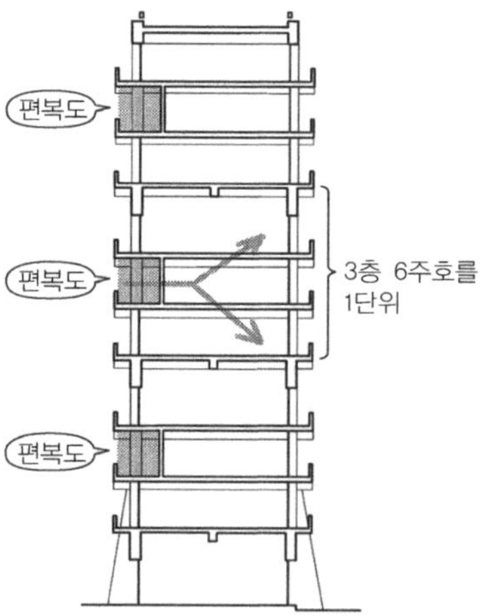

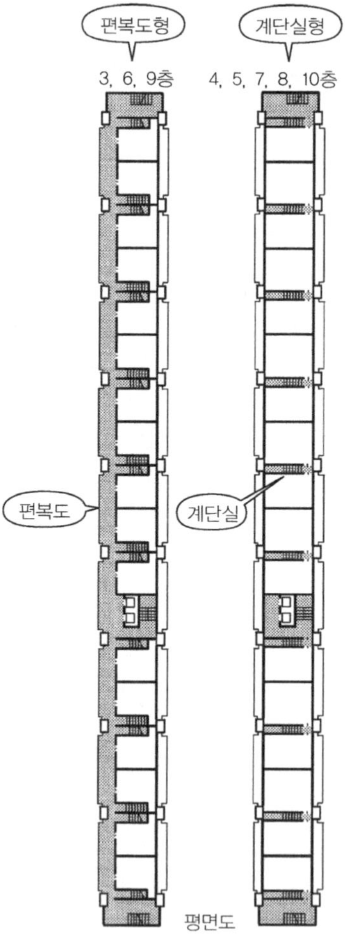

하루미 고층 아파트(1958년, 1997년 해체, 마에카와 쿠니오)

참고 : 일본건축학회, 〈건축설계자료집성 '거주'〉, 2001.

답 ▶ ○

Q 중복도형은 주동을 남북축에 배치하는 경우가 많다.

A 중복도형은 주동을 동서축에 배치하면 주호의 반은 북향이 되어버린다. 따라서 주동을 남북축에 배치하고 주호를 동서로 향하게 하는 것이 일반적이다(답 : ○).

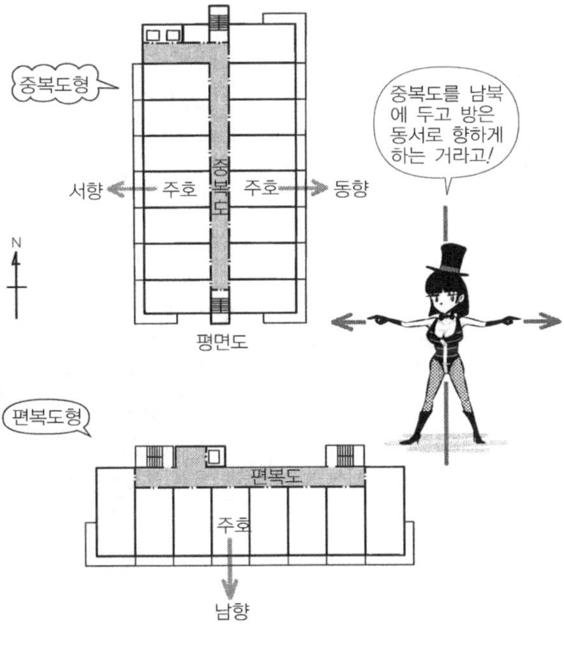

• 르 코르뷔지에의 작품 중 마르세유의 유니테 다비타시옹(Unité d'Habitation)은 주동을 남북축에 두고 방을 동서로 향하게 했다. 그곳에 사는 어느 주민과 인터뷰를 해보니 남쪽에 창이 없고 동서쪽에 창이 있는 것에 대한 반감은 없다고 했다. 지중해 연안의 건조한 날씨 요소 외에도 메조넷으로 하여 각 주호에서 동서 양쪽에 창을 둔 것이 크게 작용했다고 생각한다(다음 페이지 참조).

답 ▶ ○

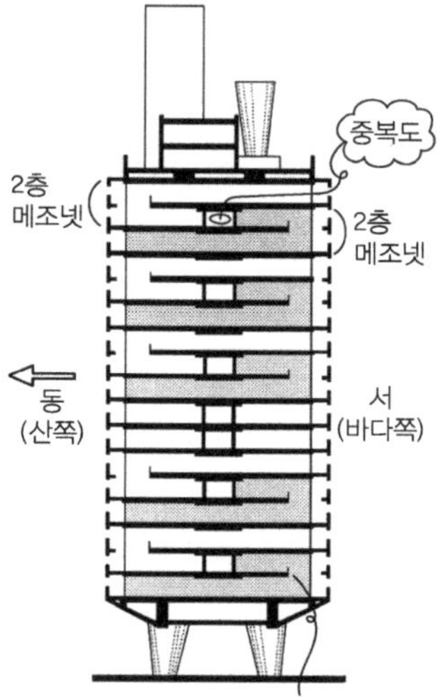

서쪽의 뻥 뚫렸던
공간은 지금은
모두 막혀 있다!

중복도형은 동쪽과 서쪽에만 창을 낼 수 있다는 단점이 있지만, 르 코르뷔지에의 유니테 다비타시옹은 <u>메조넷형(maisonette type) 주호</u>(복수의 층에 걸친 주호)를 서로 달리 조합시킴으로써 1호의 주거에서 동서 양방향으로 창을 설치했다. 정면의 폭이 좁은 것을 해소할 수 있도록 창 옆의 공간은 천장을 확 트인 구조로 해서 개방감을 주었다.

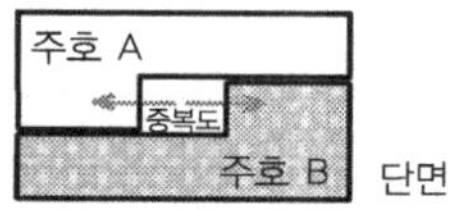

서로 다르게 조합시킨
주호 단면

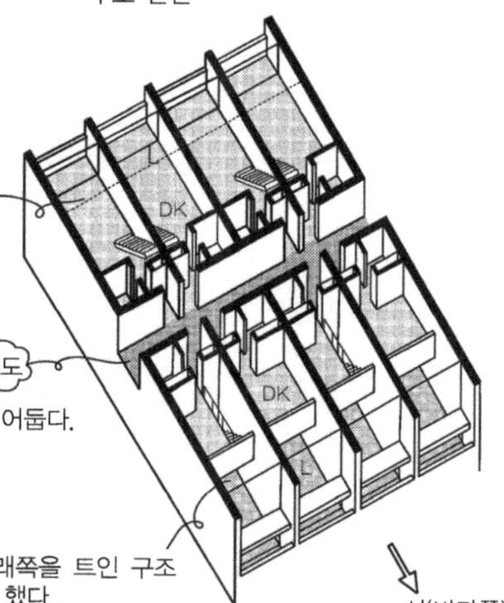

위쪽을 트인 구조로
했다.

중복도
창문이 없어 어둡다.

아래쪽을 트인 구조
로 했다.

마르세유의 유니테 다비타시옹
(1952년, 르 코르뷔지에)

이렇게 트인 구조는 지금은 모두 막혀 있다. 위층 DK와 아래층 L과의 연결이 좋지 않아 불편하기 때문이라고 생각된다.

참고 : W. Boesige, 'Le Corbusier' Artemis, 1964.

• 유니테 다비타시옹에는 유료로 견학할 수 있는 주호가 있으며, 또한 중간층에는 호텔이 있어 숙박할 수도 있다.

Q 중복도형은 일반적으로 계단실형에 비해 통풍이나 일조를 확보하기 어렵다.

A 중복도형은 바람이 중복도로 빠져나가기 어려워 통풍이 나쁘고, 주호가 동서쪽으로 향해 있기 때문에 일조도 좋지 않다(답 : ○). 한편 계단실형은 일조, 통풍, 북쪽 방의 프라이버시 모두 양호하다.

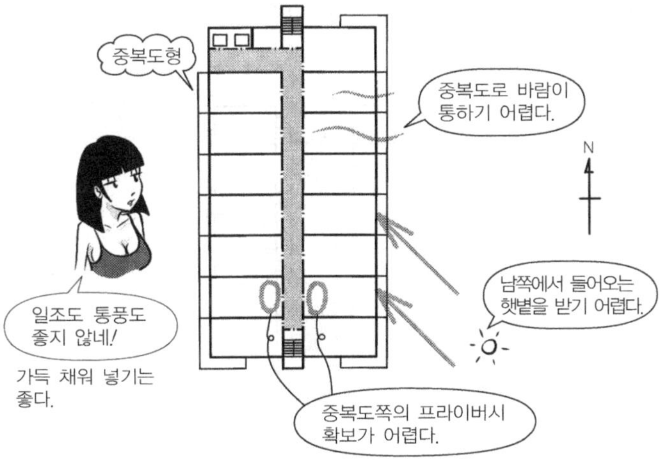

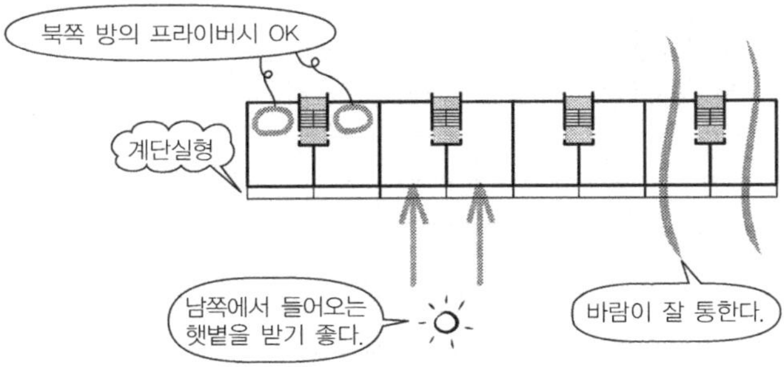

답 ▶ ○

Q 1. 트윈 코리더형이란 주요 복도 2개를 직각으로 교차시킨 평면형을 말한다.

2. 트윈 코리더형은 일반적으로 중복도형에 비해 통풍이나 환기를 하기가 좋다.

A 트윈 코리더형(twin corridor type)은 복도를 평행으로 배치하고 중앙을 외부로 하는 형태이다(답 : 1번은 ×). 중복도와 달리 안쪽에도 외부가 있기 때문에 공기는 통하기 쉽다(답 : 2번은 ○).

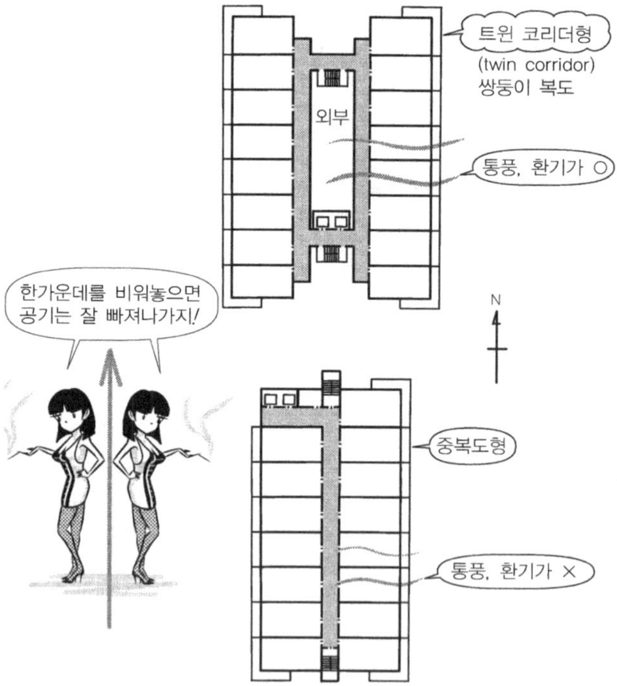

답 ▶ 1. ×, 2. ○

Q 1. 집중형은 편복도형에 비해 복도 같은 공용 부분의 면적을 작게 할 수 있다.

2. 포인트 하우스는 계단, 엘리베이터를 코어로 하고 그 주위에 주호를 배치한 탑 모양의 공동주택이다.

A 주호를 공용 계단, 공용 엘리베이터 주위에 집중시켜 배치한 것이 집중형이다. 판 모양의 큰 주동과 상대적으로 점(point) 모양이 되기 때문에 포인트 하우스(point house)라고도 부른다. 별 모양으로 배치한다고 해서 스타 하우스(star house), 외관이 탑처럼 생겼다고 해서 탑상(tower type) 주택이라고 부르기도 한다(2번은 ○). 공용 복도를 편측 복도에 비해 짧게 할 수 있고 공용 부분의 면적도 작게 할 수 있다(1번은 ○). 하지만 남향 주호가 적고, 피난로가 중앙에 집중되어 있다는 등의 단점도 있다.

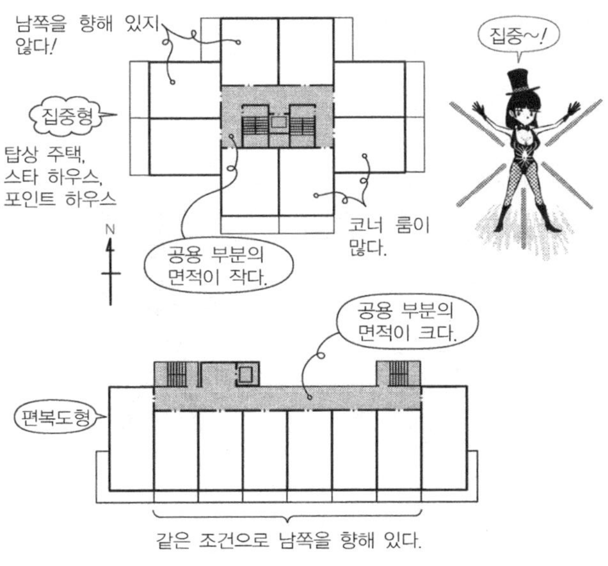

답 ▶ 1. ○, 2. ○

Q 집중형은 일반적으로 편복도형에 비해 피난계획을 세우기가 쉽다.

A 공용 계단을 둘러싸듯이 배치된 집중형은 2방향으로 피난로를 잡기가 어려운 형태이다(답 : ×). 편복도형의 경우 복도의 동서쪽 끝에 공용 계단을 설치하면 2방향의 피난로를 쉽게 잡을 수 있다.

답 ▶ ×

Q 메조넷형은 각 주호가 2층 이상으로 구성된 주호 형식으로, 전용 면적이 작은 주호에는 적합하지 않다.

A 주호가 1층만으로 구성되는 것이 플랫형, 2층 이상으로 구성되는 것이 메조넷형이다. 메조넷형은 주호 내에 계단이 필요하므로 작은 주호에는 적합하지 않다(답 : ○). 메조넷형에서 공용 복도가 없는 층인 경우에는 북쪽 방의 프라이버시를 확보하기 쉽다.

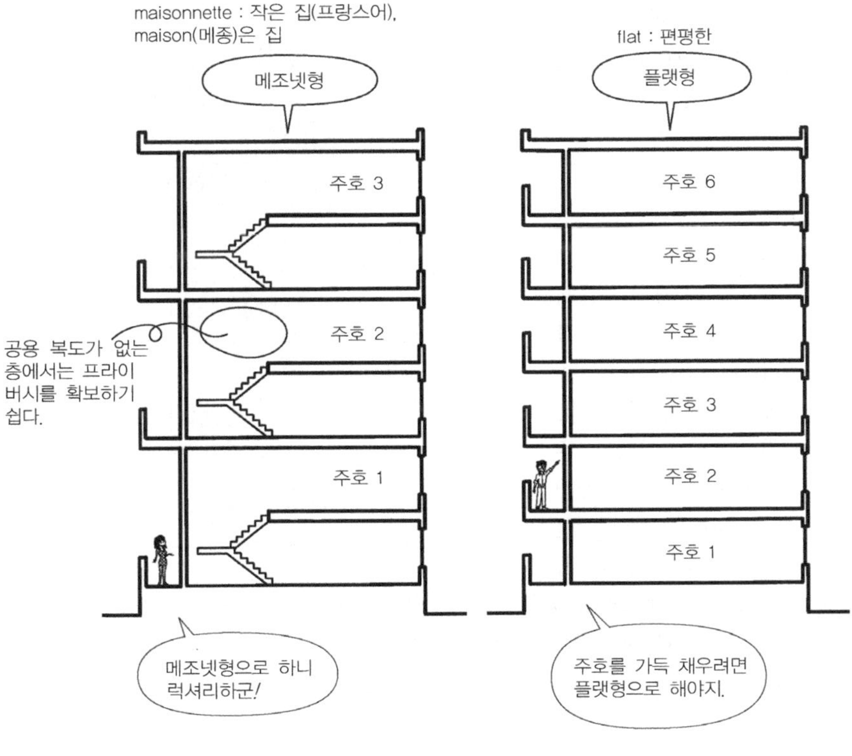

답 ▶ ○

Q 메조넷형은 일반적으로 플랫형에 비해 공용 부분의 통로 면적을 작게 할 수 있다.

A 메조넷형은 스킵 플로어형과 마찬가지로 공용 복도를 1, 2층 간격으로만 만들면 되므로 편복도형 등의 플랫형에 비해 공용 부분의 면적을 작게 할 수 있다(답 : ○).

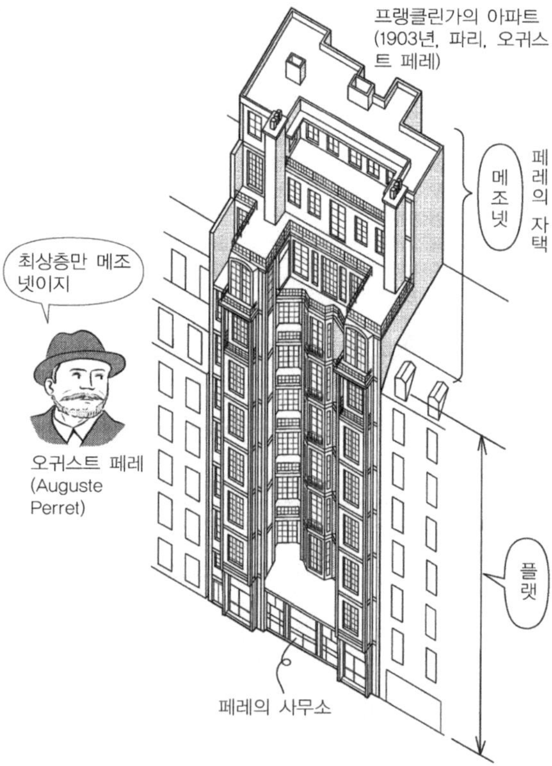

• RC로 지은 초창기 도시형 공동주택으로 유명한 것이 오귀스트 페레의 프랭클린가의 아파트(1903년)이다. 1층에는 자신의 사무소를, 최상층에는 자택을 두었으며 다른 층은 아파트로 임대를 주었다. 페레는 부동산 경영자이기도 했다. 에펠탑을 감상하기에 최적의 장소인 샤요 궁전의 테라스로부터 걸어서 5분 거리이다. 지은 지 100년이 넘은 지금까지도 훌륭하게 관리되어 있다. 파리의 구시가에 지어진 공동주택은 런던 같은 연립주택은 적고 플랫형이 대부분이다.

답 ▶ ○

Q 코퍼러티브 하우스란 주택 입주 희망자가 모여서 협동조합을 만들고 서로 협력해서 기획 · 설계부터 입주 · 관리까지 모두 경영해 나가는 방식이다.

A 협동조합(코퍼러티브 : coop)을 만들어서 토지 구입, 기획, 설계, 시공, 입주, 관리를 해나가는 방식과 그렇게 해서 지어진 공동주택을 코퍼러티브 하우스(cooperative house)라고 한다(답 : ○).

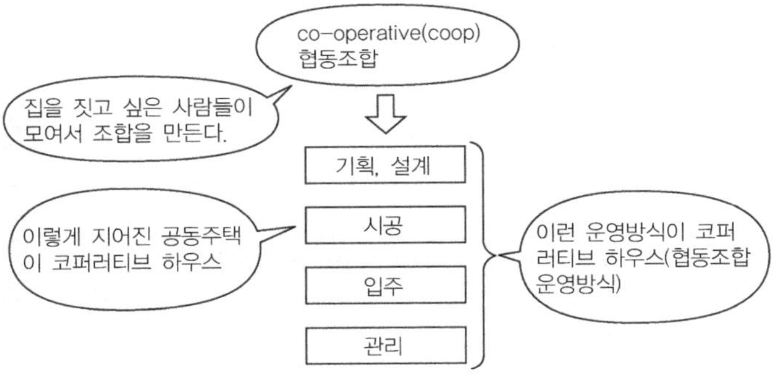

답 ▶ ○

Q 컬렉티브 하우스란 개인의 프라이버시를 존중하면서 육아나 가사일 등의 작업은 공동으로 하는 상부상조적인 서비스와 주택을 조합시킨 방식이다.

A 컬렉티브 하우스(collective house)란 직역하면 '공동의 집'으로 공동 주방, 공동 식당, 공동 세탁실, 공동 육아실 등을 가진 공동주택이다. 북유럽에서 시작되었으며 맞벌이 세대, 싱글 맘, 혼자 사는 노인 등이 함께 도우면서 생활해나가는 공간으로 구상된 것이다(답 : ○).

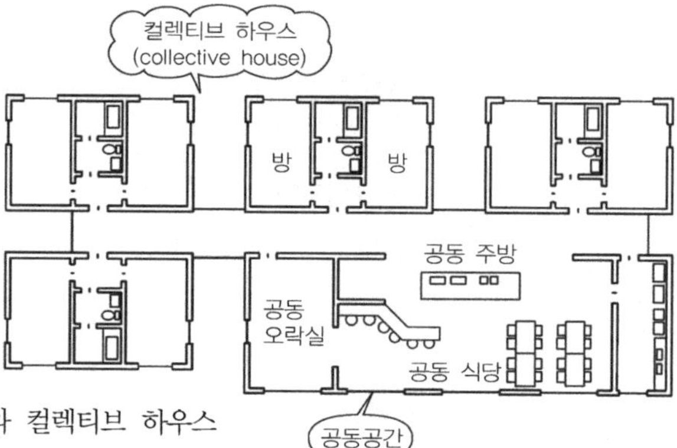

• 코퍼러티브 하우스와 컬렉티브 하우스를 혼동하기 쉬운데, 코퍼러티브 하우스는 생협(생활협동조합)으로 잘 알려진 coop을 떠올려서 외우면 된다.

Point

코퍼러티브 하우스 … 협동조합으로 짓는다.
(co-operative) (coop)
컬렉티브 하우스 … 공동 공간이 있다.
(collective)

답 ▶ ○

Q 스켈레톤 인필 방식이란 구조체나 공용설비 부분과 주호 전용 부분의 내장이나 설비를 나눔으로써 내구성, 융통성, 가변성을 높일 수 있는 방식이다.

A 골조(스켈레톤)는 업자가 만들고 입주자가 결정된 후 입주자의 희망에 맞춰 내장, 설비(인필)를 설계 · 시공하는 2단계 공급방식이 스켈레톤 인필(skeleton infill) 방식이다(답 : ○).

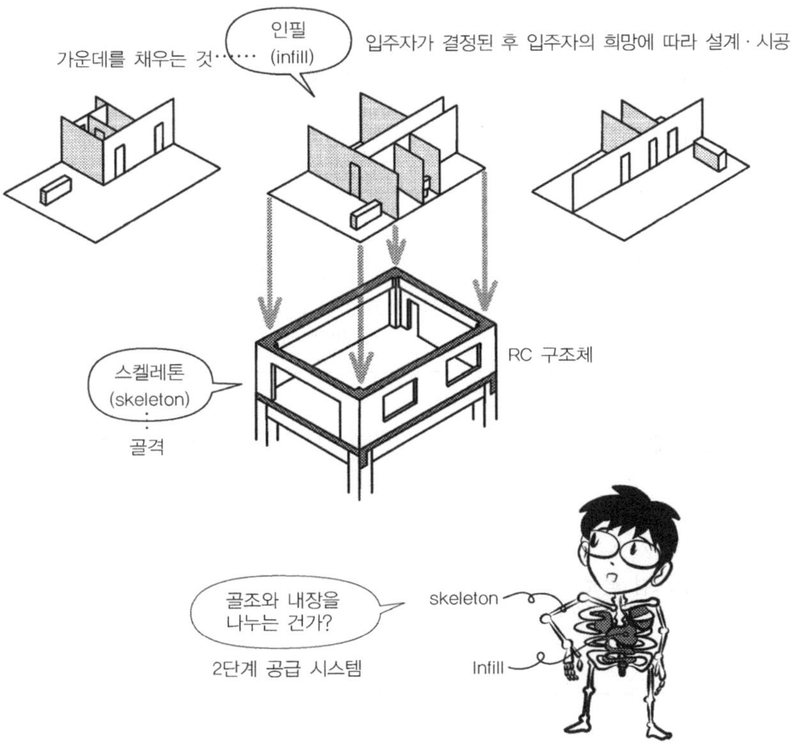

답 ▶ ○

<table>
<tr><td rowspan="2">대지와의 관계</td><td>연립주택</td><td>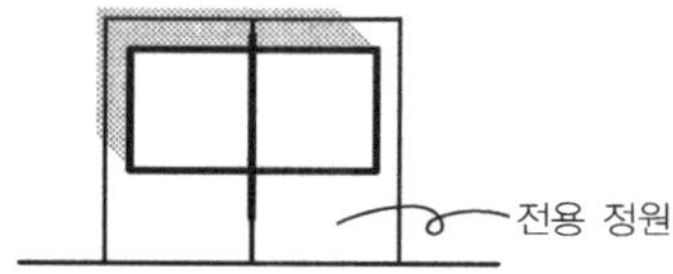
</td></tr>
<tr><td>타운 하우스</td><td>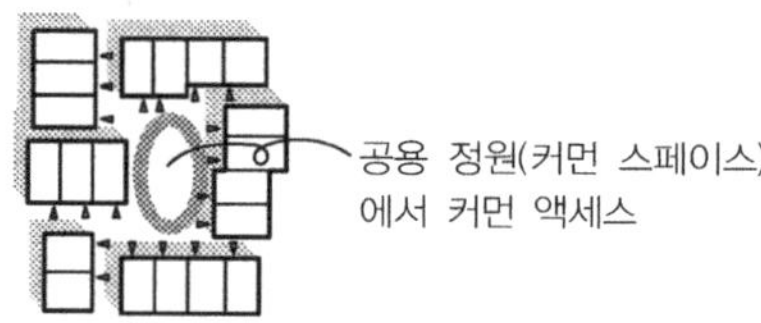
</td></tr>
<tr><td rowspan="5">통로의 형식</td><td>편복도형</td><td>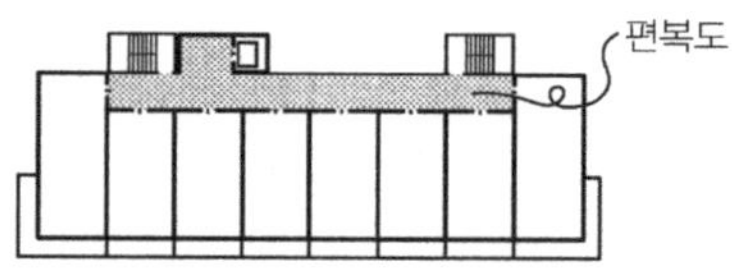
</td></tr>
<tr><td>(편복도형의)
리빙 액세스형</td><td>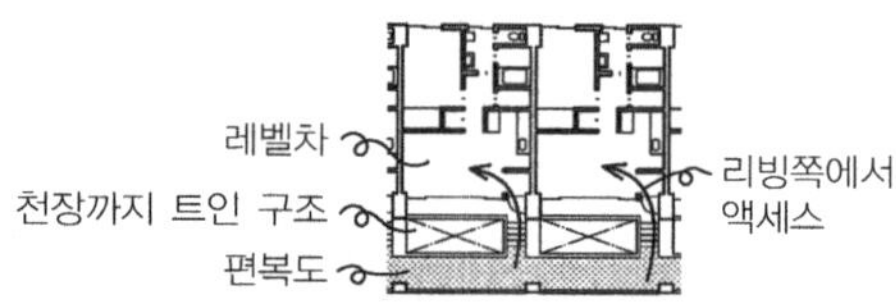
</td></tr>
<tr><td>계단실형</td><td>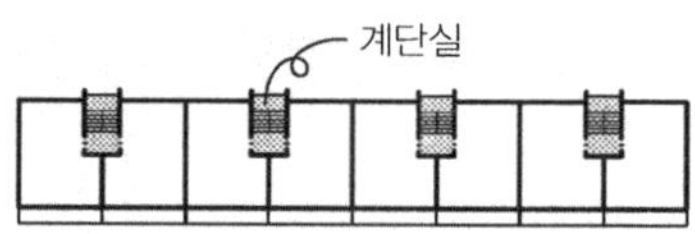
</td></tr>
<tr><td>스킵 플로어형
(스킵 액세스형)</td><td>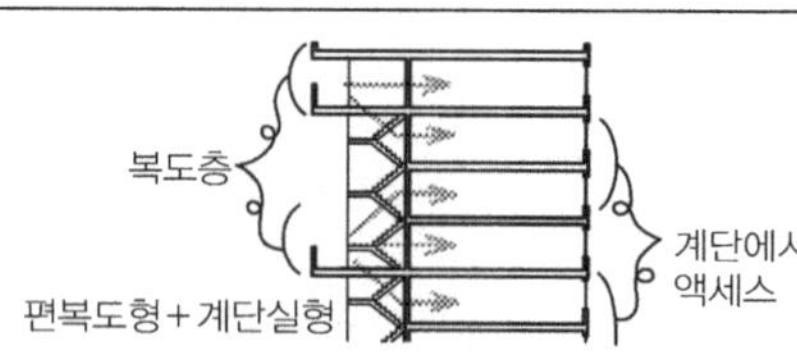
</td></tr>
<tr><td>중복도형</td><td>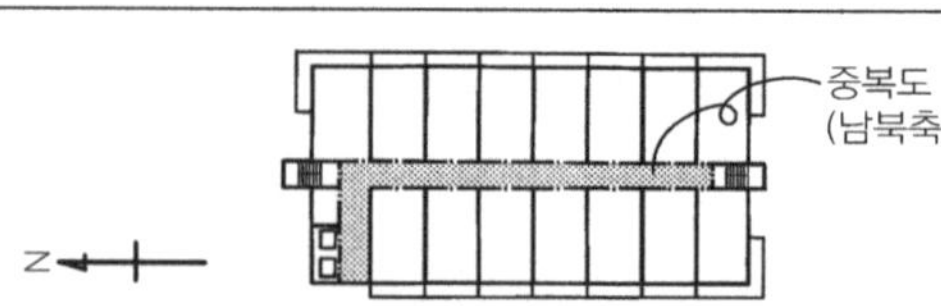
</td></tr>
</table>

공동주택의 분류 정리(2)

통로의 형식	트윈 코리더형 (더블 코리더형)	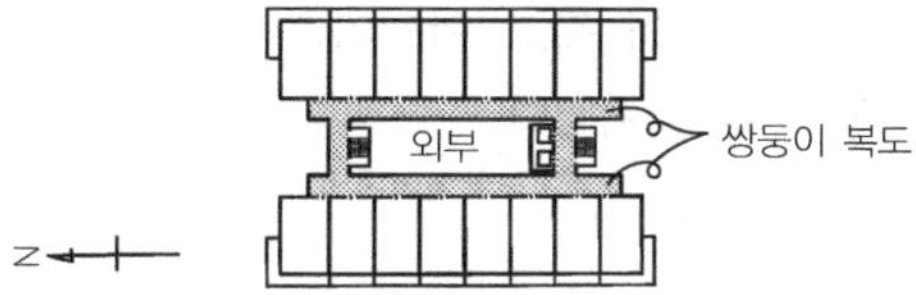
	집중형 (스타 하우스, 포인트 하우스)	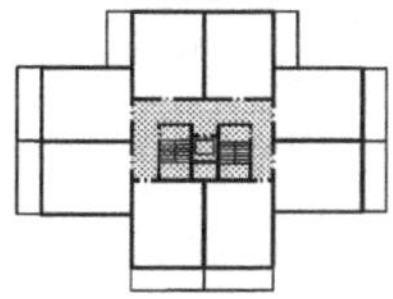
주호의 단면형식	플랫형	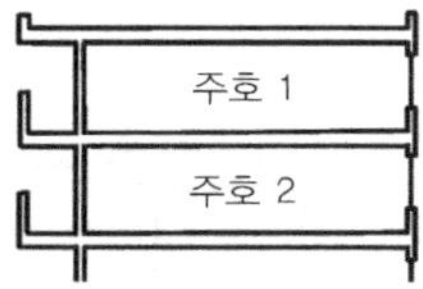
	메조넷형	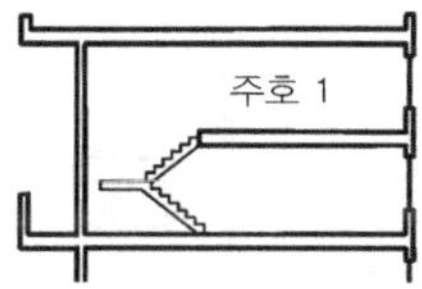
운영방식	코퍼러티브 하우스	 협동조합 (co-operative) [coop]
	컬렉티브 하우스	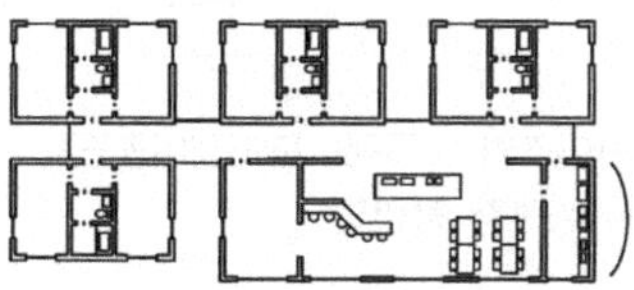 collective 공동 공간
	스켈레톤 인필 방식	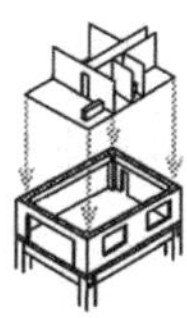 인필 : 안에 채우는 것 스켈레톤 : 골조

Q 정면의 폭이 좁고 안길이가 긴 주호 내의 쾌적성을 고려하여 라이트 웰(광정)을 설치했다.

A 라이트 웰(light well)은 직역하면 '빛우물'이라는 뜻으로 빛이나 공기를 도입하기 위한 우물 모양의 작은 중정(court)이다. 라이트 코트(光庭)라고 부르기도 한다. 일본의 주택에서 안뜰과 같은 것이다. 안쪽의 방, 화장실, 욕실, 주방, 계단실 등의 채광, 환기, 통풍에 도움이 된다(답 : ○).

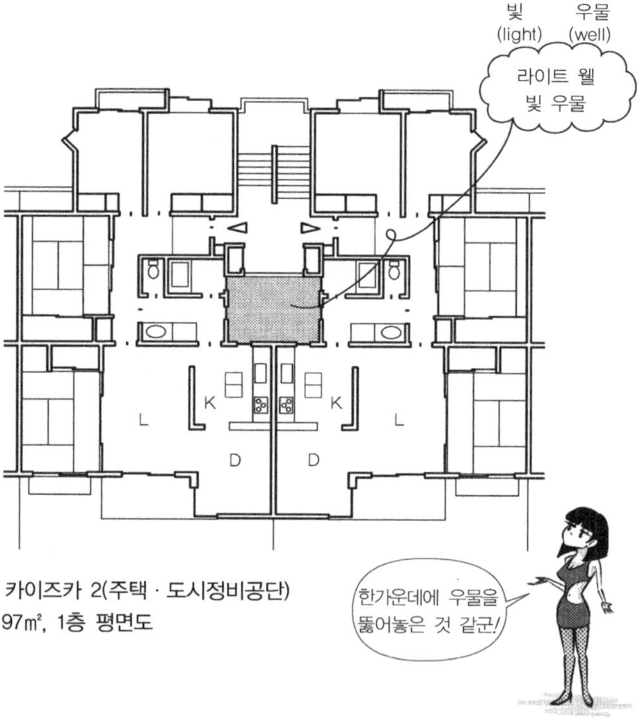

홈타운 카이즈카 2(주택 · 도시정비공단)
4LDK, 97㎡, 1층 평면도

참고 : 일본건축학회, 〈콤팩트 설계자료집성〉 '주거', 1991.

답 ▶ ○

Q 리빙 발코니란 거실의 연장된 공간으로 만든 대형 발코니이다.

A 안길이 1m 정도의 발코니는 세탁물이나 이불 말리기, 에어컨 실외기 등을 놓는 장소로 밖에 사용되지 않는다. 안길이가 2~3m 정도 된다면 반야외 거실로 사용할 수 있다. <u>리빙 발코니(living balcony)</u>라고 부르는데 외부에서 또는 이웃집에서 보이지 않게 할 필요가 있다(답 : ○).

그림의 의자는 토넷의 No.14 의자
(1859년, 미하엘 토넷)

긴 의자는 '슈즈 롱(카우보이 체어)'
(1928년, 르 코르뷔지에)

답 ▶ ○

르 코르뷔지에가 지은 이메블 빌라를 보면 주호의 발코니가 L형으로 둘러싸여 있고, 2층까지 천장이 확 트인 대형 공간이다. 유니테 다비타시옹과 마찬가지로 남북축에 동을 배치하고 주호는 동서로 향해 있다.

이메블 빌라(Immeuble-villas) 계획
(1922년, 르 코르뷔지에)

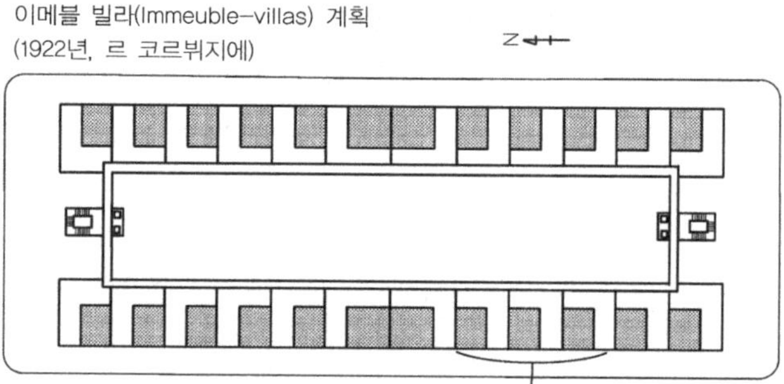

• '이메블 빌라 계획'은 르 코르뷔지에의 '300만 인의 현대도시 계획'의 일부이다. 주호 부분만 1925년 파리에서 장식예술박람회에서 만들어지고 지금은 볼로냐로 이전되어 관람할 수 있다.

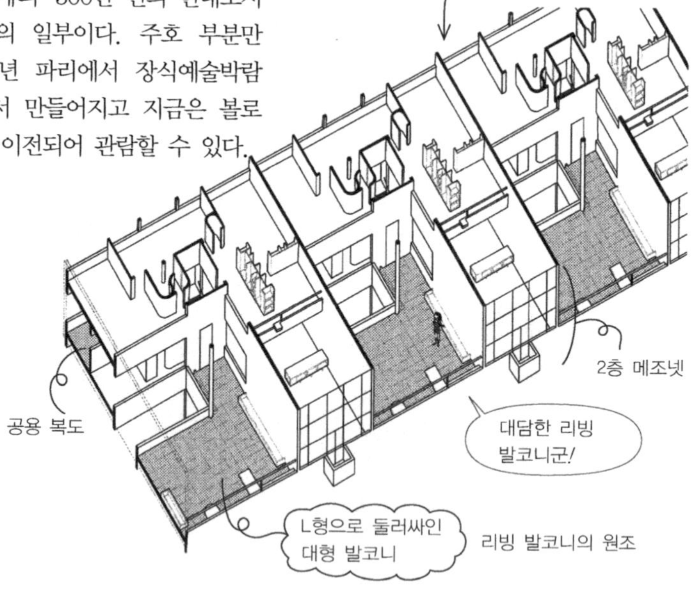

Q 비오톱이란 야생생물의 서식공간을 의미하며, 생물이 서식할 수 있는 물가 등의 자연환경을 복원하는 것과 그런 장소 등을 지칭한다.

A 생물(바이오)이 서식하는 장소(그리스어로 '토포스 topos')를 보다 자연적인 형태로 복원한 물가나 그 주위의 녹지 등을 비오톱(biotope)이라고 한다(답 : ○). 대형 공동주택의 공용공간 등에 조성하고 있다.

답 ▶ ○

Q 배리어프리는 유니버설 디자인보다 넓은 개념이다.

A 배리어프리(barrier free)는 배리어(장벽)를 프리하게 한다(없앤다)는 뜻이다. 공동주택에서는 공용 현관 앞의 단차를 경사로로 하거나, 엘리베이터를 설치하거나, 주호 현관의 신발 놓는 곳 또는 마룻귀틀의 단차를 없애는 것(R042 참조) 등이다. 유니버설 디자인은 누구나 공통적으로 사용할 수 있는 디자인으로 배리어프리보다 넓은 의미로 사용된다(답 : ×).

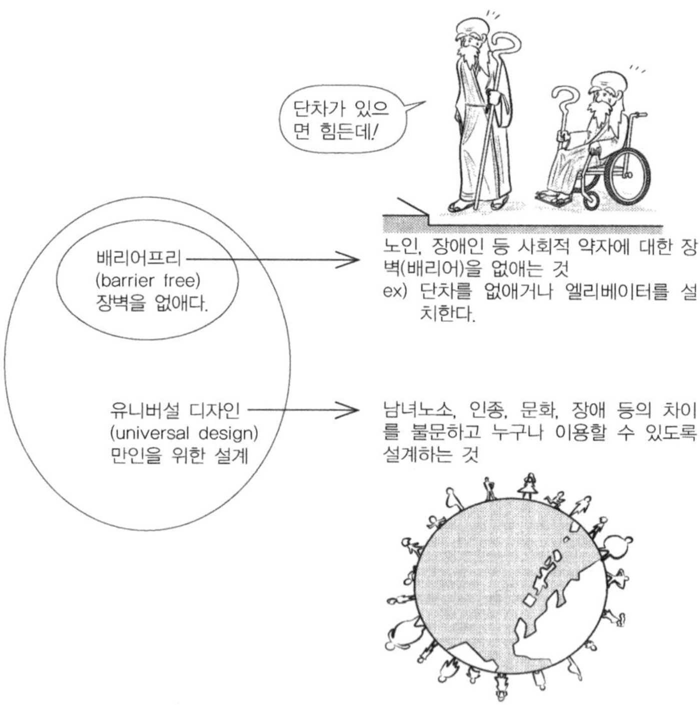

답 ▶ ×

Q 공동주택에서 철근콘크리트구조 발코니는 아래층에서 화재가 났을 경우 위층까지 확대되는 것을 방지하는 데 유효하다.

A 주호 간의 바닥, 벽은 방화구획으로 되어 있는데, 발코니나 차양, 돌출된 벽, 스팬드럴(상하층 창 사이의 벽) 등이 있으면 화재가 확대되기 어렵다(답 : ○). 건축법에서는 이렇게 화재가 확대되는 것을 방지하기 위해 주호 간의 창과 창 사이의 간격과 차양의 돌출치수 등을 규정하고 있다.

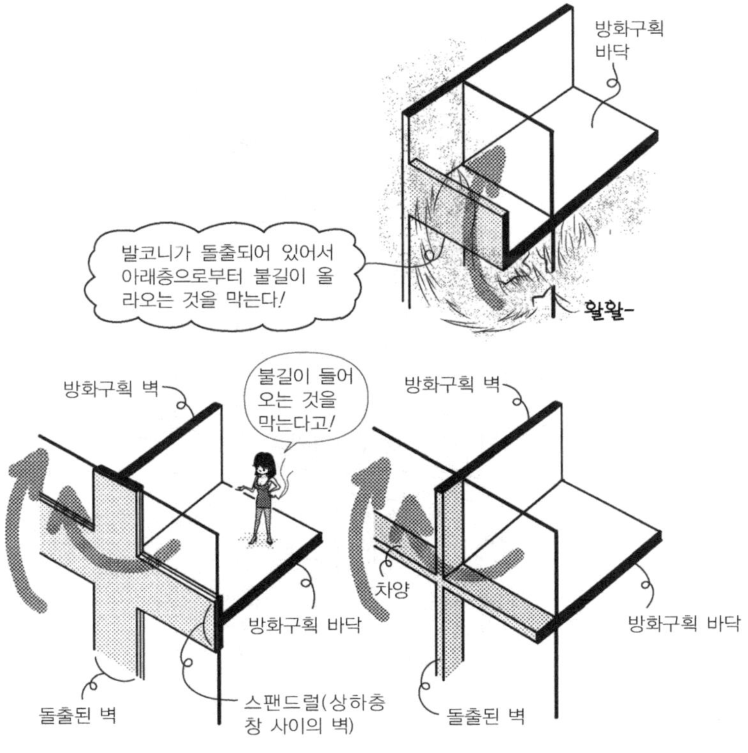

답 ▶ ○

Q 공동주택에서 화재 시의 2방향 피난을 고려해 각 주호에 발코니를 설치했다.

A 그림과 같이 피난상 효율적인 발코니를 만들면 계단이 하나뿐이어도 2방향 피난이 가능한 경우가 있다(답 : ○).

답 ▶ ○

Q 발코니 난간에 설치하는 창살은 어린이가 타고 올라가지 않도록 세로창살로 하고 간격은 안치수 11cm 이하가 되도록 한다.

A

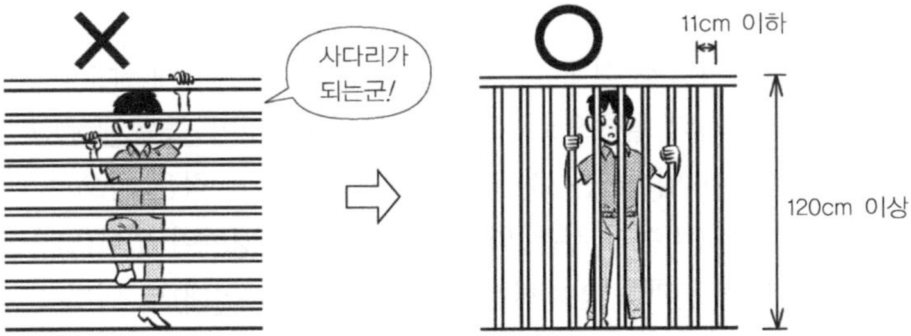

가로창살로 배열된 난간은 어린이가 사다리처럼 타고 올라갈 수 있기 때문에 위험하므로 반드시 세로창살로 한다. 높이는 120cm 이상(건축법), 창살의 간격은 안치수 11cm 이하가 되게 한다(답 : ○).

창살이 없는 매끈한 디자인으로 하는 경우에는 높이 80cm 정도의 벽 위에 가로난간을 설치하고 난간 전체를 두께 6~12mm 정도의 강화유리로 하는 등의 방법이 있다.

사보아주택(1931년, 파리 근교 푸아시, 르 코르뷔지에) 3층으로 가는 슬로프에 있는 난간 파이프의 직경, 치수는 현지에서 실측했다.

참고 : 발코니의 난간 높이는 R035의 〈참고〉 내용을 참조하기 바란다.

답 ▶ ○

Q 임대사무소에서

1. 플로어 임대는 층을 단위로 하여 임대하는 형식이다.
2. 작은 방 임대는 블록 임대보다 비수익 부분의 면적이 작아진다.

A 한 층 전체를 한 기업에 임대하는 것이 플로어(floor) 임대(답 : 1번은 ○)이고, 층을 여러 개의 블록으로 나누어 임대하는 것이 블록(block) 임대, 작은 방으로 나누어 임대하는 것이 작은 방 임대이다. 작은 방으로 나누어 임대하면 공용 복도(비수익 부분)의 면적이 커지는 경향이 있다(답 : 2번은 ×). 그 밖에 건물 전관을 임대하는 전관 임대(전층 임대)도 있다.

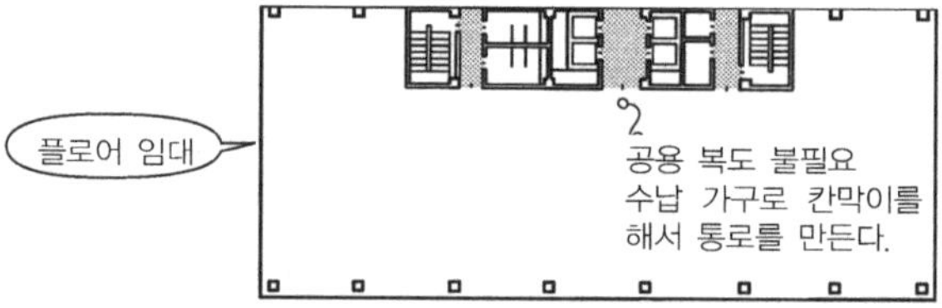

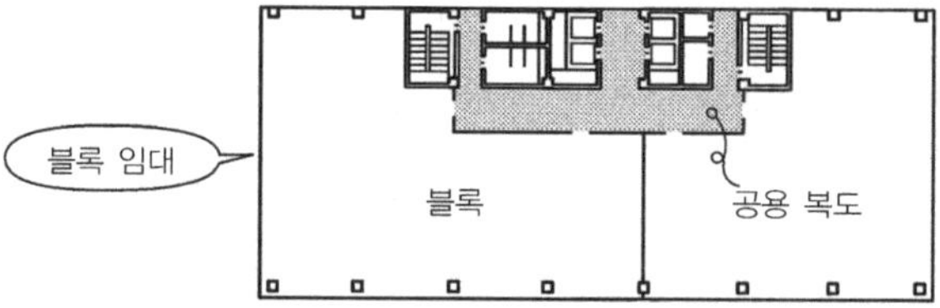

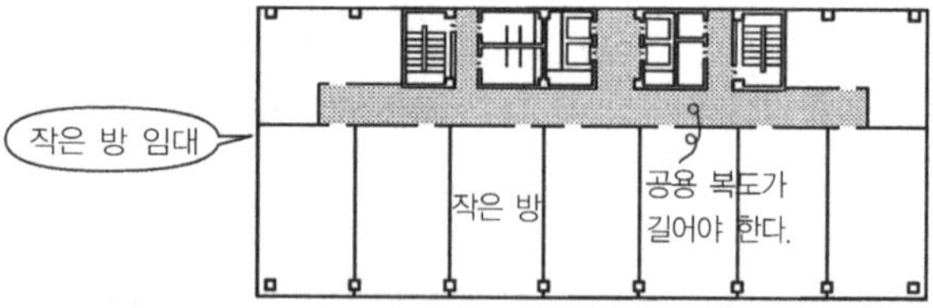

답 ▶ 1. ○, 2. ×

Q 임대사무소에서

1. 렌터블비는 수익 부분의 바닥 면적에 대한 비수익 부분의 바닥면적 비율이다.
2. 연면적에 대한 렌터블비는 65~75%가 일반적이다.
3. 기준층에 대한 렌터블비는 75~85%가 일반적이다.

A 렌터블비를 복습해두자(R074~075 참조). 빌릴(rent) 수 있는(able) 바닥면적이 전체 바닥면적에 대해 어느 정도 있는지가 <u>렌터블비(rentable ratio)</u>이며, 임대 빌딩에서는 중요한 지표이다. 전체 바닥면적이 기준층(표준적인 평면의 층)에 대해서인지, 건물 전체의 연면적인지에 따라 10% 정도 차이가 난다. 사무소 건물의 렌터블비는 연면적에 대해서는 65~75%, 기준층에 대해서는 75~85%가 된다(답 : 1번은 ×, 2번과 3번은 ○). 렌터블비의 분모에 기준층의 바닥면적이 오는지, 연바닥면적이 오는지에 따라 10% 정도 차이가 난다.

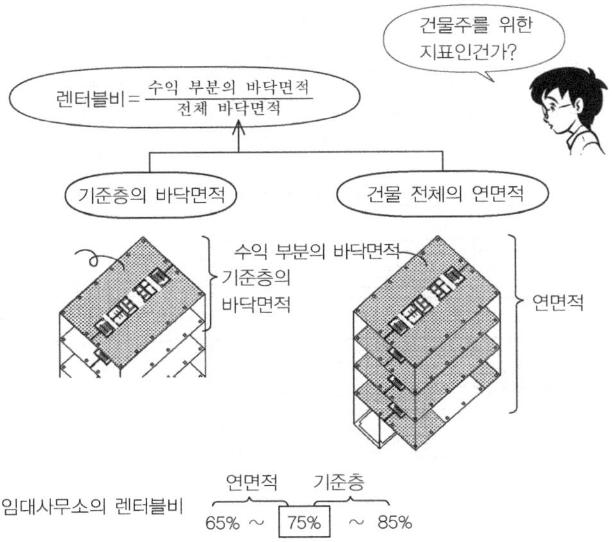

답 ▶ 1. ×, 2. ○, 3. ○

Q 설비층이란 전기나 공조기계 등 설비와 관련된 제실을 집중시킨 층이다.

A 대형 사무소 건물은 설비공간도 커지기 때문에 지하층 등의 층을 설비층으로 만들어 설비를 집중시킨다(답 : ○). 고층인 경우에는 중간층에도 설비층을 두는 경우가 있다.

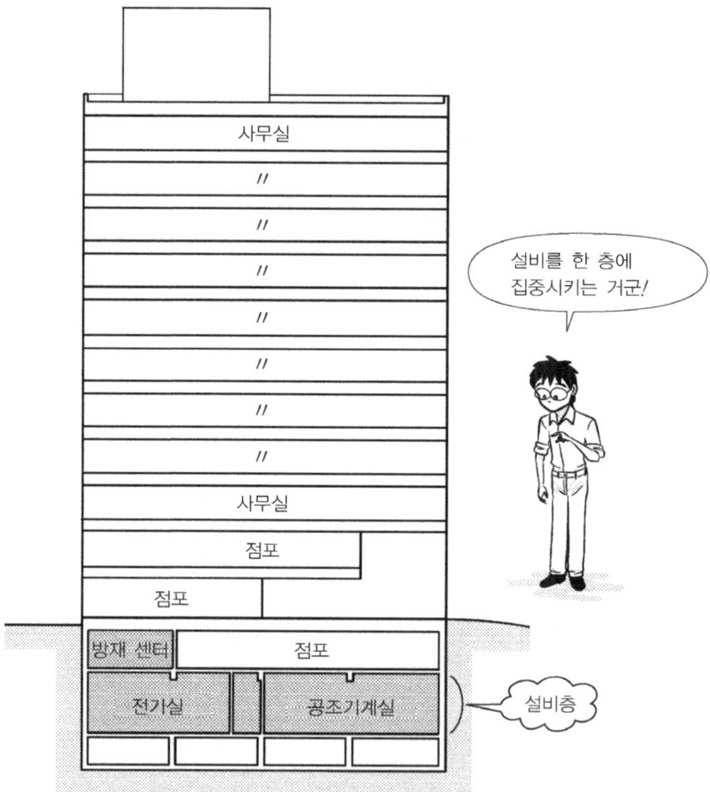

답 ▶ ○

Q 사무소 건물 계획 시 모듈 나누기를 하면 집무공간의 표준화와 합리화를 도모할 수 있다.

A 모듈(module ; 기준치수)로 평면을 나누고 기둥, 벽 등을 맞추면 표준화, 합리화를 도모할 수 있다. <u>모듈 나누기, 모듈러 코디네이션</u> 등이라고도 한다(답 : ○). 사무소 건물(office building)에서는 3.2m, 3.6m 등이 모듈로 주로 사용된다. 조명기구, 공조의 취출구나 흡입구 등이 모듈에 맞춰진 시스템 천장이 기성제품으로도 많이 나와 있다. 지하주차장은 기둥이 두꺼워지는데 3.2m나 3.6m 모듈로 하면 적당하다.

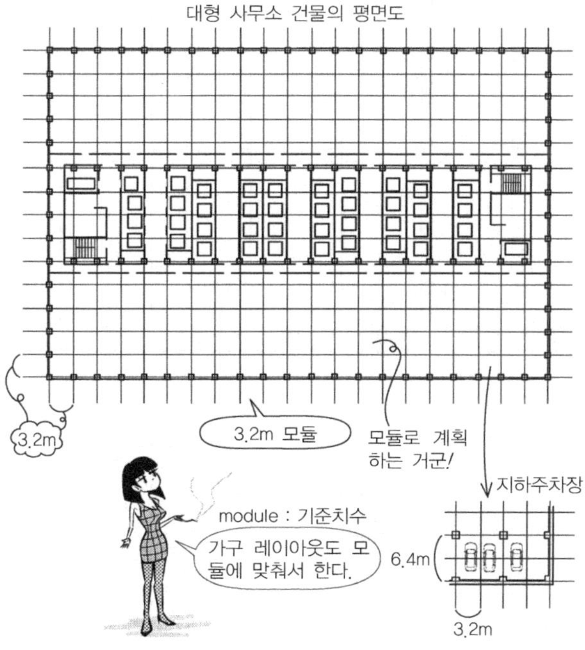

답 ▶ ○

5 사무소

Q 사무소 건물의 모듈을 구조, 의장 외에도 여러 설비기기의 배치에 따라 결정했다.

A 다음 그림과 같이 조명, 공조, 스프링클러 등도 모듈에 맞춰 레이아웃하는 시스템 천장은 대형 사무소 건물에서 많이 채용되고 있다(답 : ○).

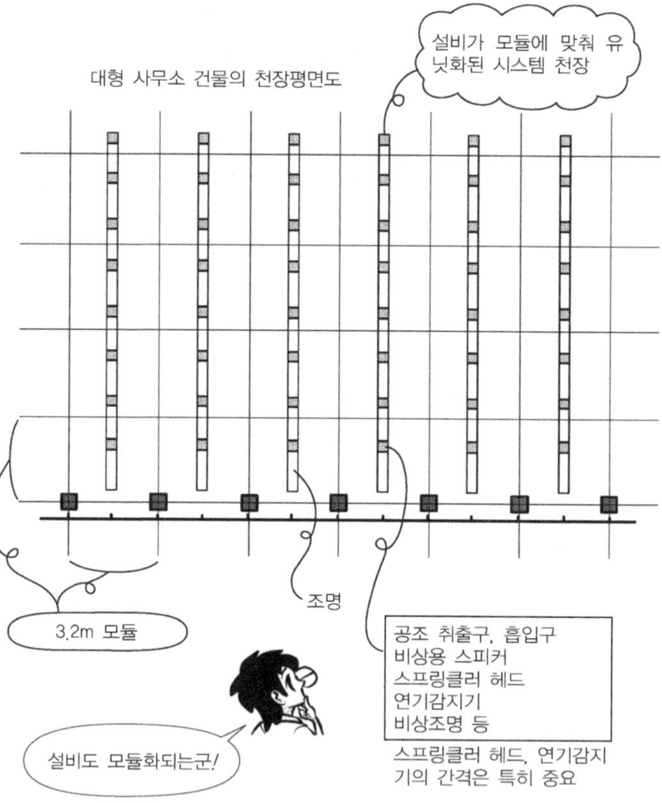

답 ▶ ○

Q 대형 사무소 건물의 경우 가구 레이아웃도 모듈에 맞춰서 하면 집무공간의 표준화, 합리화를 도모할 수 있다.

A 가구 레이아웃(layout ; 배치)도 모듈에 맞춰서 하면 설비와의 관계도 좋아져 합리적이다(답 : ○). 구입 예정인 가구업체가 레이아웃 예를 제시해주는 경우도 있다.

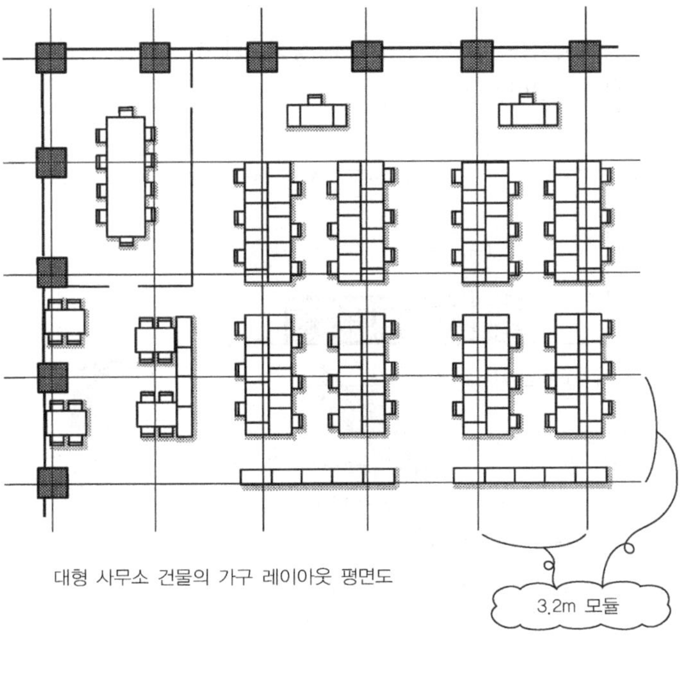

대형 사무소 건물의 가구 레이아웃 평면도

답 ▶ ○

Q 사무소 건물 계획 시

1. 코어(core) 시스템이란 엘리베이터나 계단, 화장실, 급탕실 등의 수직동선과 설비 부분을 1개소에 집중시키는 방식을 말한다.
2. 급탕실, 세면실 및 화장실은 배관을 상하층으로 통하게 할 필요가 있기 때문에 각층 모두 평면상 같은 위치로 했다.

A 대형 사무소 건물에서는 엘리베이터, 계단의 수직 동선과 화장실 등 물을 사용하는 설비를 집중시켜 코어로 정리하는 것이 일반적인 계획법이다(답 : 1번은 ○). 파이프 샤프트(PS)도 집약하여 물이나 공기의 배관, 덕트류를 수직으로 통하게 한다. 물을 사용하는 제실은 PS 옆에 두므로 상하층에서 동일한 위치로 하는 것이 바람직하다(답 : 2번은 ○).

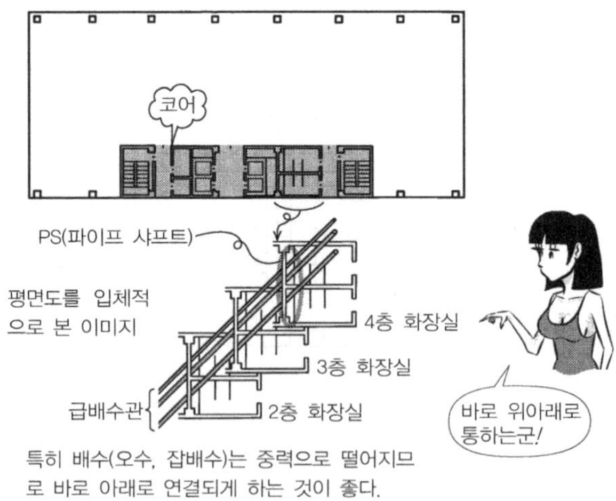

답 ▶ 1. ○, 2. ○

Q 그림 A, B에 나타낸 사무소 건물의 코어 계획에 대해 1, 2번에 작성한 내용이 맞는지 틀렸는지 답하시오.

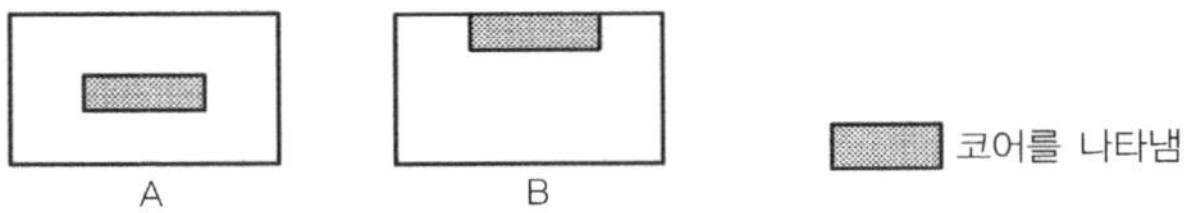

1. A는 구조계획상 바람직하며 고층인 경우에 이용된다.
2. B는 바닥면적이 비교적 소규모인 저층, 중층인 경우에 이용된다.

A A와 같은 중앙 코어로 하면 벽이 많고 단단한 코어가 중앙에 있어 x, y 방향 모두 대칭이 되어 구조적으로 유리하다. 중앙 코어를 위로 배치한 B와 같은 편심 코어는 중소규모, 중저층 사무소 건물에 자주 이용된다. 중앙 코어, 편심 코어는 코어에서 대실까지의 공용 복도가 짧아도 되므로 렌터블비가 유리하다(답 : 1번과 2번 모두 ○).

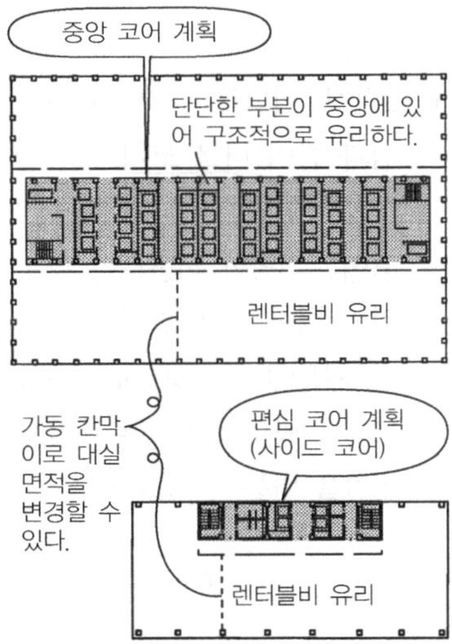

답 ▶ 1. ○, 2. ○

Q 그림 A, B에 나타낸 사무소 건물의 코어 계획에 대해 1, 2번에 작성한 내용이 맞는지 틀렸는지 답하시오.

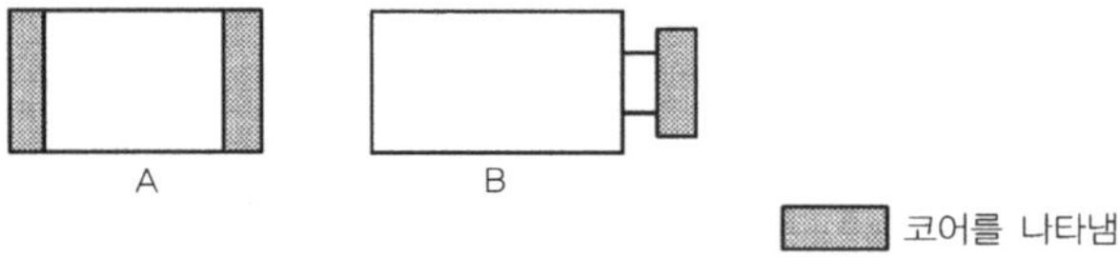

1. A는 2방향 피난로를 확보하기 쉽다.
2. B는 내진구조상 유리하지는 않지만 자유로운 사무실 공간을 확보하기 쉽다.

A 2방향 피난로는 오른쪽 아래의 그림과 같이 더블 코어가 가장 유리하다(답 : 1번은 ○). 또한 B의 분리 코어는 2방향 피난로는 확보하기 어렵고 벽이 많은 코어가 바깥쪽에 있기 때문에 구조상으로는 불리하지만 코어에 방해받지 않는 자유로운 집무 공간을 만들 수 있다(답 : 2번은 ○).

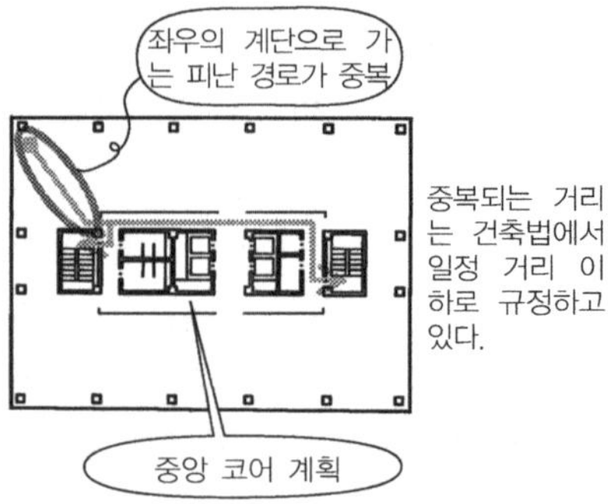

답 ▶ 1. ○, 2. ○

Q 기준층의 평면이 폭 25m×안길이 20m인 저층 사무소 건물 계획 시 사무실의 적절한 안길이를 확보하기 위해 편심 코어 계획을 채택했다.

A 중앙 코어, 편심 코어인 경우에는 코어까지의 안길이가 15m 정도 필요하다. 폭 25m×안길이 20m인 평면도형인 경우는 중앙 코어일 경우 15m의 안길이를 잡지 않으면 무리이다. 따라서 편심 코어가 적당한 규모가 된다(답 : ○).

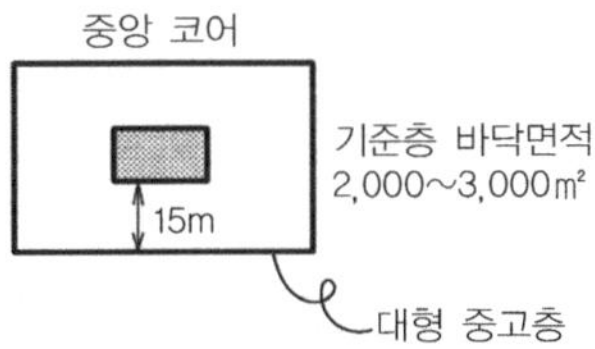

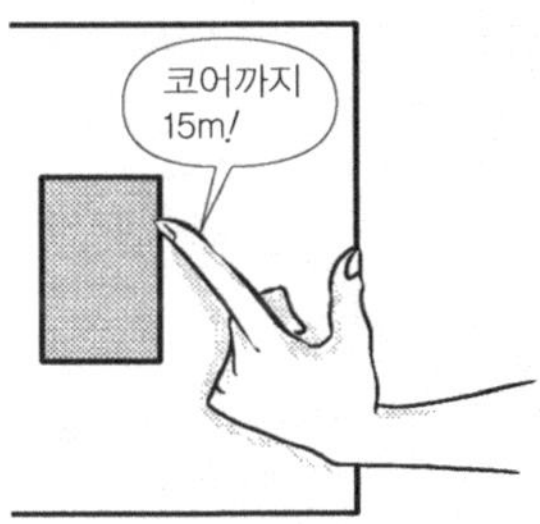

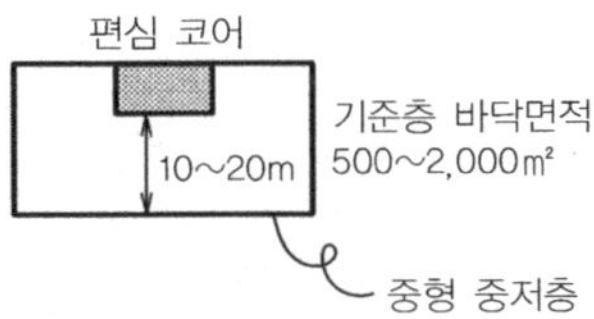

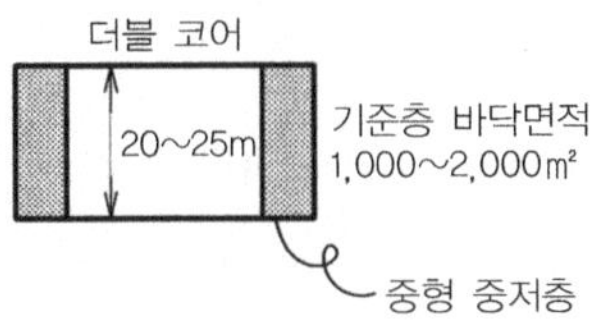

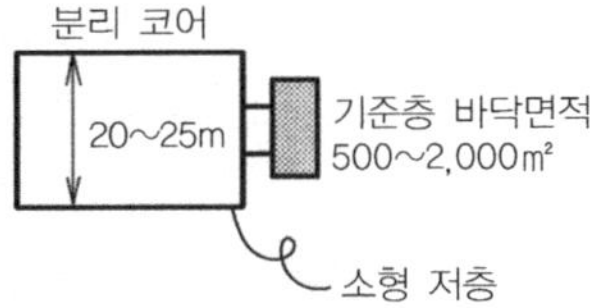

답 ▶ ○

Q 사무소 건물에서 프리 액세스 플로어는 배선을 자유롭게 할 수 있도록 2중 바닥으로 한 것이다.

A 콘크리트 바닥 슬래브 위에 그림과 같은 유닛을 배치해 어느 곳에서나 배선을 자유롭게 취출할 수 있게 한 것이 프리 액세스 플로어(free access floor)이다(답 : ○). 단케 겐조의 작품 중 하나인 도쿄도청사*(1991년)의 바닥에는 높이 7.5cm의 프리 액세스 플로어가 깔려 있다.

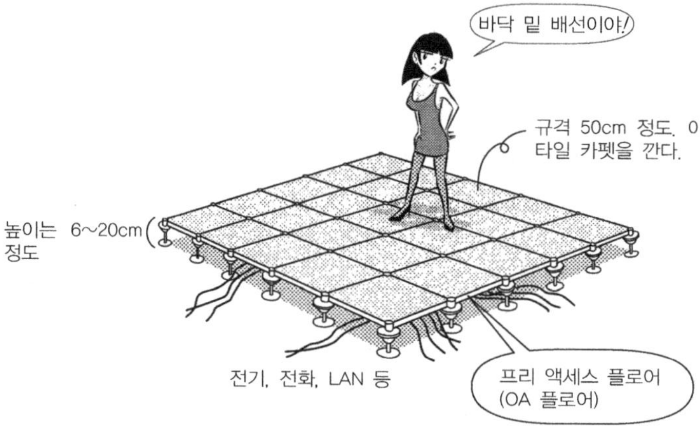

오른쪽 그림과 같은 플로어 덕트를 콘크리트 안에 매입하는 경우도 있다. 이 경우는 취출 위치가 제한적이다.

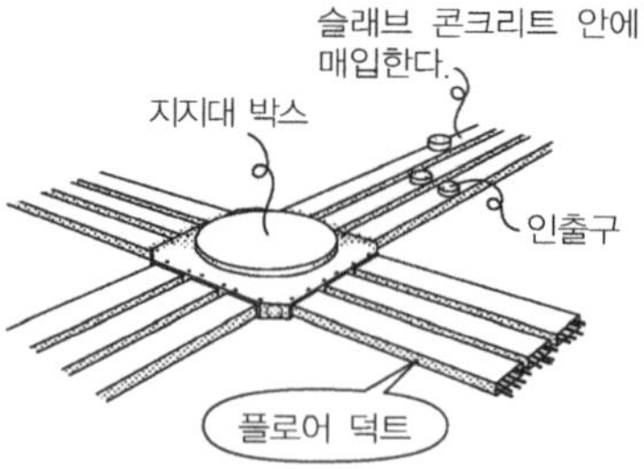

*도쿄도청사의 기준층 층고는 4m, 천장고 2.65m, 평면의 모듈은 3.2m

답 ▶ ○

Q 프리 어드레스 방식이란 사무실에 개인 전용 고정석을 설치하지 않고 재실자 간에 좌석을 공용하여 효율적으로 이용하는 방식이다.

A 다음 그림처럼 자신이 있는 곳(어드레스), 자신의 책상이 고정적으로 정해져 있지 않고 자유롭게 옮겨 다니며 사용할 수 있는 방식을 프리 어드레스(free address) 방식이라고 한다. 면적을 효율적으로 이용할 수 있고 커뮤니케이션이 활성화되는 등의 이점이 있다(답 : ○).

Point

프리 액세스 … 배선의 액세스가 자유
프리 어드레스 … 자신의 어드레스가 자유

답 ▶ ○

5 사무소

Q 사무실의 책상 배치도 A~C에 대응하는 배치형식을 가~다에서 고르시오.

가. 동향식 나. 대향식 다. 좌우대향식

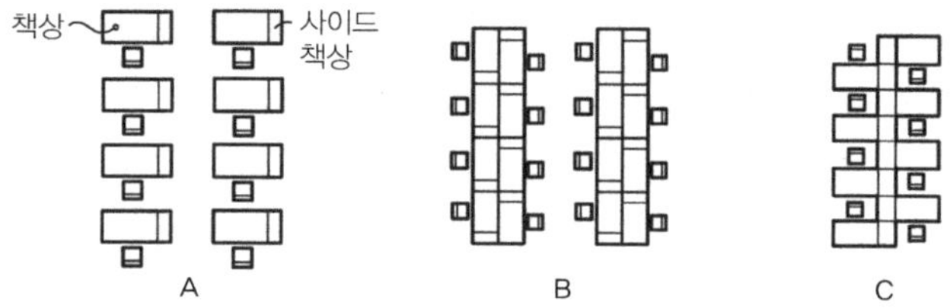

A 오른쪽 그림과 같이 사람이 앉는 방향에 따라 가구배치는 동향식, 대향식, 좌우대향식(stack type) 등이 있다(A는 가, B는 나, C는 다). 좌우대향식은 스택(stack)에서 유래한 말로 포개쌓는 것이다. 스태킹 체어는 포개쌓을 수 있는 의자이다.

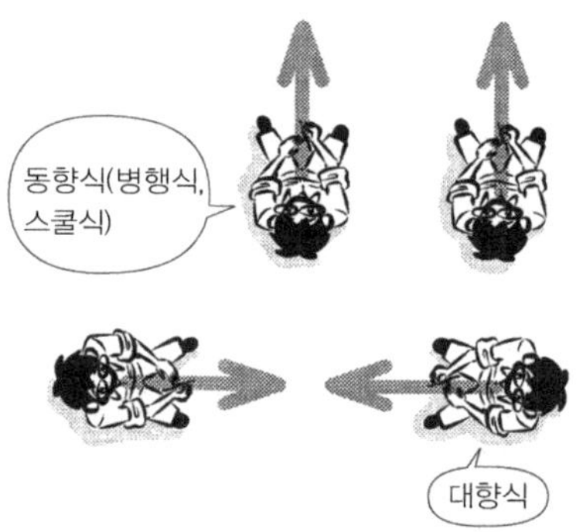

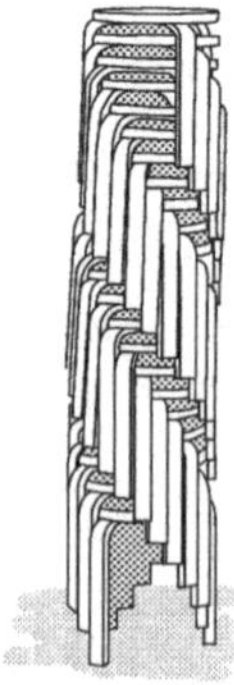

비푸리 도서관을 위한 스태킹 스툴(stacking stool) (1935년, 알바 알토)

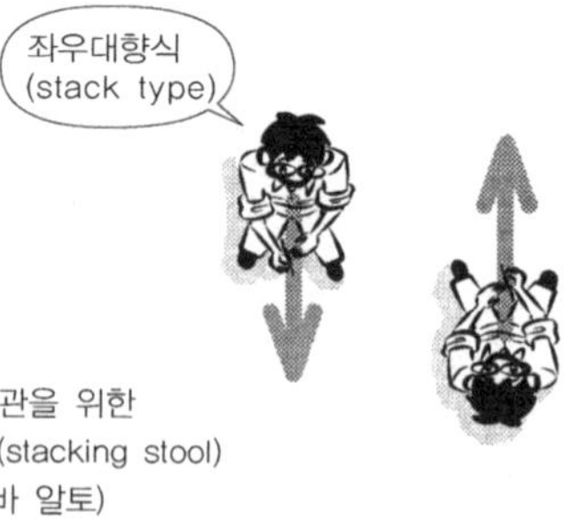

답 ▶ A. 가, B. 나, C. 다

Q 사무소에서 책상의 배치형식에 대해

1. 긴밀한 커뮤니케이션을 필요로 하는 업무에는 대향식보다 동향식이 적합하다.
2. 개인의 명확한 작업공간이 필요한 경우에는 동향식보다 대향식이 적합하다.

A 커뮤니케이션은 얼굴을 마주보고 앉게 되는 대향식이 낫다(답 : 1번은 ×).

동향식은 학교의 교실처럼 같은 방향을 향해 앉기 때문에 커뮤니케이션을 취하기 어렵지만 각 개인의 공간이 명확하게 구분되어 있어 각자의 일에 좀 더 집중하기 쉽다는 이점이 있다(답 : 2번은 ×).

답 ▶ 1. ×, 2. ×

Q 바닥면적이 같은 경우 사무실에서의 책상 배치형식은 대향식보다 동향식이 더 많은 책상을 배치할 수 있다.

A 그림과 같이 책상 뒤쪽의 공간을 비교해보면 대향식은 '중복도형', 동향식은 '편복도형'이라고 할 수 있다. 면적 효율은 '중복도형'인 대향식이 더 좋다(답 : ×).

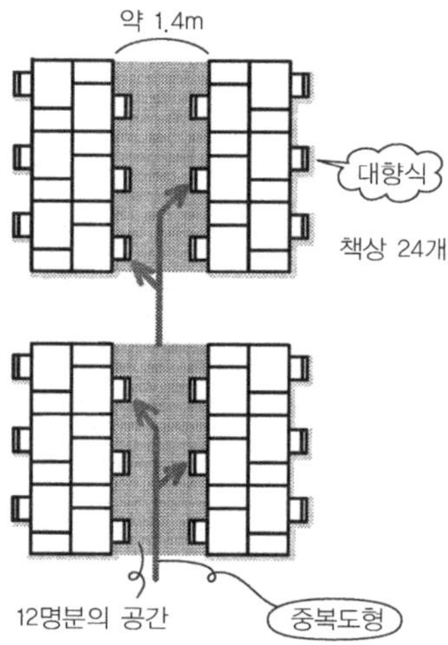

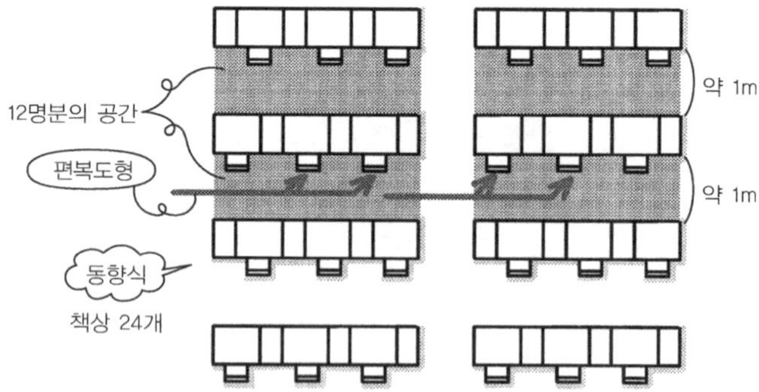

답 ▶ ×

★ R150 ○×문제 소시오페탈과 소시오푸갈

Q 소시오페탈은 여러 사람이 모였을 때 모르는 사람끼리 다른 방향으로 얼굴이 향해 있는 것 같은 상태를 말한다.

A 앉는 방식에 따라 사회적 상호관계를 갖게 할 수도 있고 억제할 수도 있다. 대면형을 소시오페탈(sociopetal), 배타형을 소시오푸갈(sociofugal)이라고 한다(답 : ×).

소시오(socio) : '사회의'를 의미하는 접두어
페탈(petal) : 꽃잎. 꽃잎처럼 구심적으로 마주 바라본다는 의미
푸갈(fugal) : '푸가(fuga) = 도주곡'. 대위법에 의한 곡. 독립해서 대위시킨다는 의미

답 ▶ ×

Q 고층 사무소 건물에서 엘리베이터 대수는 일반적으로 이용자가 가장 많은 시간대의 5분 동안에 이용하는 인원수를 고려해서 계획한다.

A 사무소 건물에서 엘리베이터 이용자 수는 9시 전의 출근 시간대가 가장 피크이고, 두 번째는 12시 후의 점심시간이며, 세 번째는 18시 후의 퇴근 시간대이다. 엘리베이터 설치 대수는 최대 피크 시의 5분 동안에 이용하는 이용자 수를 기준으로 계획한다(답 : ○).

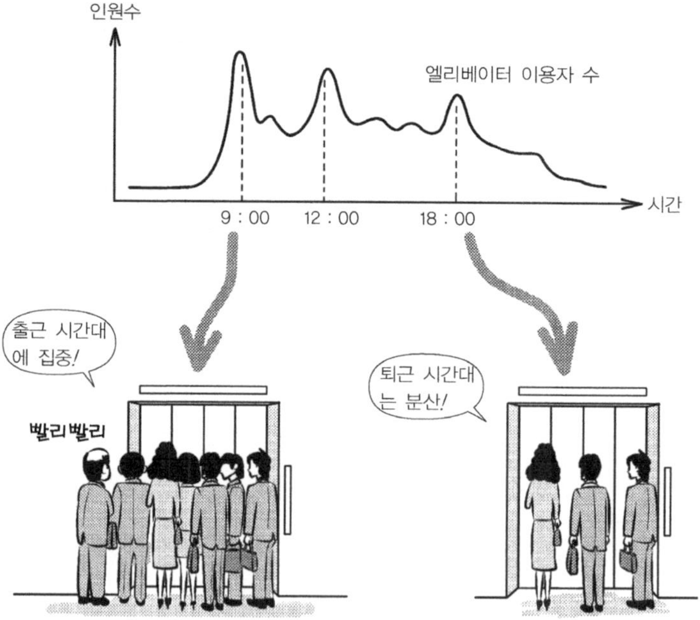

답 ▶ ○

Q 엘리베이터 설치 대수를 산정하는 데 이용하는 '건물의 재실자 수에 대한 가장 이용자가 많은 시간대의 5분 동안에 이용하는 인원수의 비율'은 여러 임차인이 입주해 있는 임대용 사무소 건물보다 자사 전용 사무소 건물이 더 크다.

A 피크 시의 엘리베이터 이용자를 건물 전체의 인원수로 나눈 비는 임대용 건물의 경우 15% 정도, 자사 건물의 경우 20~25% 정도이다. 출퇴근 시간이 같은 자사 건물이 더 높다(답 : ○). 따라서 자사 건물인 경우에는 엘리베이터 대수를 더 많게 할 필요가 있다.

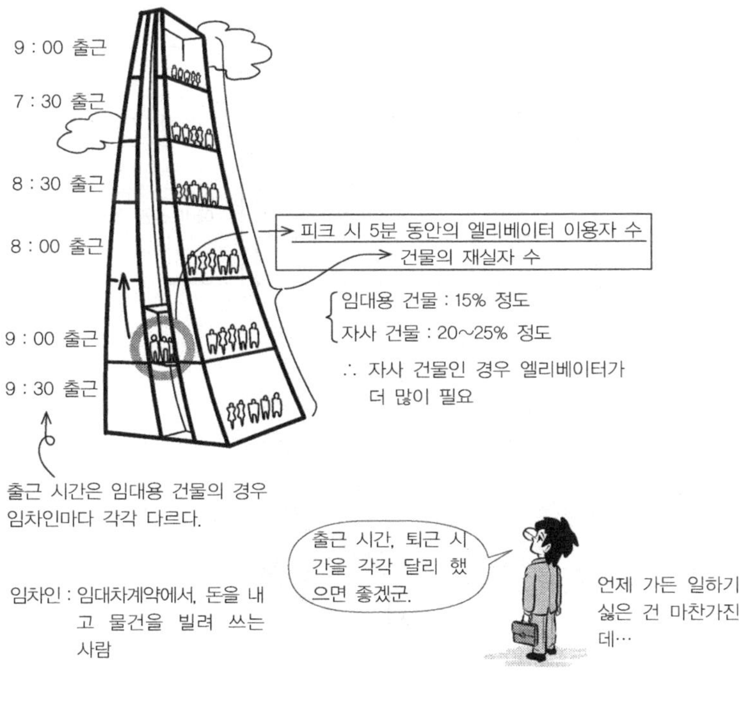

답 ▶ ○

Q 비상용 엘리베이터는 재실자의 피난을 주요 목적으로 계획한다.

A 비상용 엘리베이터는 화재 시 소방대가 진입하여 소화, 피난 유도를 하기 위한 것이다(답 : ×). 평상시에는 일반용으로도 사용할 수 있다. 건축법에서는 31m를 넘는 층에는 사다리가 닿지 않기 때문에 비상용 엘리베이터를 설치할 의무가 있다.

답 ▶ ×

Q 42층짜리 사무소 건물의 엘리베이터 계획에서 엘리베이터를 목적지별로 그룹핑한 뱅크로 나누지 않고 계획했다.

A 고층인 경우는 오른쪽 그림과 같이 층을 존(zone)으로 나누고 엘리베이터의 열(bank)을 각각에 할당한다. 갈아타는 층을 만들어서 엘리베이터를 잘못 탄 경우나 다른 존으로 가려고 하는 경우에도 대응할 수 있게 해야 한다(답 : ×).

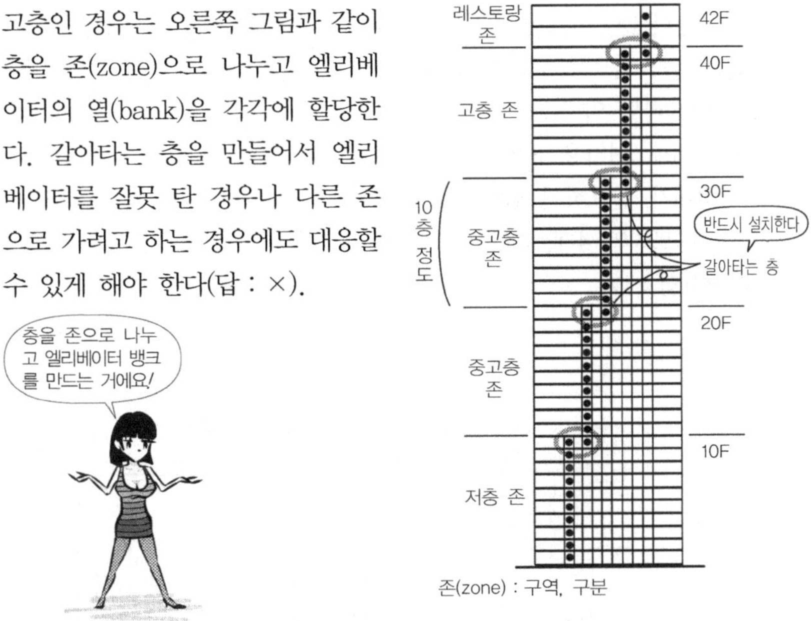

존(zone) : 구역, 구분

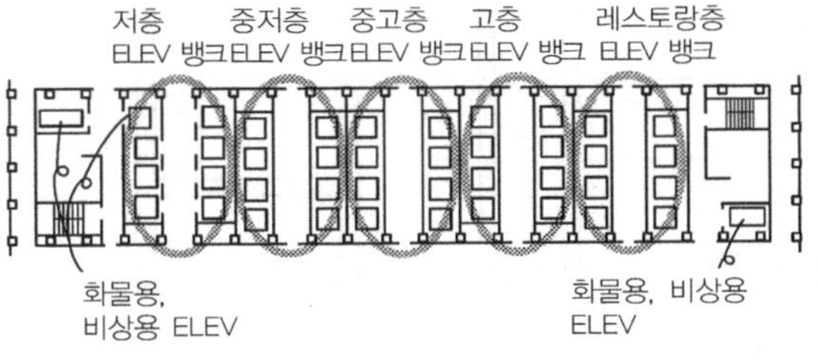

- bank : 은행이라는 뜻 외에도 열(列)이라는 의미가 있다.
- ELEV 뱅크(a bank of elevators)는 엘리베이터의 열

- 존으로 나누고 엘리베이터 뱅크를 만드는 방식을 컨벤셔널 조닝방식이라고도 한다. 컨벤셔널(conventional)이란 '통상적인'이라는 의미이다.

답 ▶ ×

Q 기준층 사무소의 바닥면적을 1,000㎡로 하는 사무소 건물 계획에서 여자 변기 4개, 남자 소변기 3개, 남녀 대변기 3개로 했다.

A 사무소 건물의 사무실 면적은 1인당 약 10㎡가 필요하므로(R063 참조), 1,000㎡라면 약 100명이 된다. 100명에 대해 여자용 5개, 남자용(대, 소) 3개가 필요하며 남녀의 비율에 따라 다르지만 4개, 3개, 3개면 충분하다(답 : ○).

사무소의 변기 수

각각 100명에 대해	여자 변기	5개
	남자 대변기	3개
	남자 소변기	3개

대기 시간에 따라 다르다. 기구 업체의 홈페이지에 인원수, 대기 시간과 기구 수를 나타낸 그래프가 제시되어 있으므로 참조하자.

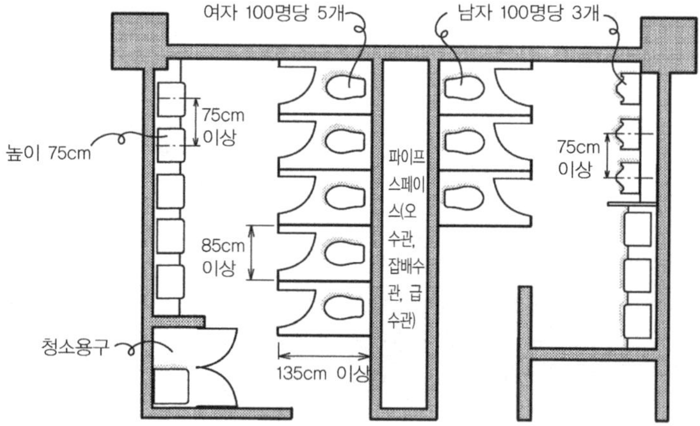

답 ▶ ○

Q 사무소 건물 계획 시 야간 출입구는 편리성을 위해 여러 개 설치한다.

A (야간) 출입구가 여러 개 있으면 관리상, 방범상 좋지 않으므로 1개소만 두는 것이 일반적이다. 다음 그림과 같이 경비실 앞을 통과하게 하면 관리, 방범에 용이하다(답 : ×).

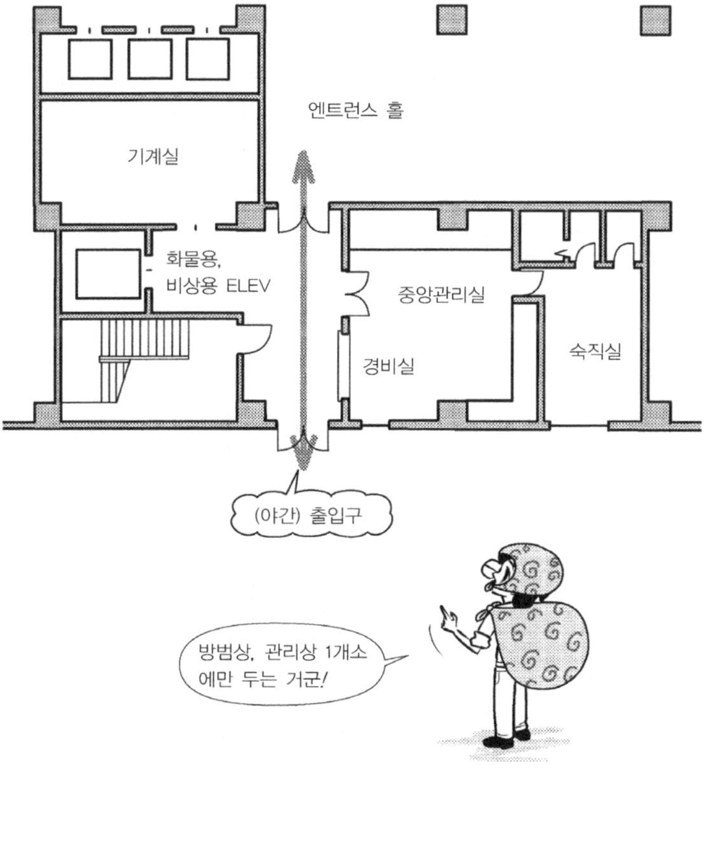

답 ▶ ×

Q 사무소 건물에서 나오는 쓰레기 배출량의 중량비율은 일반적으로 종이류가 가장 많으므로 종이류 전용 쓰레기 적치장을 계획한다.

A 사무소에서 나오는 쓰레기 중 중량의 약 60%는 종이이다. 용적으로는 채우는 방식에 따라 다르지만 70~80%나 된다. 쓰레기 적치장은 종이류 전용 적치장을 별도로 만들면 구분해서 처리하기가 용이하다(답 : ○).

사무소 건물의 쓰레기(중량비)

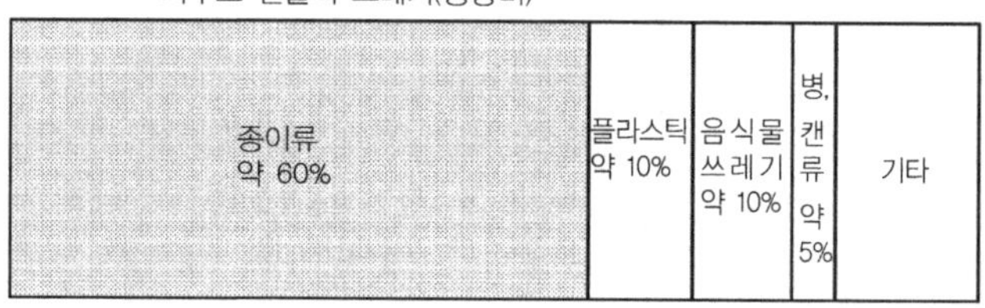

• 음식물 쓰레기 : 주방에서 나오는 쓰레기

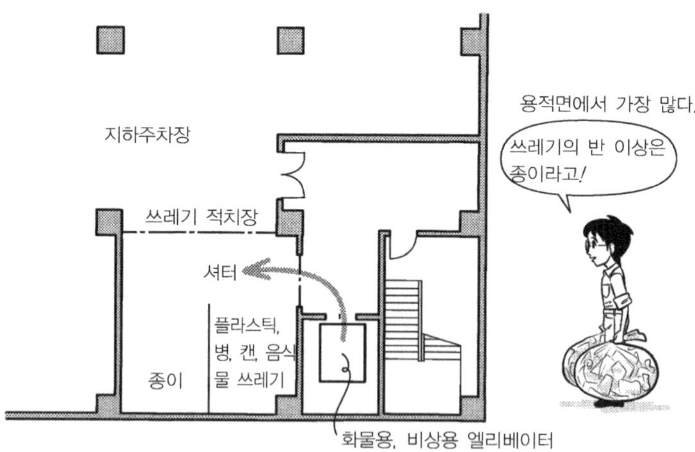

답 ▶ ○

Q 프로시니엄 아치란 무대와 객석 사이에 설치하는 액자 프레임 같은 구축물이다.

A 조명이나 각종 매달기 기구 등 무대 상부와 좌우에는 많은 도구를 필요로 한다. 이러한 무대 뒷부분을 보이지 않게 가려서 출연자나 세트를 대기시키는 곳을 프로시니엄 또는 프로시니엄 아치(proscenium arch)라고 한다(답 : ○). 또한 프로시니엄 아치를 사용한 무대를 프로시니엄 스테이지(proscenium stage)라고 한다.

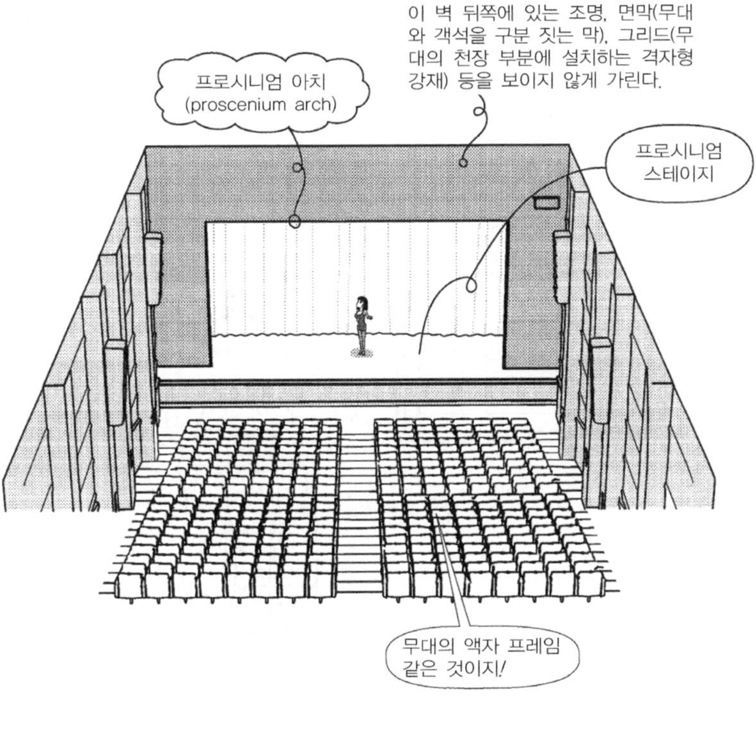

답 ▶ ○

Q 극장에서 측무대가 없는 프로시니엄 스테이지의 무대 폭을 프로시니엄 정면 폭의 2배로 했다.

A 무대(stage)의 양옆에는 다음 그림처럼 윙(wing)이 필요하다. 윙이 없으면 출연자 대기나 세트 준비 등을 할 수가 없다. 객석(auditorium)에서 보이지 않는 윙을 양쪽에 두는 것이므로 프로시니엄 정면 폭에 대해 무대 전체의 폭은 2배 이상 필요하다(답 : ○).

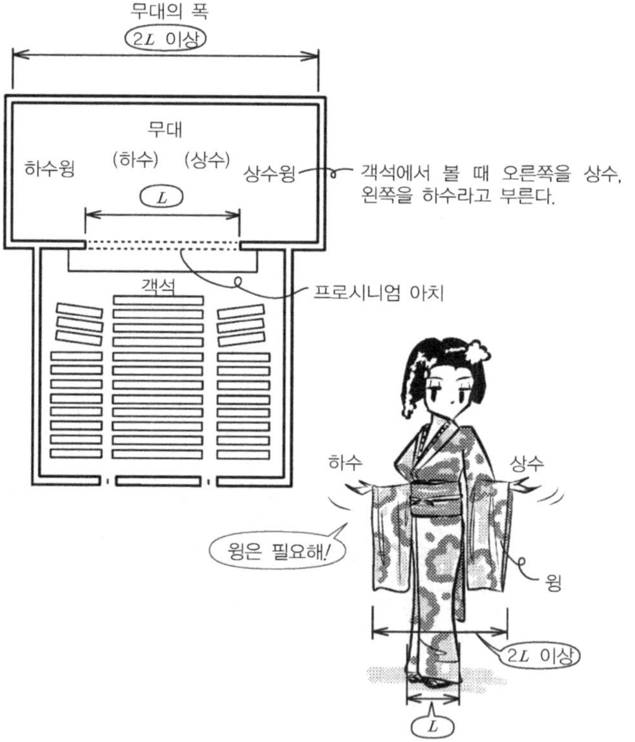

답 ▶ ○

Q 프로시니엄 스테이지의 안길이를 프로시니엄 아치의 정면 폭과 동일하게 했다.

A 프로시니엄 스테이지의 안길이는 프로시니엄 아치의 정면 폭 L의 1배 이상으로 잡는 것이 일반적이다. $L \times L$의 정사각형 공간에서 연기하는 것이다(답 : ○).

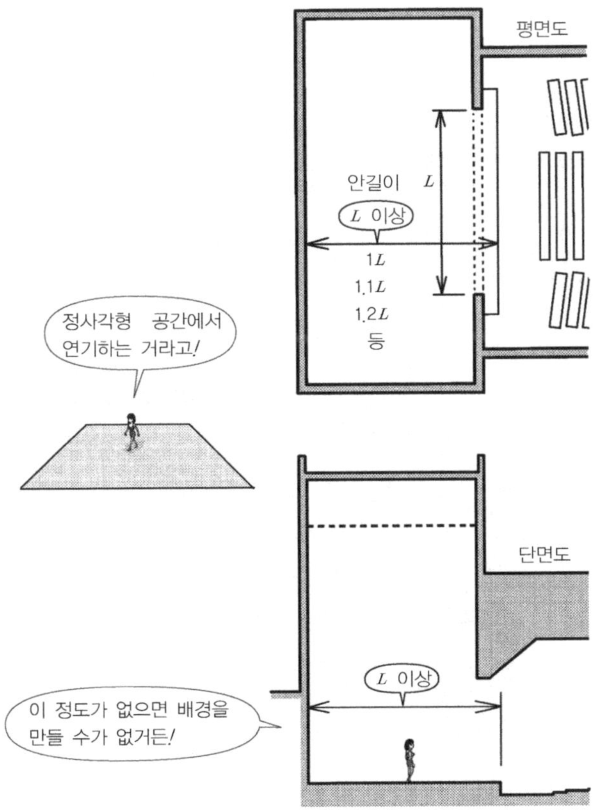

답 ▶ ○

Q 프로시니엄 스테이지의 무대 바닥면에서 그리드까지의 높이를 프로시니엄 아치 높이의 2.5배로 했다.

A 객석과 무대를 구분 짓는 면막 등의 막류는 말아 올리는 것이 아니라 그대로 들어 올린다. 따라서 그리드까지의 높이는 프로시니엄 아치 높이의 2배 이상으로 할 필요가 있다(답 : ○).

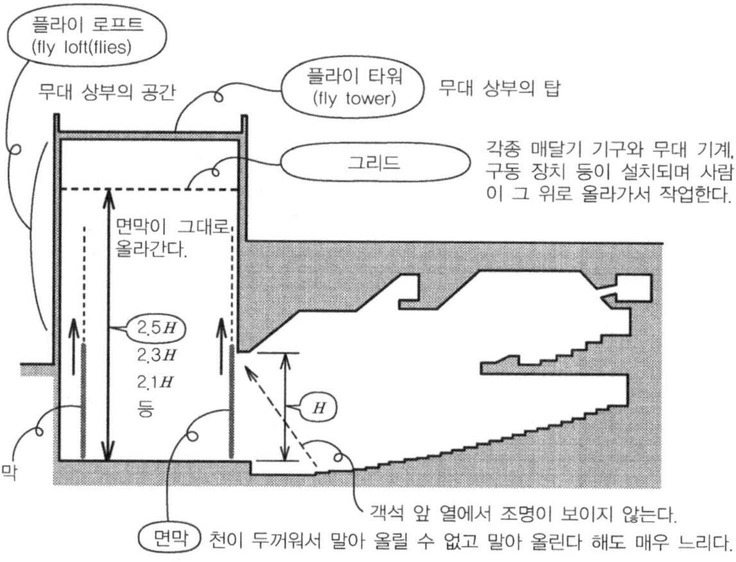

답 ▶ ○

Q 무대 상부의 그리드에서 면막, 하늘막, 다리막, 머리막, 포탈, 무대장치 등을 매단다.

A 다음 그림과 같이 장치봉(baton)에 설치한 막류나 조명기구, 무대장치 등은 그리드에서 매단다(답 : ○). 와이어로프는 무대의 맨 가장자리에 설치해 스위치로 오르내릴 수 있게 한다. 대형 극장인 경우에는 그리드의 높이가 30m 가까이 되며, 긴장감 있는 드라마의 장소로 자주 등장하는 공간이다. 그리드는 사람이 올라가서 작업하기 때문에 안전하고 견고한 구조로 만들어야 하며, 그리드 간격도 작업자가 떨어지지 않도록 촘촘하게 해야 한다.

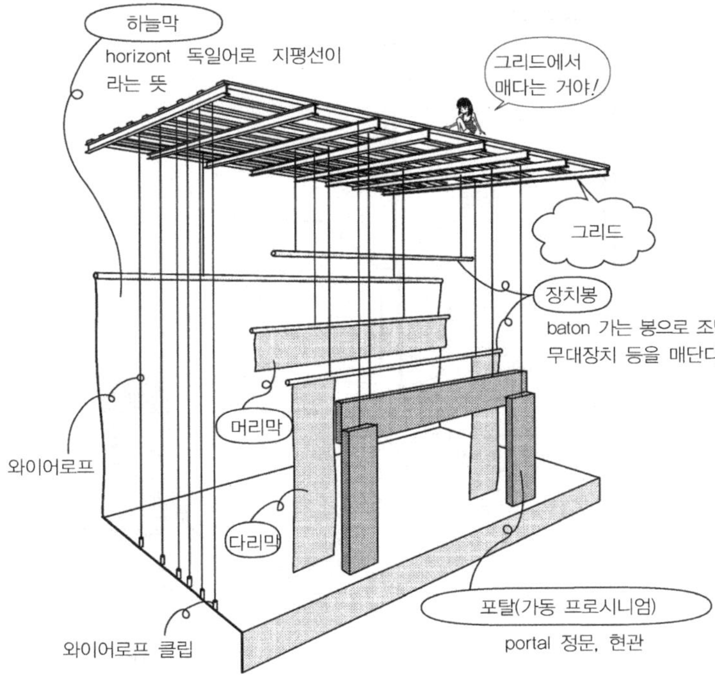

답 ▶ ○

Q 프로시니엄 스테이지에서 화재가 났을 경우 관객석으로 확산되는 것을 방지하기 위해 프로시니엄 아치의 스테이지측에 방화막을 설치했다.

A 스테이지 위에는 가연물이 많고 객석에는 사람이 많기 때문에 스테이지에서 화재가 발생하면 매우 위험하다. 따라서 차염 성능을 가진 방화막이나 방화셔터(특정 방화설비)를 설치하여 화재가 감지되면 자동으로 내려오게 해야 한다(답 : ○). 화재를 일부분으로 억제시키고 다른 곳으로 확산되지 않도록 하는 것을 방화구획이라 한다.

답 ▶ ○

Q 1. 극장에서 무대와 객석의 일체감을 높이기 위해 오픈 스테이지(open stage) 형식으로 했다.

2. 오페라를 상연하는 극장을 계획하는데, 오페라의 다양한 장면에 대응하기 위해 오픈 스테이지 형식으로 했다.

A 권투 시합 등을 떠올리면 알 수 있듯이 오페라 스테이지는 무대와 객석의 일체감을 높여야 한다(답 : 1번은 ○). 그러나 조명 기구, 무대 배경 등이 모두 오픈되기 때문에 오페라의 본격적인 무대 연출에는 적합하지 않다(답 : 2번은 ×).

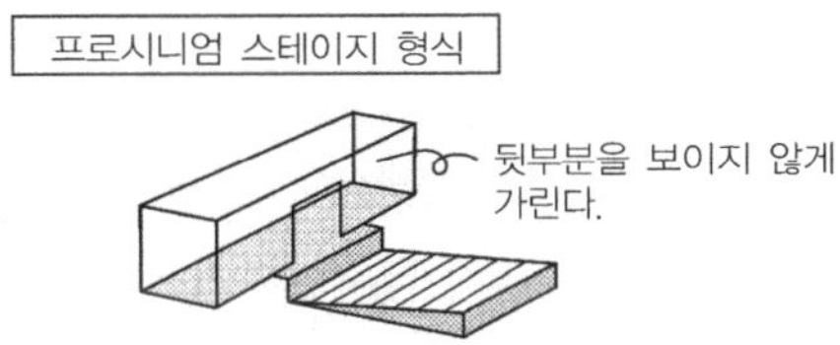

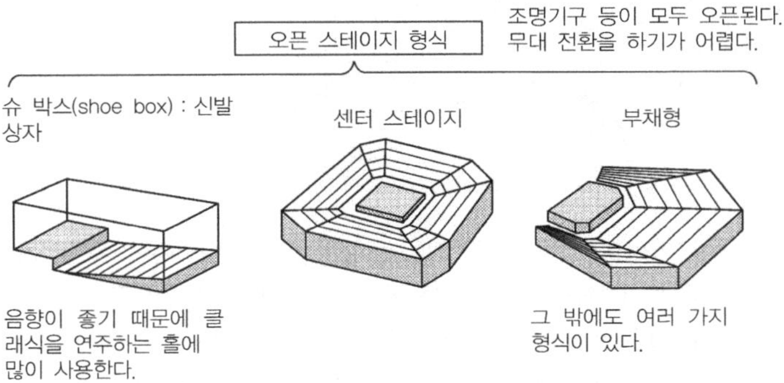

답 ▶ 1. ○, 2. ×

대형 극장의 예로 파리의 오페라 극장(1874년, 샤를 가르니에)을 들어 살펴보기로 한다. 측무대, 안무대, 오케스트라 피트를 가진 본격적인 무대 구성뿐 아니라 상류층들의 사교 공간인 화려한 포이어도 압권이다.

• 그리스, 로마를 기원으로 한 고전주의(classicism)는 근대건축이 등장하기까지 유럽건축의 주류를 이루었다. 그 흐름을 이어받은 파리의 오페라 극장(양식은 네오바로크로 분류됨)은 호화찬란함의 극치를 보여주어 비엔나의 오페라 극장은 무색하게 느껴질 정도이다. 로비와 포이어는 언제든 견학이 가능하다.

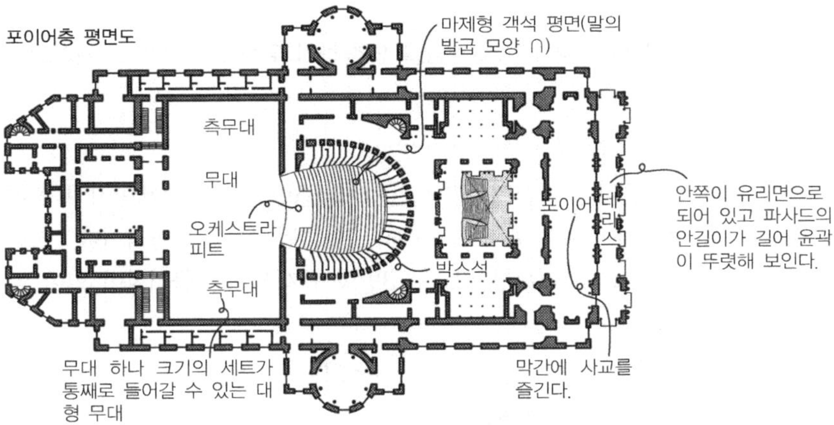

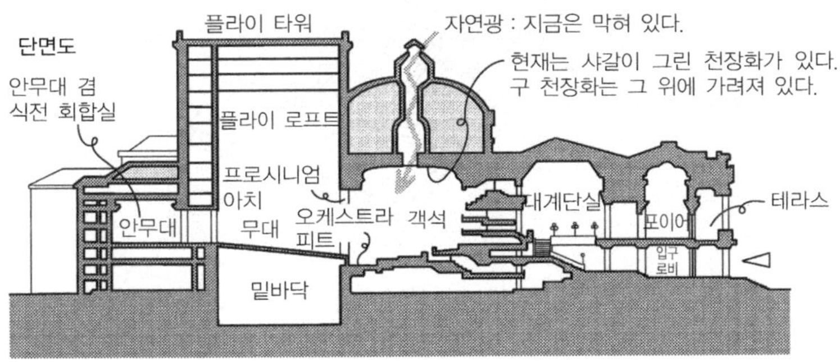

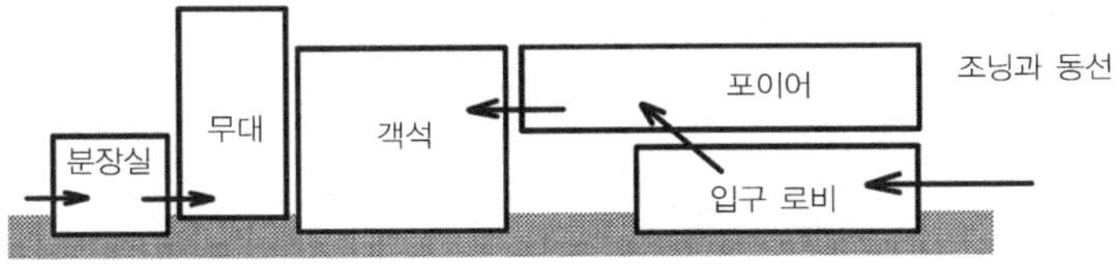

pit : 구멍, 구덩이
오케스트라 피트 : 오케스트라가 들어가는 무대 앞쪽의 구덩이
머신 피트 : 기계를 넣는 구멍

참고 : 미야케 리이치(三宅理一), 〈도시와 건축 컴페티션 (1) 수도의 시대〉, 강담사, 1991.

Q 극장 계획 시 객석과 무대의 일체감을 연출하기 위해 트러스트 스테이지로 했다.

A 다음 그림처럼 트러스트 스테이지(thrust stage)란 오픈 스테이지의 형식 중 하나로 스테이지의 일부 또는 전체가 돌출된(thrust) 형식이다. 패션쇼 등에서 자주 볼 수 있는 형식으로 3방향이 객석으로 둘러싸여 있어 일체감이 높다(답 : ○).

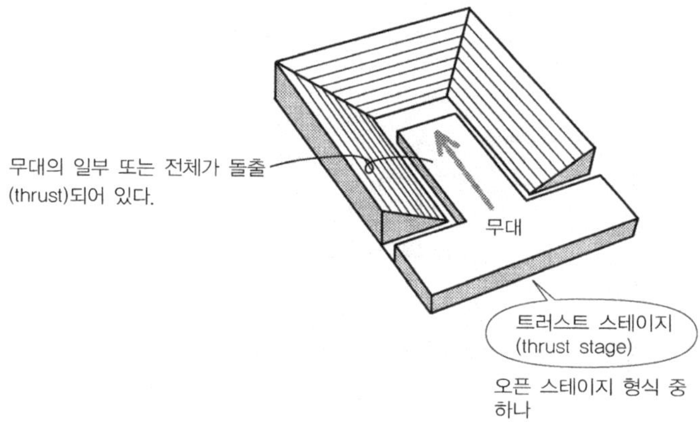

답 ▶ ○

Q 극장에서 장면에 따라 무대와 객석의 관계를 변화시킬 수 있도록 어댑터블 스테이지 형식으로 계획했다.

A 어댑터블 스테이지(adaptable stage)란 다음 그림과 같이 다양한 장면에 적응(adapt) 가능(able)하도록 다양한 스테이지 형식으로 변경(adapt) 가능(able)한 스테이지를 말한다(답 : ○). 객석을 바닥 아래와 옆으로 자동으로 이동시키는 것부터 인력으로 설비 · 해체하는 것까지 다양하다.

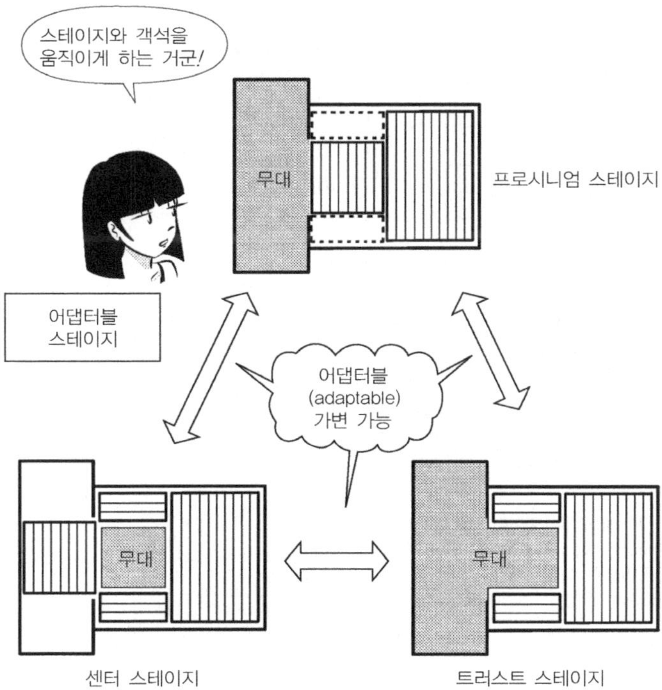

답 ▶ ○

Q 슈 박스형 홀은 음향 성능이 뛰어나 클래식을 연주하는 음악홀에 자주 채용된다.

A 비엔나 필하모닉 오케스트라의 본거지인 무지크페라인잘(비엔나 음악동호인협회 대연주홀)은 슈 박스(shoe box)형 홀의 전형으로, 세계 최고의 음향 성능을 갖추고 있다는 찬사를 받고 있다. 폭이 약 19m에 이르는 측벽으로부터의 반향과 벽이나 천장에 장식된 장식물에 의한 음의 확산 효과가 큰 것으로 알려져 있다. 일본에서도 오차드 홀(2,150석) 등 슈 박스형 홀이 많이 지어지고 있다(답 : ○).

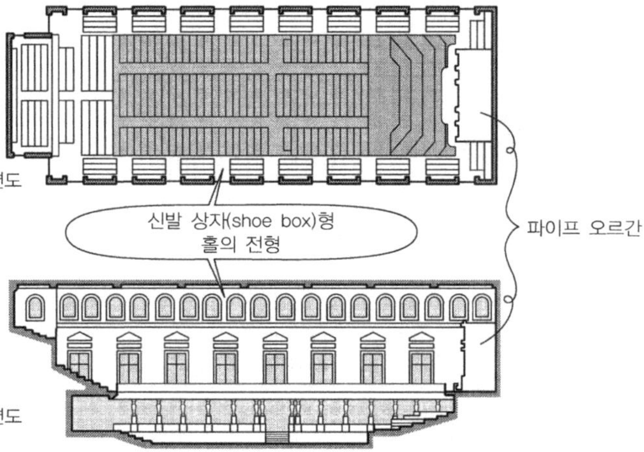

무지크페라인잘(1869년, 테오필 본 한젠(Theophil von Hansen)) (비엔나 음악동호인협회 대연주홀)
1,680석, 잔향 2.1초(500Hz)

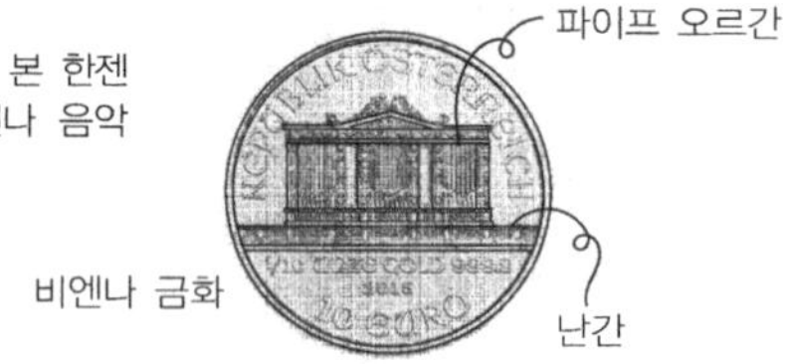

참고 : 〈5D〉, 〈음악을 위한 공간〉, 1989년 10월.

답 ▶ ○

Q 와인 야드형 음악홀은 객석을 계단식 밭처럼 만들어 무대를 둘러싸는 형식이다.

A 무대를 관객이 둘러싸는 아레나(arena)형 중에서 객석을 작게 분할하고 낮은 벽으로 둘러쌓아 계단식 밭처럼 만든 것이 와인 야드형(wine yard)이다(답 : ○). 다음 그림에 나타낸 베를린 필하모닉이나 일본의 산토리 홀(1986년, 야스이건축설계사무소, 2,006석) 등이 대표적인 예이다.

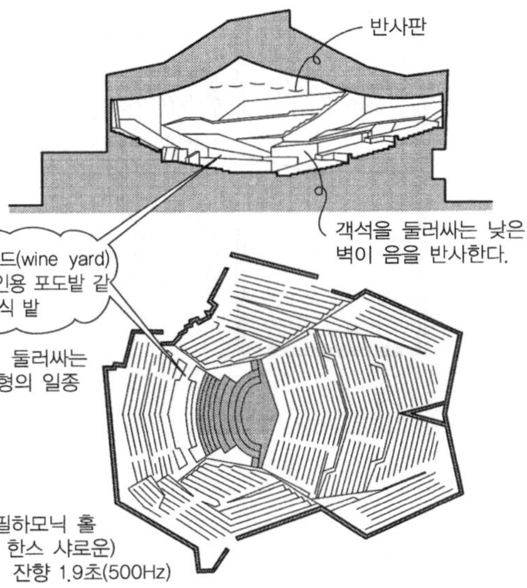

참고 : 〈5D〉, 〈음악을 위한 공간〉, 1989년 10월.

- 한스 샤로운(Hans Scharoun)의 베를린 필하모닉이나 인근의 베를린 주립도서관(1978년)에서 볼 수 있는 자유롭고 복잡한 조형은 미스 반 데어 로에의 베를린 국립미술관, 신 갤러리(1968년)의 단순명쾌한 형태와 극단적인 대비를 이루고 있다.

답 ▶ ○

Q 오페라 극장에서 가시한계거리를 고려하여 맨 뒤에 있는 객석에서 무대 중심까지의 시거리를 48m로 계획했다.

A 오페라 등 음악이 연주되는 곳에서는 음악과 신체표현이 주체가 되기 때문에 가시한계거리는 38m로 한다(답 : ×). 그리고 표현이나 세세한 동작을 보기 위해서는 조금 더 가깝게 할 필요가 있다.

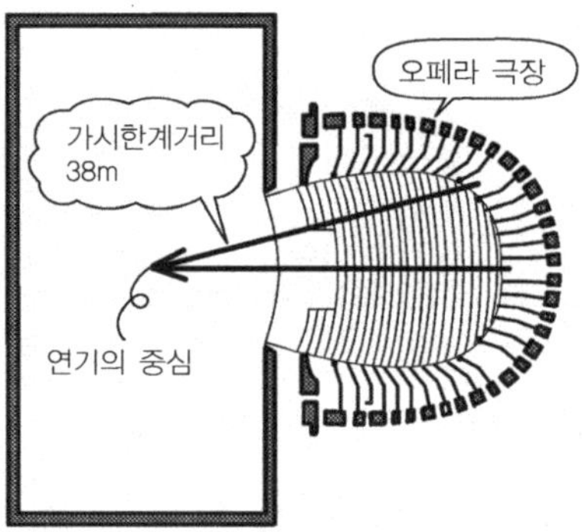

답 ▶ ×

Q 극장을 계획할 때 대사가 주체인 연극의 경우 보기 쉽도록 고려하여 가시한계거리를 20m로 잡아 객석 배치를 계획했다.

A 가시한계거리는 다음 그림과 같이 음악이 연주되는 곳은 38m, 대사가 주체인 연극의 경우 22m, 아동극의 경우 15m이다. 질문에서 20m는 22m 이하이므로 적합하다고 할 수 있다(답 : ○).

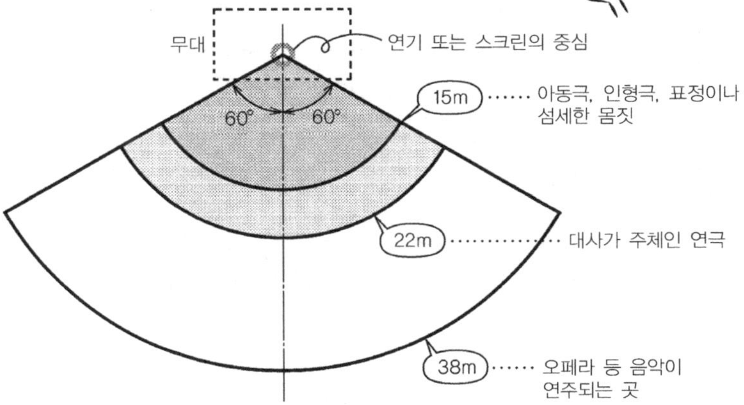

답 ▶ ○

Q 프로시니엄 스테이지 형식의 극장 계획 시, 1층 각 좌석에서 무대를 내려다볼 때의 부각을 5~15° 범위로 유지하고 모든 좌석에서 무대의 끝이 보이게 했다.

A 부각(내림 각)이란 높은 곳에서 낮은 곳에 있는 지점을 내려다볼 때 그 시선과 수평면이 이루는 각이다. 30°가 한계이며, 15° 이하로 하는 것이 바람직하다(답 : ○).

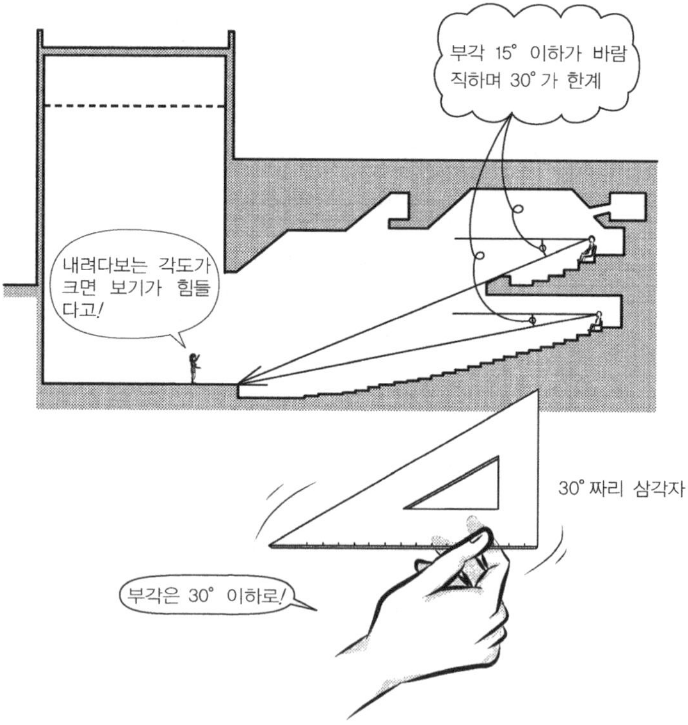

답 ▶ ○

Q 영화관 계획 시 객석의 맨 앞줄 중앙에서 스크린 양끝까지의 수평 각도를 90° 이하로 했다.

A 영화관에서 맨 앞줄에 앉으면 눈과 목이 피로해진다는 것은 누구나 아는 사실일 것이다. <u>스크린을 보는 수평 각도는 90° 이하</u>로 하는 것이 바람직하다(답 : ○).

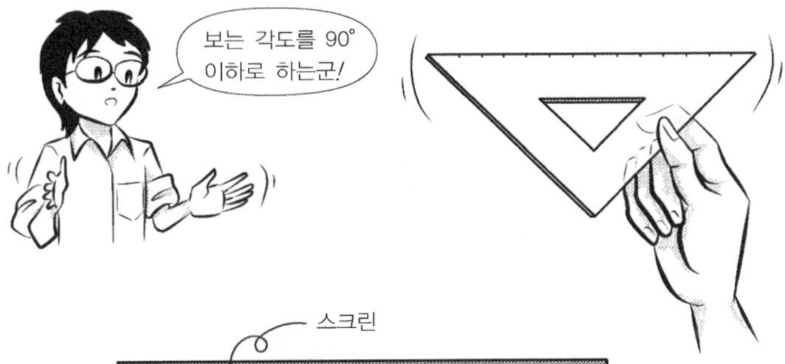

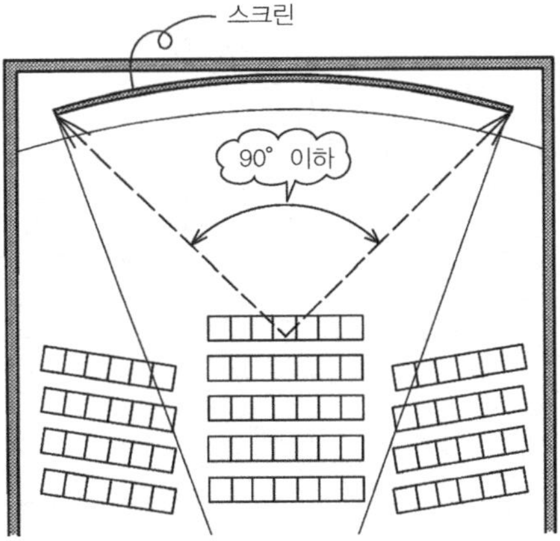

답 ▶ ○

Q 극장 계획 시 객석 1석당의 폭은 45cm 이상, 앞뒤 간격은 80cm 이상, 좌면으로부터 앞뒤 등받이까지는 35cm 이상으로 한다.

A 의자의 크기(R011, R012 참조)를 다시 외워두자. 의자의 폭, 안길이는 45×45cm 이상, 다리가 들어갈 공간은 35cm 이상, 앞뒤 간격은 45cm+35cm=80cm 이상으로 한다(답 : ○). 바닥면적은 $0.45m \times 0.8m = 0.36m^2$이지만, 통로를 포함하면 적어도 $0.5m^2$, 가능하면 $0.7m^2$로 하는 것이 바람직하다.

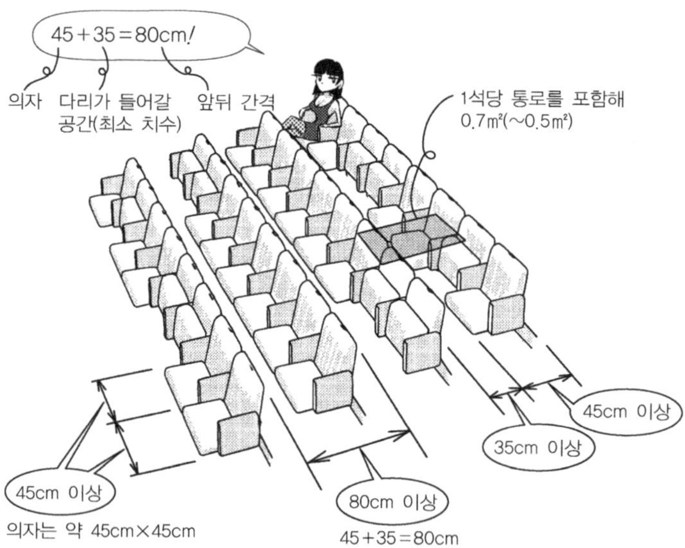

Point

의자		다리가 들어갈 공간		앞뒤 간격
45cm	+	35cm	=	80cm 이상

답 ▶ ○

Q 극장의 객석 부분에서 세로통로를 80cm, 가로통로를 100cm 이상으로 했다.

A 세로통로는 양측 객석일 경우 80cm 이상, 편측 객석일 경우 60cm 이상, 가로통로는 100cm 이상으로 한다.

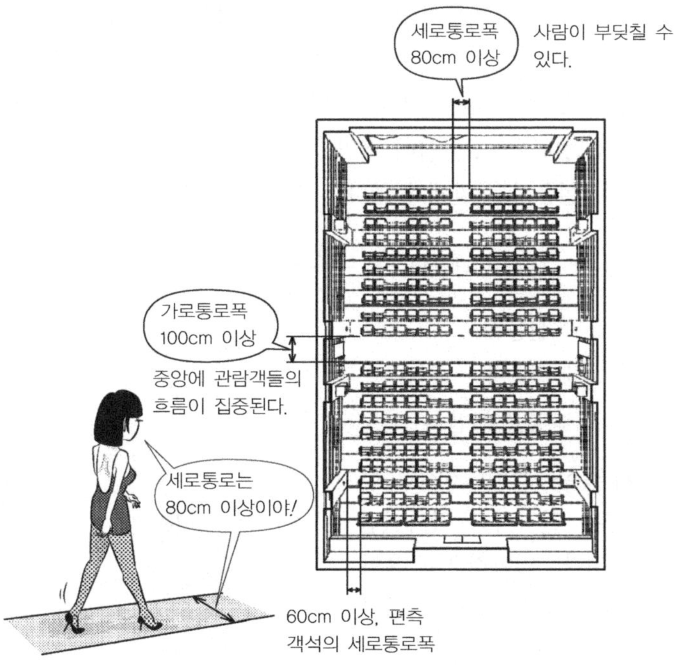

(휠체어용) 최소 출입구폭		극장 내 세로통로		가로통로
80cm	⇨	80cm 이상	⇨	100cm 이상
		출입구폭에서 통로폭을 연상하자.		세로+α

답 ▶ ○

Q 1. 잔향시간이란 음이 정지된 후에 음의 강도 레벨이 60dB까지 감쇠하는 데 걸리는 시간이다.
2. 잔향시간은 객석의 기적(気積)이 클수록 길어진다.
3. 극장의 경우 객석의 기적은 6㎥/석 이상 필요하다.

A 음이 정지된 후에도 여운이 남는 현상을 잔향이라 하며, 음의 강도 레벨(음압레벨)이 60dB까지 감쇠하는 데 걸리는 시간이 잔향시간이다(답 : 1번은 ○). 세이빈(W. C. Sabine)의 잔향시간 공식은 다음과 같으며, 실용적 V에 비례하고(답 : 2번은 ○), 실내 표면적 S와 평균 흡음률 $\overline{\alpha}$의 곱 $S\times\overline{\alpha}$에 반비례하며, 실온과는 관계가 없다는 것을 주의하기 바란다.

$$\text{잔향시간 } T = \text{비례정수} \times \frac{V}{S\times\overline{\alpha}} (\text{초})$$

여기서, V : 실용적,
S : 표면적
$\overline{\alpha}$: 평균 흡음률

객석의 기적(실용적)이 커지면 잔향시간 T는 길어지고 작아지면 T도 짧아진다. 일반적으로 음악 연주홀이나 극장은 길게, 영화관은 짧게 설계한다. 1석당 기적은 극장의 경우 6m³/석 이상, 영화관의 경우 4~5m³/석 정도로 한다(답 : 3번은 ○).

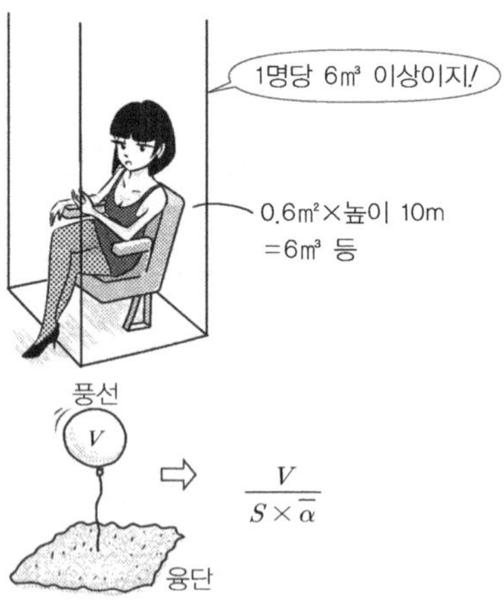

답 ▶ 1. ○, 2. ○, 3. ○

Q 극장 객석에 들어가기 전에 있는 입구 로비와는 별도로 포이어를 설치했다.

A 입구를 들어가면 바로 나오는 공간이 입구 로비(entrance lobby), 티켓을 갖고 있는 사람만 들어갈 수 있는 객석 앞 공간이 포이어(foyer)이다(답 : ○). 학생들의 설계를 보면 이 포이어를 아주 작게 하거나 아예 없는 경우도 많다. 유럽의 극장이나 음악홀의 경우 포이어는 사교공간으로서 매우 화려하게 만들어진다.

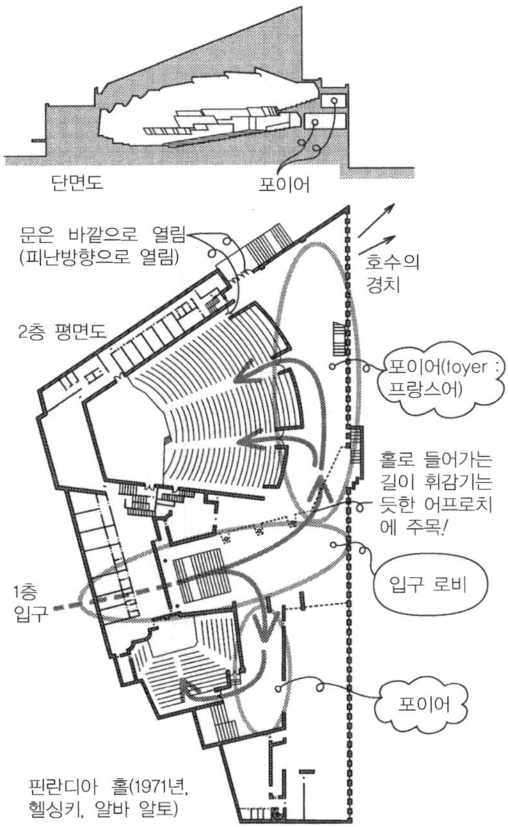

• 추상적 입체라 할 수 있는 르 코르뷔지에, 미스 반 데어 로에, 그로피우스의 근대건축에 비해 곡선, 들쑥날쑥한 선, 나무와 벽돌의 소재감을 살린 알바 알토(Alvar Aalto)의 디자인은 신선함을 준다.

답 ▶ ○

Q 고급상품을 취급하거나 고정고객을 대상으로 한 물품판매업 상점을 개방형으로 했다.

A 고급상품을 취급하거나 고정고객을 대상으로 한 상점은 처음 오는 손님이나 물건은 사지 않고 아이쇼핑만 즐기는 손님들을 달가워하지 않으며, 차분한 분위기를 내기 위해 폐쇄형으로 한다(답 : ×). 그에 반해 규모가 작은 식품점이나 꽃집, 헌책방 등은 개방형으로 하는 경우가 많다.

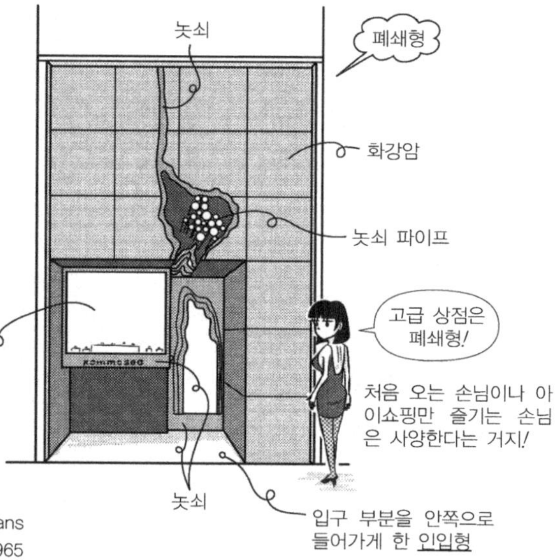

슈린 보석점 I(1974년, 비엔나, 한스 홀라인)

비엔나 구시가에는 한스 홀라인(Hans Hollein)이 설계한 레티 양초점(1965년), 슈린 보석점 I(1974년), 슈린 보석점 II(1982년) 등 멋진 상점 디자인을 다수 볼 수 있다.

답 ▶ ×

Q 실외에 면한 쇼윈도 계획 시 밖에서 안이 잘 보일 수 있게 차양을 설치하여 햇볕을 가렸다.

A 쇼윈도(show window)의 유리면에는 배경이나 공기가 반사되어 잘 보이지 않는 경우가 있으므로 차양이나 텐트를 설치하면 잘 보이게 할 수 있다 (답 : ○). 평면은 입구 주위를 안쪽으로 들어가게 하는 인입형으로 하면 손님을 유도하기가 쉬워진다. R178에 소개한 슈린 보석점 I도 인입형으로 되어 있다.

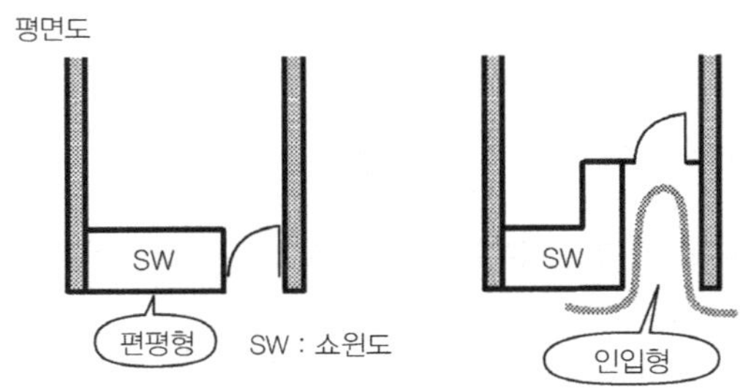

답 ▶ ○

Q 상점의 매장에서

1. 손님용 주요 통로의 폭을 300cm로 했다.
2. 쇼케이스로 둘러싸인 점원용 통로의 폭을 100cm로 했다.

A 매장의 통로폭은 주요 통로일 경우 약 300cm, 보조 통로일 경우 200cm, 쇼케이스(show case)로 둘러싸인 점원용 통로일 경우 약 100cm로 한다 (답 : 1, 2번 모두 ○).

- 위의 내용은 대규모 상점인 경우이며, 소규모 상점에서는 손님용 통로 90cm, 점원용 통로 60cm 등으로 하기도 한다.
- 쇼케이스는 모양 교체가 가능하도록 이동이 가능한 것이 바람직하다.

답 ▶ 1. ○, 2. ○

Q 상품 진열대의 높이는 성인을 기준으로 잘 보이고 손이 닿기 쉽게 바닥면으로부터 70~150cm 높이에 계획했다.

A 높이가 150cm를 넘으면 키가 작은 손님일 경우 손이 닿지 않을 수 있다. 150cm 이상인 곳에는 전시만 하고 가장 손이 잘 닿는 부위에 놓을 상품을 약 70cm 높이에 진열하도록 한다(답 : ○). 높이 70cm는 작업용이나 음식용 테이블의 표준 높이이기도 하다.

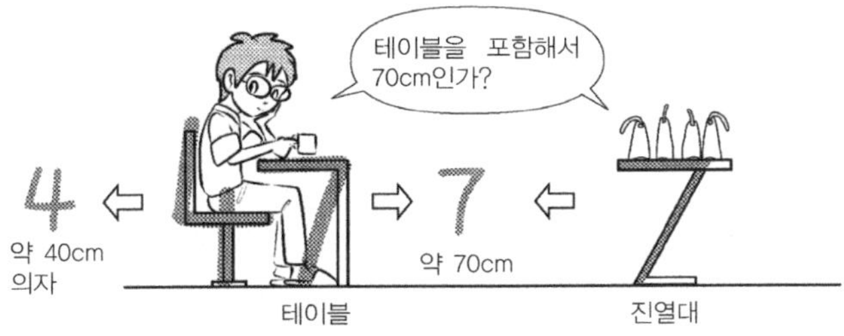

답 ▶ ○

Q 슈퍼마켓 계산대에서 포장대의 높이를 바닥면으로부터 105cm 높이에 했다.

A 포장대의 높이는 무거운 쇼핑 바구니를 쉽게 올려놓을 수 있도록 약 70cm 높이에 한다(답 : ×). 계산대를 올려놓는 부분은 70~90cm로 서서 작업하기 편한 높이로 한다.

답 ▶ ×

Q 슈퍼마켓에서 손님용 출입구를 점원용 출입구와 분리했다.

A 슈퍼마켓(supermarket), 백화점 등은 손님용과 점원용 출입구, 화물 반입구를 되도록 분리하고 평면적으로 떨어뜨려서 배치한다(답 : ○).

답 ▶ ○

Q 물품판매업 상점에서

1. 손님의 동선은 불쾌감을 주지 않는 정도에서 길게 계획한다.
2. 점원의 동선은 합리적으로 짧게 계획한다.

A 손님의 동선은 불쾌감을 주지 않는 범위에서 되도록 길게 하여 상품을 많이 접하게 한다(답 : 1번은 ○). 반대로 점원이나 상품의 출입, 보충 등의 동선은 합리적으로 짧게 한다(답 : 2번은 ○). 그리고 손님과 점원, 상품의 동선은 되도록 서로 교차되지 않게 계획한다.

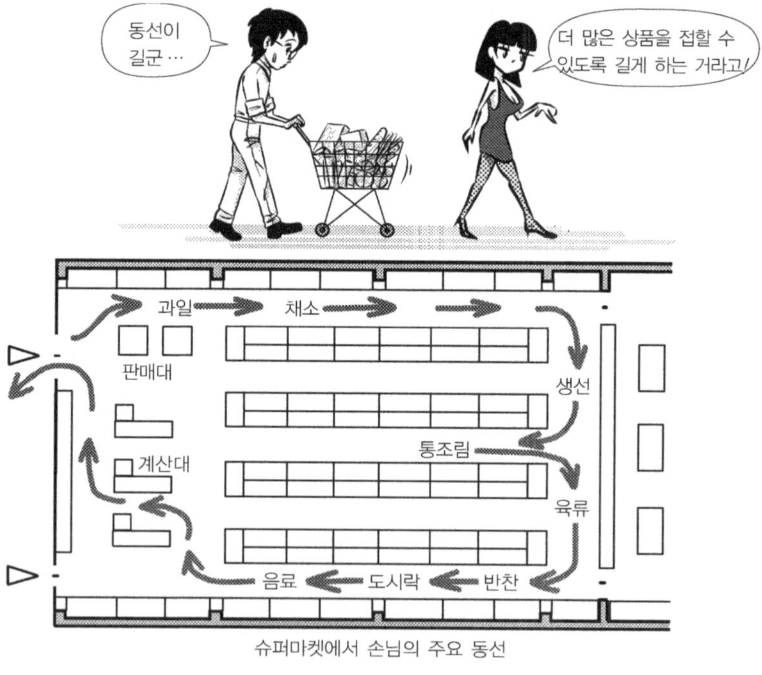

슈퍼마켓에서 손님의 주요 동선

답 ▶ 1. ○, 2. ○

Q 셀프서비스(self-service) 형식의 카페에서 배식 동선과 퇴식 동선을 분리해서 계획했다.

A 배식 동선과 퇴식 동선이 교차하면 혼잡해지고 손님끼리 서로 부딪치는 접촉 사고의 원인이 된다. 따라서 되도록 각 동선을 교차시키지 말고 분리해서 계획한다(답 : ○).

답 ▶ ○

Q 연회장이 있는 대규모 시티 호텔에서 숙박 손님과 연회장 손님의 동선을 고려하여 주출입구 로비와는 별도로 연회장 전용출입구 로비를 만들었다.

A 다수인이 모이는 연회장의 경우 연회장 출입구를 '호텔 출입구+로비'와 함께 사용하면 매우 혼잡해진다. 이러한 혼잡함을 피하고 동선을 원활하게 하기 위해서는 '연회장용 출입구+로비'를 따로 설치하도록 한다(답 : ○). 일반 손님용 로비와 연회장용 로비는 서로 왔다 갔다 할 수 있게 한다. 입구 로비(lobby)는 입구 홀(hall), 엔트런스 홀이라고도 한다. 연회장은 방켓 룸(banquet room), 방켓 홀이라고도 한다.

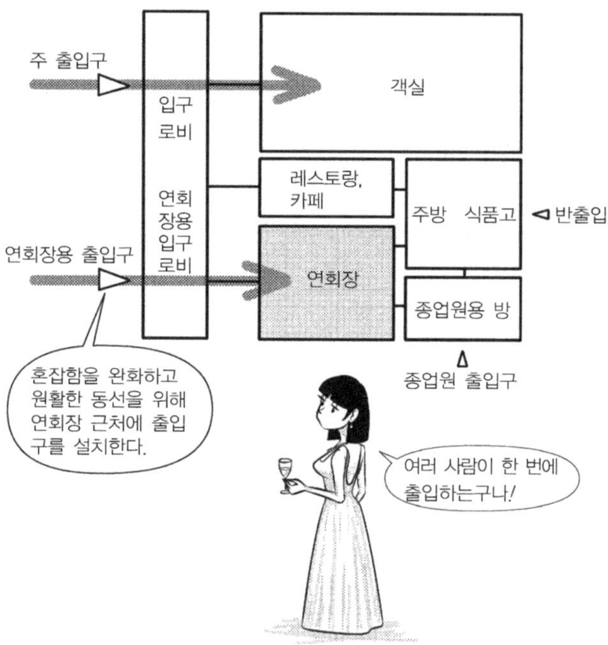

답 ▶ ○

★ R187 ○×문제 엘리베이터(1)

Q 대규모 시티 호텔 계획 시 객실용 엘리베이터 대수를 120실에 1대로 했다.

A 시티 호텔의 엘리베이터는 100~200실에 1대는 필요하다(답 : ○). 엘리베이터 대수가 많을수록 대기 시간은 짧아지지만 이니셜 코스트(건축비)와 메인터넌스 코스트(유지비)는 올라간다. 엘리베이터는 매월 정기점검이 필요하며 고장 시의 수리비도 다른 설비에 비해 비싸다.

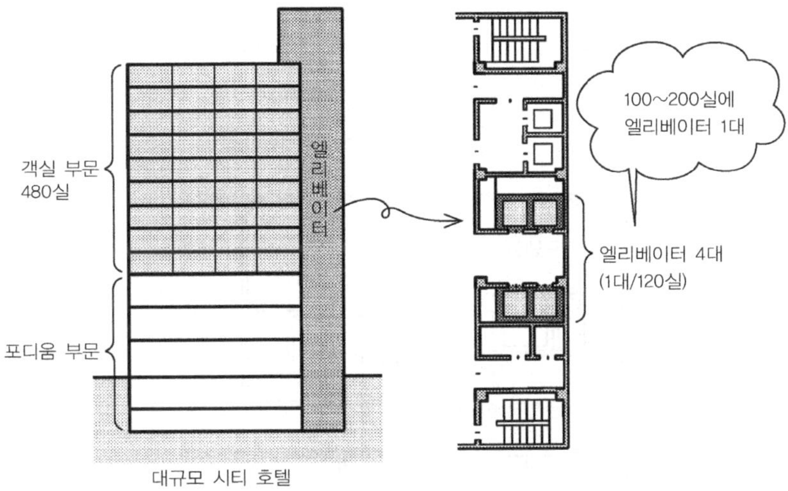

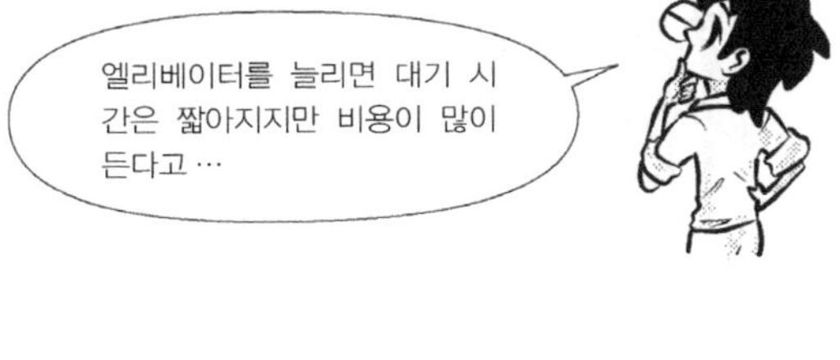

답 ▶ ○

Q 고층 시티 호텔 계획 시 비상용 엘리베이터는 그 근처에 린넨실 등의 서비스실을 배치하여 서비스용 엘리베이터로 이용하도록 했다.

A 비상용 엘리베이터는 소방대가 진입할 때 사용하는 것이지만 평상시에는 일반용으로도 사용할 수 있다. 사무소, 시티 호텔 등의 경우 31m를 넘는 층에는 설치가 의무화되어 있다(R153 참조). 시티 호텔의 경우는 비상용 엘리베이터를 종업원이 사용하는 서비스용 엘리베이터로 겸하는 경우가 많다. 서비스용 엘리베이터 주위에는 린넨실 등을 배치한다. 린넨(linen)이란 시트, 테이블보 같은 천 제품을 말한다.

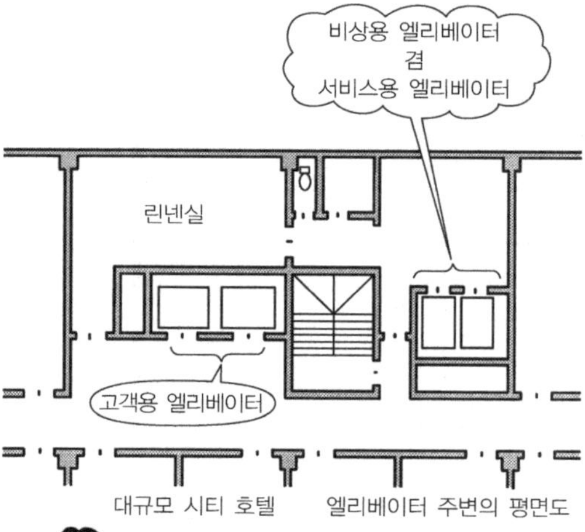

대규모 시티 호텔 엘리베이터 주변의 평면도

비상용 엘리베이터 : 소방대가 진입할 때 사용한다.

답 ▶ ○

Q 시티 호텔 계획 시 각층 단위의 개수를 고려함과 동시에 층고를 낮게 억제하기 위해 객실마다 분리한 설비 수직 샤프트로 하지 않고 집중설비 수직 샤프트로 했다.

A 화장실이나 욕실 근처에 수직관이 없으면 횡지관이 길어져 물이 잘 흐르지 않게 된다. 횡지관은 구배를 잡기 때문에 길수록 천장에 공간이 필요하며, 층고도 그만큼 더 필요하다. 설비 수직 샤프트(PS(pipe shaft) : 파이프 샤프트)는 1객실마다 또는 2객실에 하나 정도 설치하는 것이 일반적이다(답 : ×).

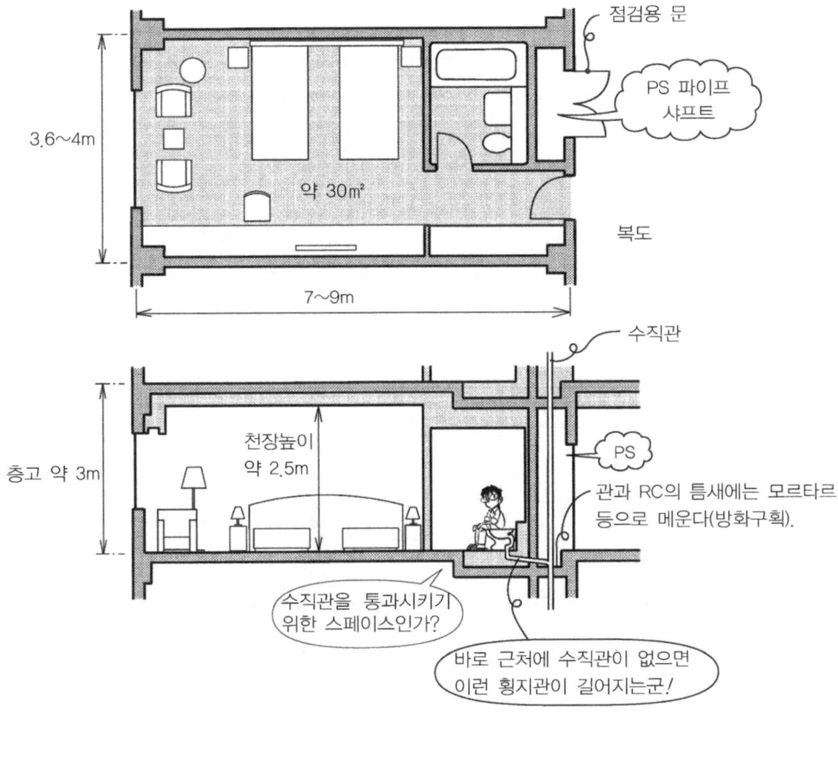

답 ▶ ×

Q 시티 호텔의 객실에서 조명은 간접조명을 주로 하고 각 조명마다 조도를 조절할 수 있게 계획했다.

A 대상을 직접 비추는 직접조명과 달리 광원으로부터의 빛을 일단 벽이나 천장에 비추고 그 반사광으로 밝히는 간접조명이 좀 더 차분한 분위기를 연출한다. 조도를 바꿀 수 있는 조광장치를 설치하면 분위기를 더 바꿀 수 있다. 간접조명+조광장치는 호텔 객실 조명에 유효하다(답 : ○).

답 ▶ ○

Q 어린이집에서 영아실은 유아 보육실과 분리해서 배치했다.

A 영아의 안전을 위해 유아와는 다른 방에 배치한다(답 : ○).

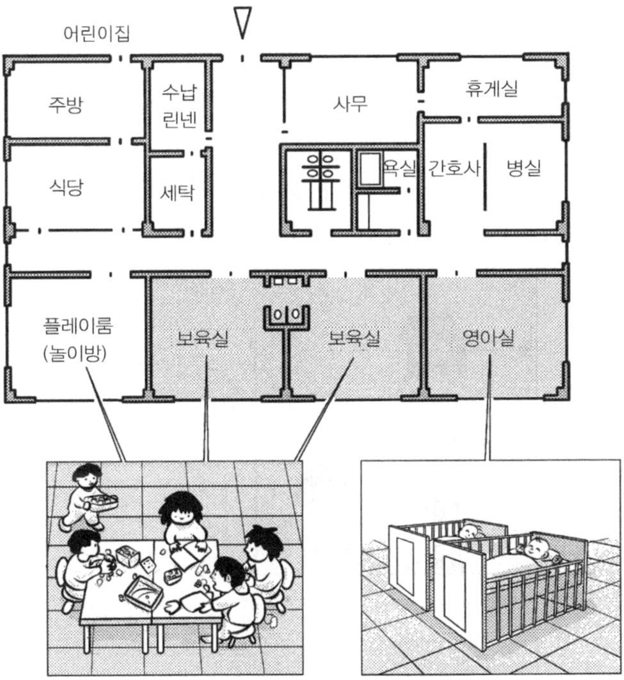

유아 … 생후 1년부터 초등학교 입학 전의 어린아이

영아 … 0세부터 생후 1년 미만의 젖먹이 어린아이

어린이집 … 후생노동성(아동복지법)
유치원 … 문부과학성(학교교육법)

- 유치원은 '학교'로 교육부(일본은 문부과학성) 관할이다. 만 3세부터 초등학교에 입학 전까지의 유아를 교육한다. 어린이집은 영아, 유아 모두 맡아서 보육하는 곳으로 보건복지부(일본은 후생노동성) 관할이다. 이 둘을 통합하는 유보일원화도 진행 중이다.

답 ▶ ○

Q 어린이집 계획에서

1. 유아용 화장실은 보육실 근처에 설치한다.
2. 유아용 화장실의 칸막이와 문 높이는 유아의 안전 확인과 지도를 위해 100~120cm로 한다.

A 유아는 대 · 소변을 가리는 시간이 짧기 때문에 유아용 화장실은 보육실 근처에 설치한다(답 : 1번은 ○). 또한 칸막이와 문을 높게 하면 문을 닫은 채 안에 갇힐 수도 있고 배설 지도를 할 수 없게 된다. 따라서 화장실 칸막이와 문 높이는 100~120cm로 해서 어른이 살필 수 있게 해야 한다(답 : 2번은 ○).

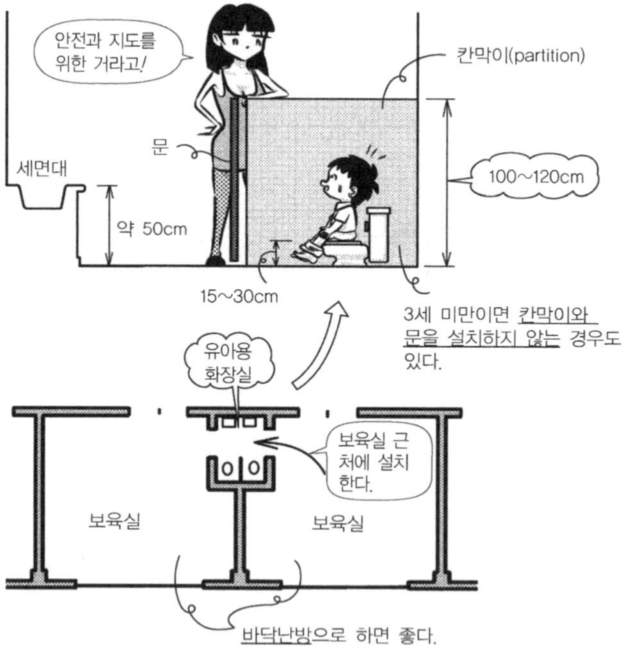

답 ▶ 1. ○, 2. ○

★ R193 ○×문제 식사실과 낮잠실

Q 어린이집 계획 시 식사실과 낮잠실을 분리해서 설치하는 것이 좋다.

A 이불을 오르내릴 때 먼지가 나기 때문에 식사를 하는 공간과 낮잠을 자는 공간은 분리한다. 또한 식사 동작을 지도하기 위해서도 따로 분리하는 것이 바람직하다(답 : ○).

답 ▶ ○

Q 어린이집 계획에서

1. 4세아를 대상으로 한 정원 20명의 보육실 면적을 55㎡로 했다.
2. 3세아 보육실의 1인당 바닥면적을 5세아 보육실의 1인당 바닥면적보다 좁게 계획했다.

A 어린이집의 보육실은 2.64㎡/명 이상으로 하도록 되어 있다(R060 참조). 질문 내용 중 1번은 55㎡/20명=2.75㎡/명이 되므로 기준을 충족시킨다(답 : 1번은 ○).

3세아는 집단활동을 할 수 없고 혼자서 여기저기 돌아다니므로 4, 5세아 보육실보다 면적을 넓게 잡는다(답 : 2번은 ×).

답 ▶ 1. ○, 2. ×

Q 어린이집 계획에서 정원 15명인 1세아 포복실의 바닥면적을 30㎡로 했다.

A 침대 안에 있는 <u>영아실은 1.65㎡/명 이상</u>, 활발하게 움직이는 <u>포복실은 3.3㎡/명 이상</u>으로 하도록 되어 있다. 실제로는 혼용되고 있어 면적 기준도 보급되지 않은 것이 현실이다. 질문에서는 30㎡/15명=2㎡/명이 되므로 답은 (×).

영아실 : 0~1세아로 기어다니지 못한다 … 1.65㎡/명 이상
포복실 : 0~1세아로 기어다닌다 … 3.3㎡/명 이상

(4, 5세<3세)

영아실 (1.65㎡/명 이상) < 보육실 (2.64㎡/명 이상) < 포복실 (3.3㎡/명 이상)

답 ▶ ×

Q 초등학교 건물 계획 시 저학년은 일반교실 · 특별교실형으로 하고, 고학년은 종합교실형으로 했다.

A 모든 교과를 같은 교실(홈룸 또는 클래스룸)에서 하는 것이 종합교실형이고, 과학, 미술, 음악 등 특별한 설비를 필요로 하는 교과를 특별교실(전용교실)에서 하는 것이 특별교실형이다. 종합교실형은 초등학교 저학년, 일반교실 · 특별교실형은 초등학교 중 · 고학년, 중학교, 고등학교에서 채용된다(답 : ×). 홈룸으로 사용하는 교실은 특별교실과 상대적인 의미에서 보통(일반)교실이라고도 한다.

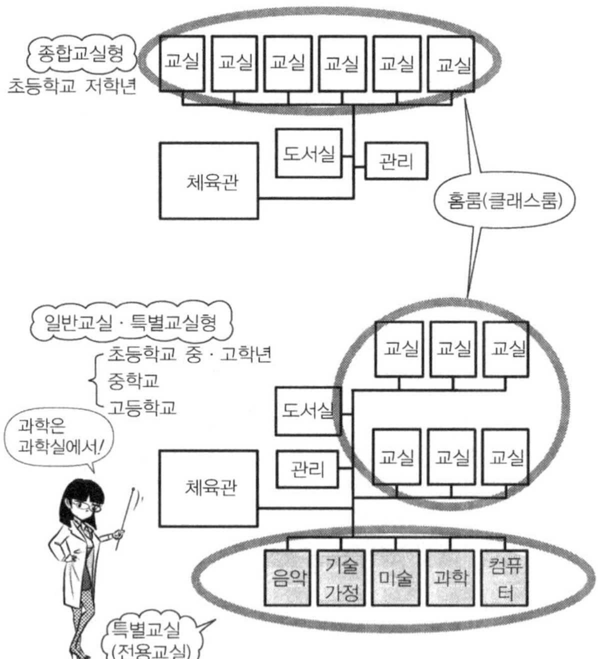

답 ▶ ×

Q 저학년을 종합교실형, 고학년을 일반교실 · 특별교실형으로 계획한 초등학교에서 저학년과 고학년의 교실을 각각 모아, 특별교실군은 고학년 교실 근처에 배치하고 도서실 등의 공통학습공간은 학교 중심에 배치한다.

A 저학년과 고학년은 신체 크기나 운동 능력, 집중력이 다르므로 그룹핑해서 분리 배치한다. 특별교실을 사용하는 것은 중 · 고학년이므로 가깝게 배치한다. 도서실 같은 공통학습공간은 모든 학년이 사용하므로 각 홈룸에서 접근하기 쉽게 학교 중심에 배치한다(답 : ○).

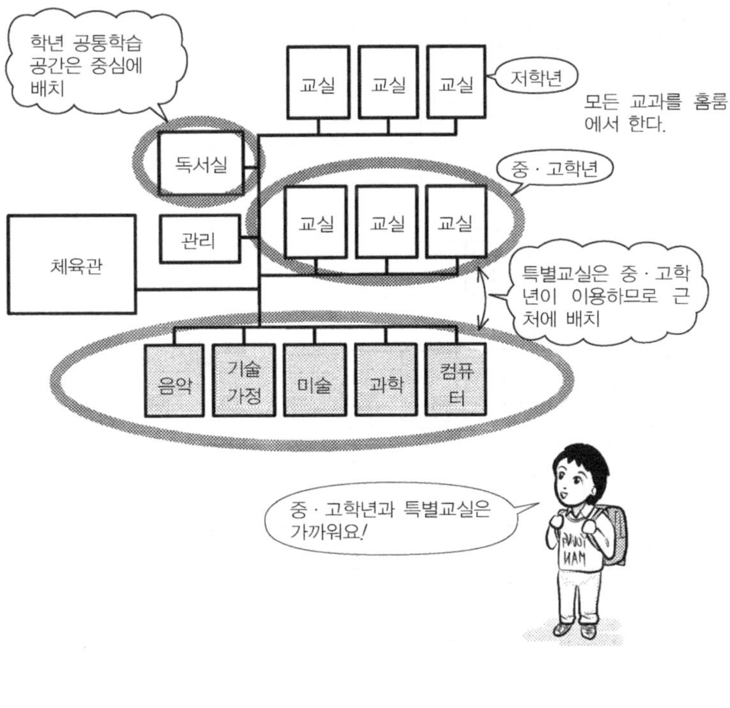

답 ▶ ○

Q 1. 고등학교의 교실 계획 시 교과교실형으로 하고 각 교과에 필요한 시설과 설비를 갖추었다.

2. 교과교실형인 중학교에서 교과마다 교실을 확보하고 교실마다 홈베이스를 설치했다.

A 모든 교과를 전용 교실에서 하는 것이 교과교실형이며, 중학교와 고등학교에서 채용되는 경우가 많다. 홈룸(클래스룸)이 없는 대신에 라커룸(locker room)과 홈베이스(homebase)를 설치한다(답 : 1번과 2번 모두 O).

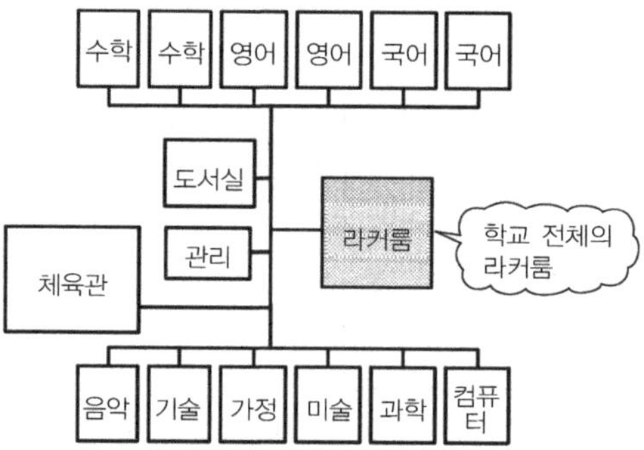

라커룸은 학교 전체의 것으로, 각 교과의 수업이 끝나면 짐을 꺼내기 위해 라커룸에 집합한 후 각 교과의 교실로 분산한다.

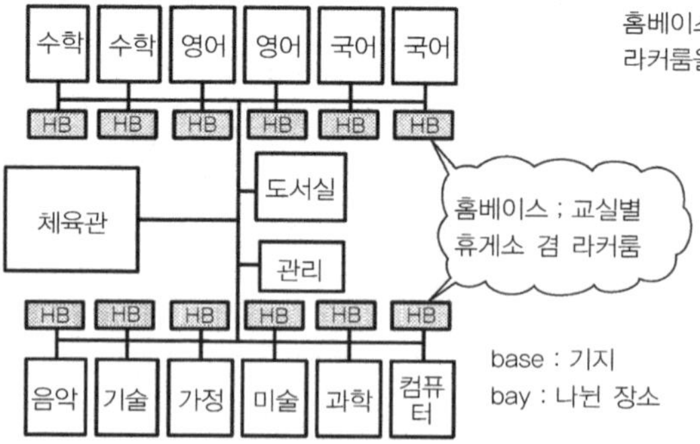

홈베이스는 교실마다 휴게소 겸 라커룸을 분산시킨 것이다.

base : 기지
bay : 나뉜 장소

답 ▶ 1. O, 2. O

Q 플래툰형이란 모든 클래스를 두 그룹으로 나누어 한쪽이 일반교실군을 이용하고 있을 때 다른 한쪽은 특별교실군을 이용하는 운영방식이다.

A 일반교실을 모든 홈룸에 할당하면 특별교실 이용 시에는 그 교실이 반드시 비게 된다. 특별교실형의 경우 빈 교실이 많다는 단점이 있다. 그래서 클래스를 A, B 두 그룹으로 나누어 한쪽이 특별교실을 사용하고 있을 때 다른 쪽은 일반교실을 사용하는 시간분할 방식으로 하여 빈 교실이 생기지 않게 하는 것이다. 중학교와 고등학교에서 채용되는 플래툰(platoon)형 운영방식은 시간분할 구성이 어렵고 교사 수도 많이 필요하기 때문에 실시되고 있는 예가 적은 방식이다(답 : ○).

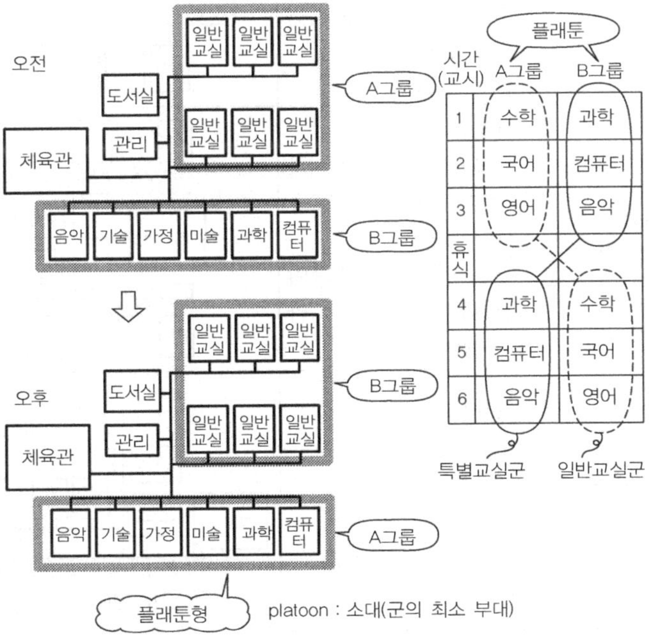

platoon : 소대(군의 최소 부대)

답 ▶ ○

교실의 운영방식을 정리했다. 가장 일반적인 것은 일반교실 · 특별교실형이다.

종합교실형 (초등학교 저학년)	(장점) 이동이 적고 학생들이 심리적으로 안정 (단점) 과학실용 실험대나 음악실용 피아노 등이 각 교실에 필요하다.	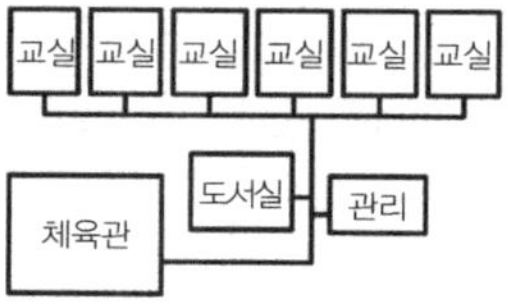
일반교실 · 특별교실형 (초등학교 중 · 고학년, 중학교, 고등학교)	(장점) 교과에 맞는 설비가 있고, 홈룸도 있다. (단점) 이동이 필요. 빈 교실이 많다.	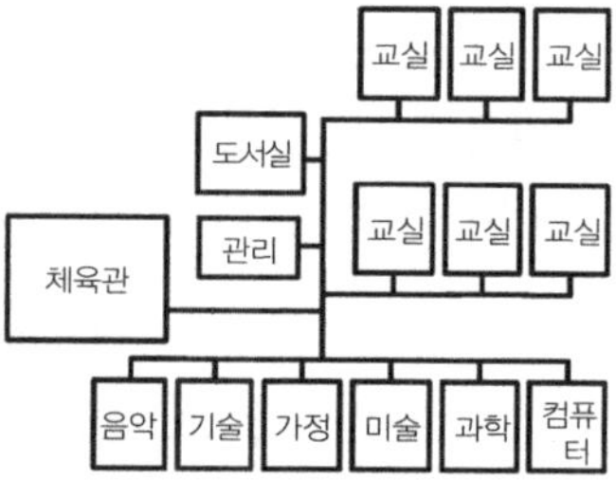
교과교실형 (중학교, 고등학교)	(장점) 교과에 맞는 설비가 있다. (단점) 이동이 많다. 홈룸이 없다. 홈베이스나 라커룸이 필요하다.	
플래툰형 (중학교, 고등학교)	(장점) 빈 교실을 줄일 수 있다. (단점) 시간분할 편성이 어렵다.	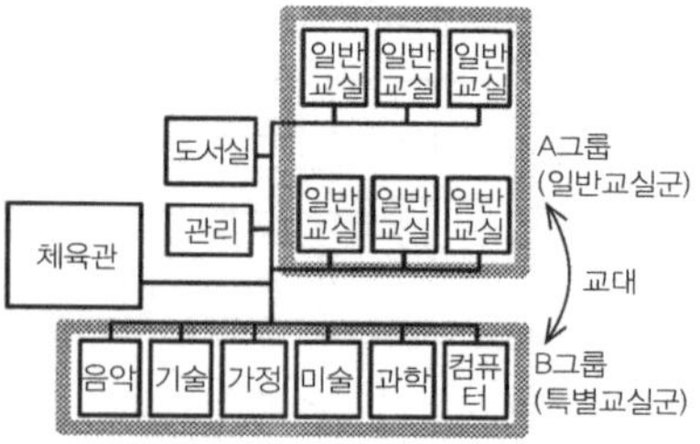

Q 초등학교 교실 계획 시 학습 집단을 탄력적으로 편성할 수 있도록 교실 가까이에 오픈 스페이스를 설치했다.

A 복도로 교실을 연결하는 편복도형과 상대적으로 교실 바깥쪽에 <u>오픈 스페이스(open space)</u>를 설치하는 방식이 많이 채용되고 있다. 자발적, 클래스 횡단적 학습을 유도하는 효과가 있다(답 : ○).

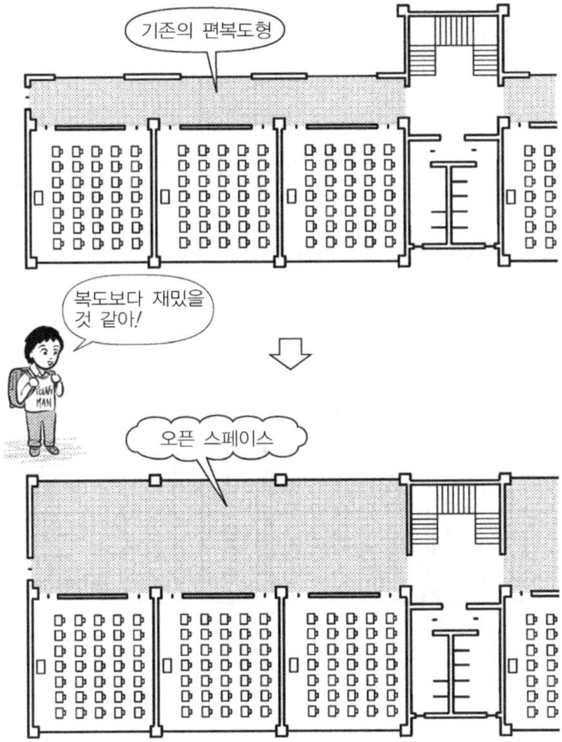

답 ▶ ○

Q 초등학교의 오픈 스페이스 계획 시

1. 정보 네트워크를 활용한 다양한 학습을 할 수 있도록 PC를 배치했다.
2. 도서 코너, 작업공간, 세면대 등을 설치했다.
3. 교원의 집무거점을 교실 가까이에 배치하기 위해 학년별로 분산한 학년별 교사실을 설치했다.

A 다음 그림처럼 오픈 스페이스에 여러 코너를 만들어 다양한 학습과 세심한 지도를 할 수 있다. 학생들의 자주성, 주체성을 존중할 수 있게 하는 공간이다(답 : 1번, 2번, 3번 모두 ○).

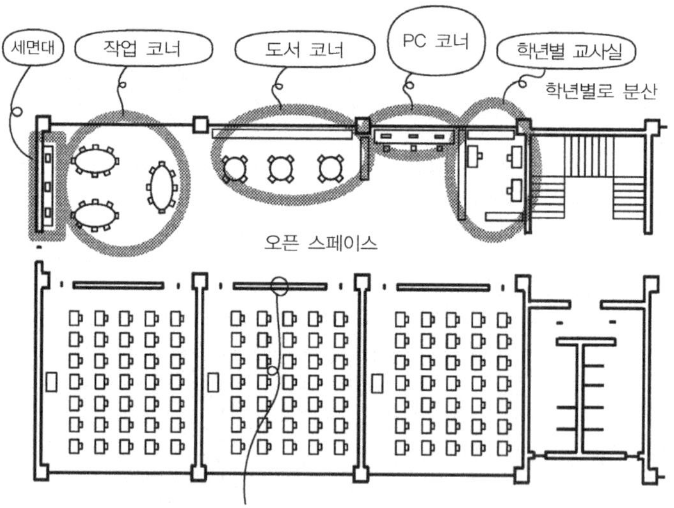

답 ▶ 1. ○, 2. ○, 3. ○

Q 초등학교 교실 계획 시 도서실이나 특별교실에 대해 인근 주민의 이용을 고려하여 지역개방용 현관 가까이에 배치했다.

A 초등학교는 2,000~2,500호(근린주구)에 하나 정도 있기 때문에 지역 커뮤니티의 거점이 되는 경우가 많다. 평생 학습이나 스포츠 공간으로 개방되는 경우가 많은 도서실, 특별교실, 체육관 가까이에 지역주민용 출입구를 설치하고 개방하지 않는 존과는 열쇠가 있는 문이나 셔터로 구분하고 있다(답 : ○).

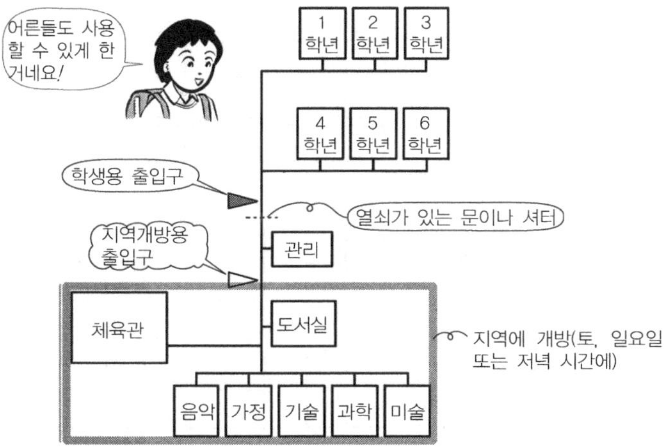

• 시라칸스의 치바시립 우타세 초등학교(1997년)는 교실뿐만 아니라 도로에도 개방된 오픈 스쿨로 획기적인 계획이었다. 일방적인 강의에서 자주성을 존중한 워크숍에 중점을 두어 자유 공간을 많이 만들었다. 오픈 스쿨 특유의 소음 문제는 없지만 현재도 담장이나 벽이 적은 초등학교로 유명하다. 부속 이케다 초등학교 사건(2001년) 이후 지역 개방을 중단하는 경우가 늘고 있지만, 담을 높게 할수록 범죄가 증가한다는 연구도 나와 개방과 폐쇄의 균형을 적절히 할 필요가 있다.

답 ▶ ○

Q 교사(校舍)의 배치형식에는 핑거 플랜과 클러스터 플랜 등이 있다.

A 교실의 배치형식에는 다음 그림과 같이 핑거(finger) 플랜, 클러스터(cluster) 플랜, 중복도형, 그리고 이들의 복합형 등이 있다(답 : ○).

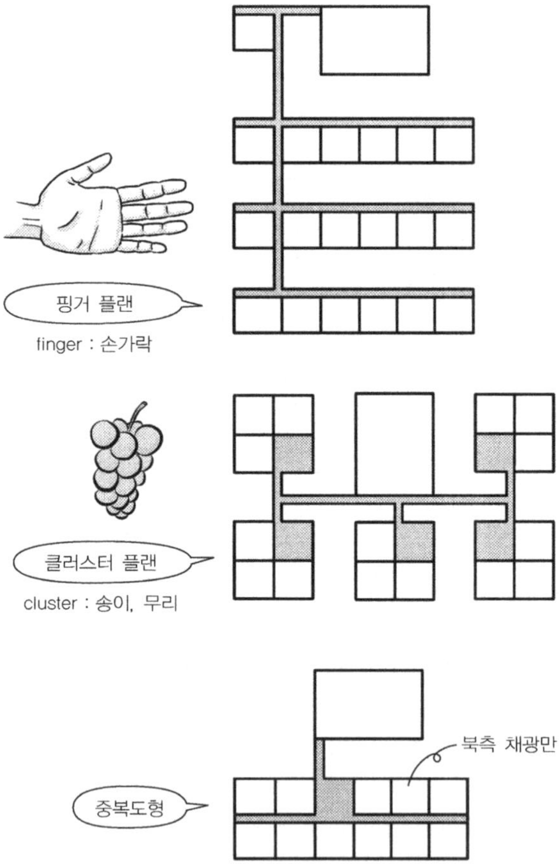

답 ▶ ○

Q 1. 초등학교 교실 계획 시 42명 수용 교실의 크기를 7m×9m로 했다.
2. 칠판을 향해 앉았을 때 좌측에 창이 오게 배치했다.

A 7m×9m, 천장높이 3m에 40명 정도를 수용하는 것은 메이지 시대(1867~1912년)에 만들어진 표준인데, 아직까지도 종종 사용되고 있다. 42명인 경우 (7m×9m)/42명=1.5㎡/명으로, 기준인 1.2~2㎡/명에 적합하다(답 : 1번은 ○). 좌측 채광을 하는 것은 필기를 할 때 그림자가 생기지 않게 하기 위해서다(답 : 2번은 ○).

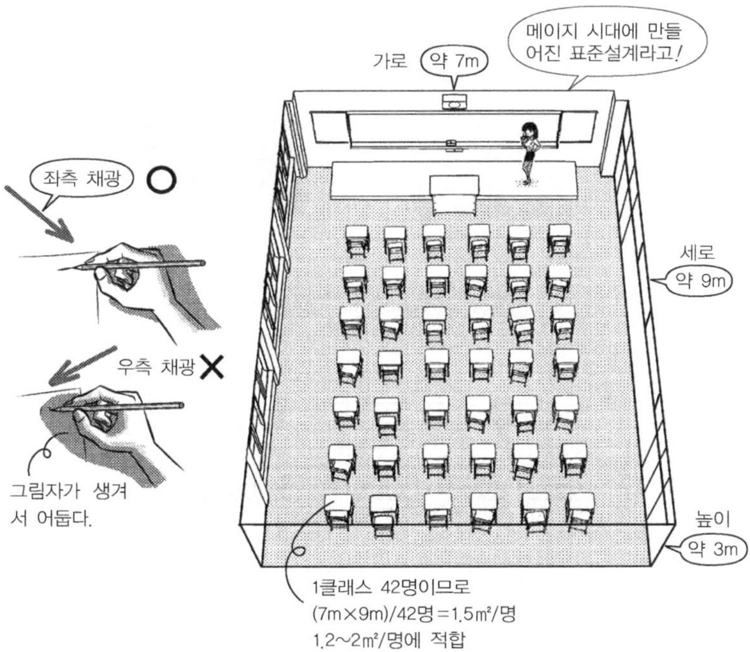

참고 : 우리나라의 표준설계도는 1980년대까지 사용되어 왔으며, 일반교실 크기는 7.5m×9.0m(67.5㎡)로 아직까지도 종종 사용되고 있다.

답 ▶ 1. ○, 2. ○

Q 교실 계획 시 '칠판이나 게시판'과 '그 주변의 벽'과의 명도 대비가 너무 커지지 않게 색채 조정을 했다.

A 칠판이나 게시판과 벽과의 명도 대비가 너무 크면 눈이 피로해진다. '칠판'에 짙은 녹색이 사용되는 것도 그런 이유에서이다(답 : ○). 참고로 <u>색상</u>, <u>명도</u>, <u>채도</u>는 <u>색의 3속성</u>이라 하며, 명도는 색의 밝고 어두운 정도를 나타내는 것이다.

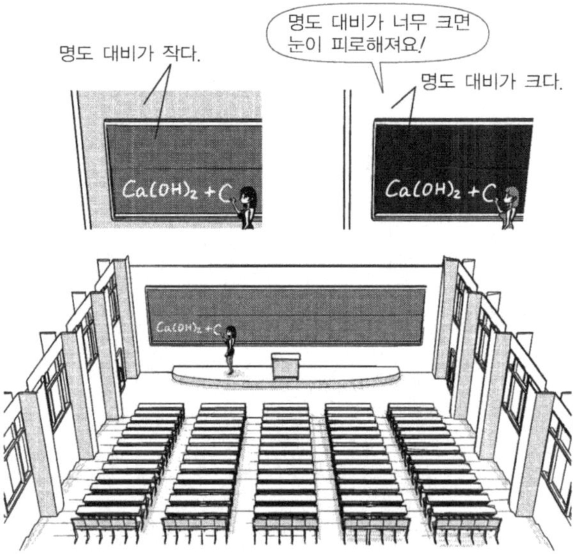

답 ▶ ○

Q 일반용 농구 코트가 2면 있는 체육관의
1. 바닥면 안목치수를 45m×35m로 했다.
2. 천장 또는 장애물 높이를 6m로 했다.

A 농구 코트가 2면 있는 체육관은 다음 그림처럼 바닥면이 약 45m×약 35m, 높이는 8m 이상 필요하다(답 : 1번은 ○, 2번은 ×). 고등학교용>중학교용>초등학교용으로 작게 할 수 있다.

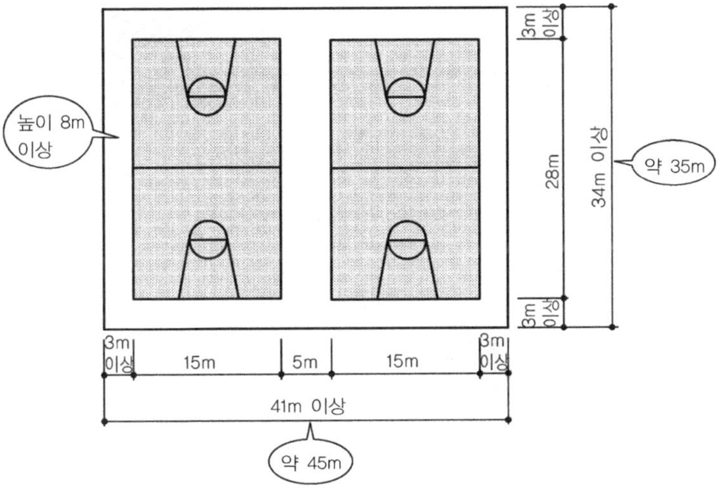

일반용 농구 코트가 15m×28m

답 ▶ 1. ○, 2. ×

Q 일반용 테니스 코트가 2면 있는 체육관의

1. 바닥면 안목치수를 45m×35m로 했다.
2. 천장 또는 장애물 높이를 8m로 했다.

A 테니스는 농구에 비해 공이 날아가기 쉬우므로 2면인 경우 약 45m×약 45m, 높이는 12.5m 이상 필요하며, 치수는 조금 크게 할 필요가 있다(답 : 1, 2번 모두 ×).

답 ▶ 1. ×, 2. ×

Q 북모빌이란 자동차에 책을 싣고 주거지를 순회하면서 도서관 서비스를 하는 이동도서관을 말한다.

A 다음 그림과 같은 이동도서관을 북모빌(book mobile)이라 하며, 도서관이 없는 소외지역의 학교나 시설에 책을 보내주는 경우 등에 사용된다.

답 ▶ ○

Q 지역 도서관에서 대출용 도서는 최대한 많은 도서를 개가식으로 제공했다.

A 지역 도서관은 열람자가 자유롭게 책을 접할 수 있도록 서가가 개방되어 있는 개가식이 일반적이다(답 : ○).

답 ▶ ○

Q 대규모 도서관에서 귀중도서의 출납방식을 폐가식으로 했다.

A 폐가식이란 폐쇄된 서가에 의한 출납방식으로 도서관 직원만 서고에 출입할 수 있다. 즉 열람자는 서고 안에 들어갈 수 없다. 대규모 도서관에서 귀중도서를 다루는 곳에서 하는 출납방식이다(답 : ○).

답 ▶ ○

Q

1. 반개가식이란 열람자가 유리 너머 또는 철망 너머 서고에 있는 책을 선택하고 도서관 직원에게 신청해서 받는 방식이다.
2. 안전개가식이란 열람자가 서고에 출입할 때 도서관 직원의 체크를 받는 방식이다.

A

개방적 서가인 개가식, 폐쇄적 서가인 폐가식 외에도 그 중간 정도의 출납 방식이 있다.

서고에 있는 책을 유리 또는 철망 너머로 보고 책을 지정해서 도서관 직원에게 꺼내 달라고 하는 것이 반개가식이다. 유리 아래가 커팅되어 있어 손가락이나 펜을 집어넣을 수 있게 하여 책을 지정하기 쉽게 하는 경우도 있다(답 : 1번은 ○).

도서관 직원에게 체크를 받고 서고 안에 들어갈 수 있는 것이 안전개가식이다(답 : 2번은 ○).

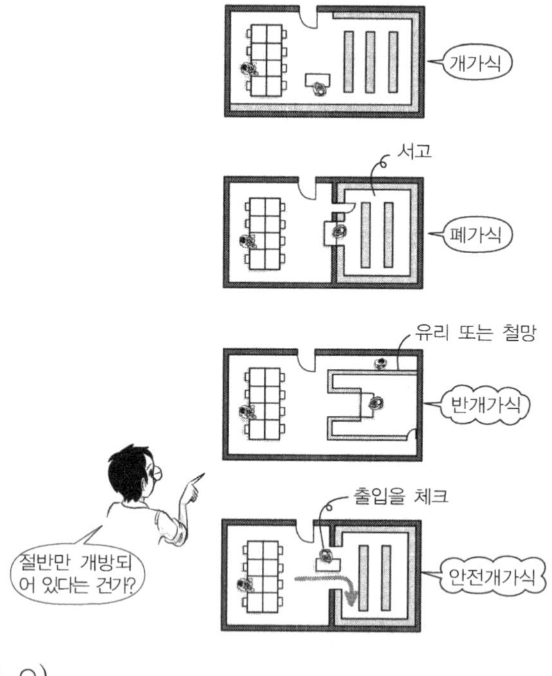

답 ▶ 1. ○, 2. ○

Q 개가식 서가에 300~500권/㎡의 도서가 들어가도록 계획한다.

A 1㎡당 장서 수는 서가의 높이, 책꽂이 선반의 높이, 서가의 간격, 책의 두께 등에 따라 다른데, <u>개가식 서가의 경우 약 170권, 폐가식 서가의 경우 약 230권</u>이다(답 : ×). 한눈에 잘 보일 수 있게 높이를 약 120cm로 하는 경우도 있는데 그럴 경우 장서 수는 2/3~1/2 정도로 줄인다.

200±30권/㎡
서가의 높이, 책꽂이 선반의 높이, 서가의 간격, 책의 두께에 따라 다르다.

답 ▶ ×

Q 이동식 서가에 400권/㎡ 정도의 도서가 들어가도록 계획한다.

A 이동식 서가는 다음 그림처럼 평소에는 서가를 바짝 붙여두었다가 이용할 때 가로로 슬라이딩시켜서 통로 공간을 절약하는 방식이다. 보통의 서가는 약 200권/㎡를 넣을 수 있는데 이동식 서가로 하면 두 배인 400권/㎡를 넣을 수 있게 된다(답 : ○). 적층식 서가는 서가를 2단으로 쌓는 방식으로 통로를 확보하면서 2단으로 한 만큼 장서 수도 2배가 된다.

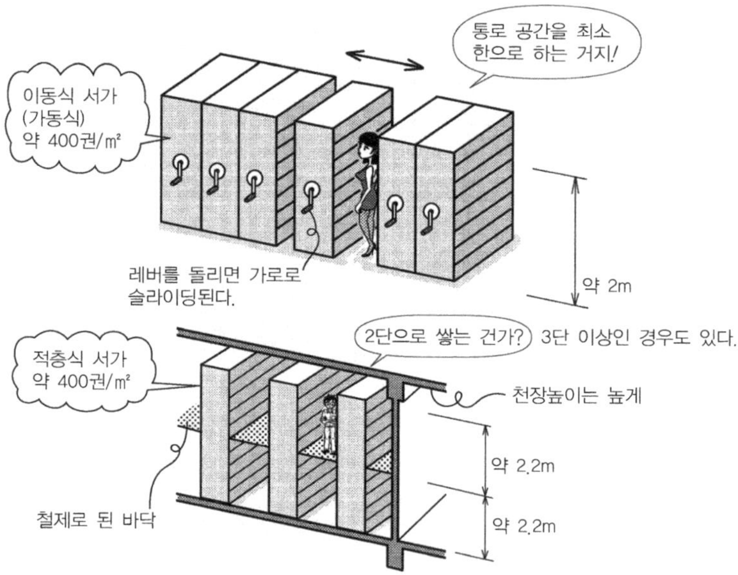

Point

개가, 폐가식 서가 (약 200권/㎡) —2배→ 이동식, 적층식 서가 (약 400권/㎡)

답 ▶ ○

Q 지역 도서관 계획 시 연면적당 장서 수를 40~50권/㎡ 정도로 했다.

A 지역 도서관은 일반적으로 개가식으로 한다. 개가식 서가는 약 170권/㎡, 폐가식 서가는 약 230권/㎡인데, 이는 서가를 놓는 공간의 바닥면적당 수치이다. 도서관 전체의 <u>연면적에 대해서는 1㎡당 약 50권</u>이 된다(답 : ○).

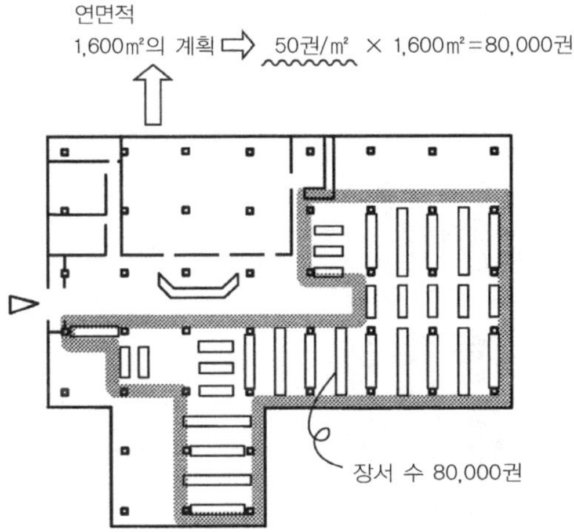

답 ▶ ○

50권/m² → 200권/m² ±α → 400권/m²이며 개가식인지 폐가식인지 서가의 종류에 따라 수치가 다르다. 여기서 다시 정리해 두므로 확실하게 외워두자.

연면적당	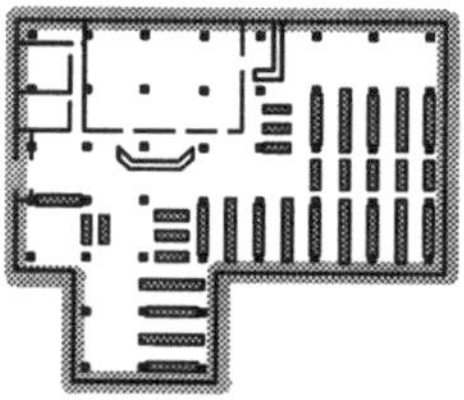	약 50권/m²
개가식 서가	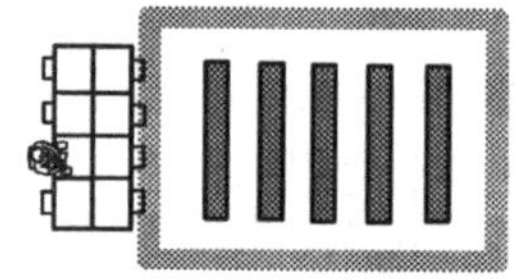	약 170권/m² (200권－30권)
폐가식 서가	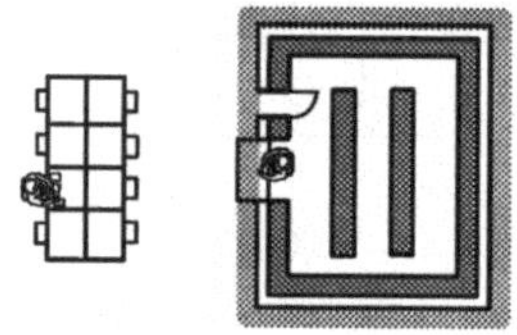	약 230권/m² (200권＋30권)
이동식 서가 (가동식)		약 400권/m² (200권/m²×2)
적층식 서가	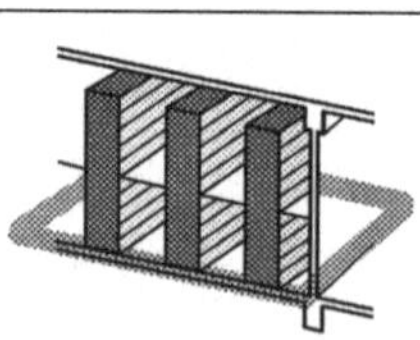	약 400권/m² (200권/m²×2)

Q 열람실의 바닥마감은 보행음이 적게 나도록 타일카펫을 깔았다.

A 열람실은 조용히 책을 읽는 곳이므로 발소리가 크게 들리지 않게 타일카펫으로 까는 것은 유효하다(답 : ○). 가로×세로 약 50cm로 자른 타일카펫은 1매씩 떼어낼 수 있기 때문에 바닥 아래에 배선 작업을 하는 OA 플로어(이중바닥 시스템)에도 자주 사용된다. 또 오염된 부분만 교환하거나 바닥 아래의 배선을 관리하기에도 편리하다. 하지만 장척비닐시트 등에 비해서 오염되기 쉽고 청소를 하기 어렵다는 단점도 있다.

답 ▶ ○

Q 지역 도서관에서 아동 열람 코너를 일반 열람 코너와 분리해서 배치했는데, 대출 카운터는 공용으로 했다.

A 아동 도서 코너에서는 어린이들이 떠드는 경우가 있기 때문에 일반 코너와 분리하는 것이 일반적이다. 입구에서 들어갈 때 바로 분리해 놓으면 일반 코너에 주는 영향을 적게 할 수 있다. 대출 카운터는 아동용, 일반용을 공용으로 하는 것도 가능하다(답 : ○).

답 ▶ ○

Q 캐럴이란 열람실 등에 놓는 책상으로 전방과 측면에 칸막이를 붙인 개인 열람석이다.

A 다음 그림처럼 칸막이가 있는 개인 열람석을 캐럴(carrel)이라고 한다(답 : ○). 배치 방식은 공간의 형태에 따라 효율적으로 한다.

답 ▶ ○

루이스 칸(Louis Kahn)이 설계한 필립 엑서터 아카데미 도서관(1972년)은 건물 중앙이 천장까지 시원하게 뚫려 있고 그 주위에 개가식 서가, 그리고 그 바깥쪽 창가에 캐럴을 배치한 열람실로 되어 있다. 3중 도넛 모양의 공간은 각각 별도의 구조체로 지지되어 있다.

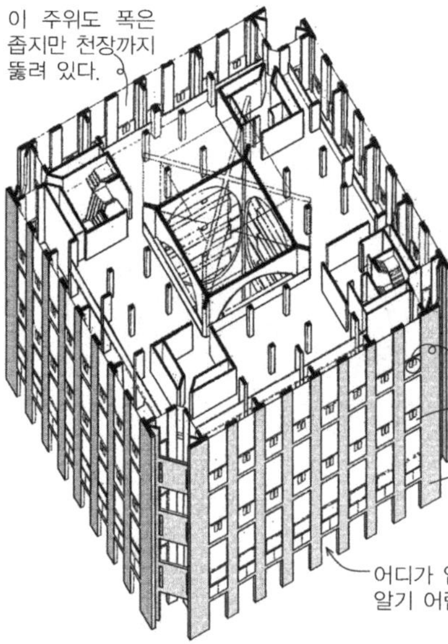

필립 엑서터 아카데미 도서관
(1972년, 미국 보스턴 근교의 엑서터, 루이스 칸)

• 벽돌과 나무로 된 격자형 프레임의 차분한 외관이 캔버스가 아닌 건물에 녹아들어 있다. 안으로 들어가면 RC 제치장 벽면에 거대한 원형 구멍을 낸 공간미가 감탄을 자아낸다. 건물 중앙을 천장까지 확 뚫은 전통적인 구성인데 비해 독자성이 느껴지는 것도 바로 그런 차이 때문이다. 각부의 디테일도 구석구석까지 세심하게 계획하여 매우 아름다운 건물로 완성했다.

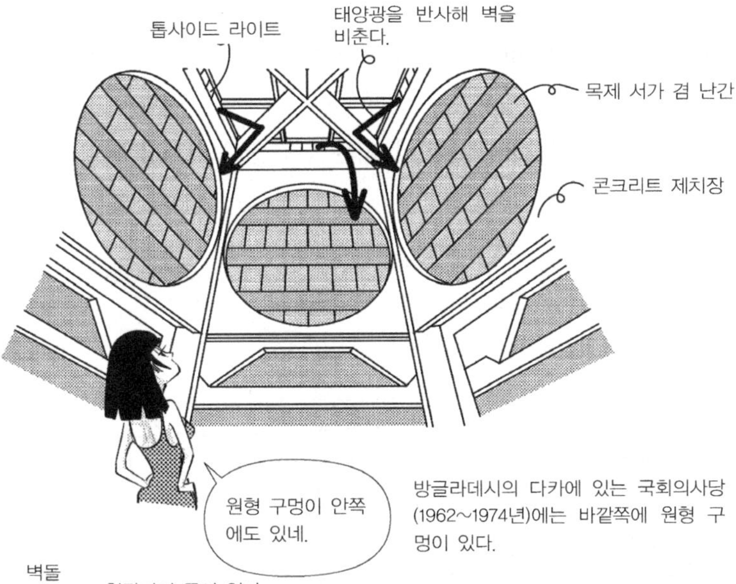

방글라데시의 다카에 있는 국회의사당(1962~1974년)에는 바깥쪽에 원형 구멍이 있다.

Q 브라우징 코너란 신문이나 잡지 등 가벼운 독서를 하기 위한 공간이다.

A 잡지, 신문 등을 편안하게 쉬면서 읽는 공간을 브라우징 코너(browsing corner)라고 한다(답 : ○).

• 브라우즈 : (browse)
(소나 염소 등이) 풀을 뜯어 먹는다.
대강 훑어보다
열람하다

• 브라우저 : (browser)
대강 훑어보다
인터넷 열람 소프트

답 ▶ ○

Q 신문이나 잡지 등을 가볍게 읽는 공간으로 레퍼런스 코너를 설치했다.

A 레퍼런스 코너(reference corner)는 책을 찾거나 조사하는데 도서관 직원이 도움을 주는 곳이다. 질문 내용은 브라우징 코너에 대한 설명이다(답 : ×).

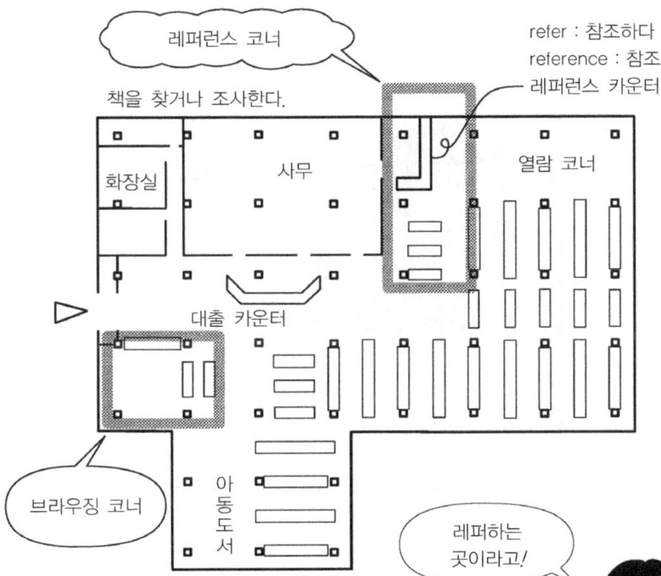

답 ▶ ×

Q 관내 도서를 무단으로 가지고 나갈 수 없게 BDS(북 디텍션 시스템)를 채용했다.

A BDS(Book Detection System)란 대출 처리를 하지 않은 책을 들고 나가면 경보음을 울리게 하는 보안 시스템이다(답 : ○).

답 ▶ ○

Q 자료 검색을 위한 이용자개방단말(OPAC)은 방문자의 편리성을 고려하여 분산시키지 않고 관내 입구 부근에 집중적으로 배치했다.

A 책을 검색하기 위한 OPAC(Online Public Access Catalog)는 관내 곳곳에 분산 · 배치하여 바로 검색할 수 있게 한다(답 : ×). OPAC는 PC를 사용해 앉아서 검색하는 것, 기둥이나 서가 옆에 배치하여 서서 검색하는 것 등이 있다.

답 ▶ ×

Q 병원에서 환자 4명을 수용하는 일반 병실의 면적을 16㎡로 했다.

A 법률(의료법)에서는 의료기관을 의원급 의료기관, 조산원, 병원급 의료기관으로 구분하고 있다. 일반 병실의 안목면적은 의료법 시행규칙에서 6.3㎡/베드 이상으로 정하고 있다. 16㎡÷4베드=4㎡/베드로 기준을 충족시키지 못하므로 불가하다(R058 참조, 답 : ×).

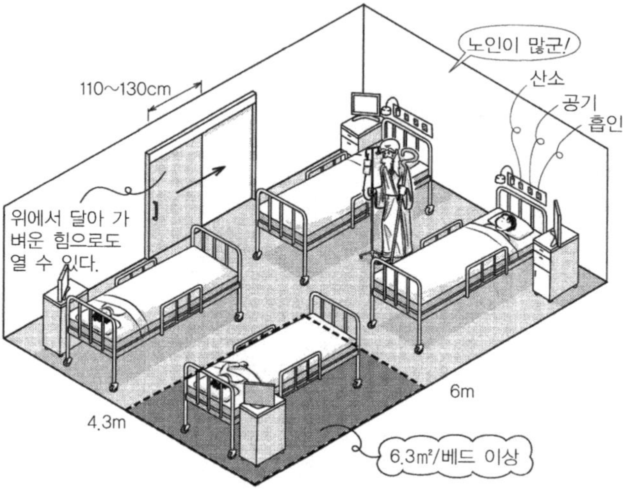

• 일본 어느 대학병원의 4인용 일반병실의 각 치수는 다음과 같다. 입구 유효폭 109cm, 베드 : 폭 100cm, 길이 210cm, 높이 50cm, 식사를 하는 가동 베드의 사이드 테이블 : 폭 40cm, 길이 80cm, 높이 76cm, 사이드 테이블 : 폭 46cm, 안길이 50cm, 높이 89cm, 라커 : 폭 60cm, 안길이 40cm, 높이 180cm.

답 ▶ ×

Q 일반 병실에서 베드 좌우의 간격을 100cm로 했다.

A 베드와 베드 사이에는 스트레처가 들어갈 수 있어야 하므로 100~140cm 정도의 간격을 두어야 한다(답 : ○). 스트레처 자체의 폭은 65~75cm 정도이다.

- 스트레처(stretcher)는 원래 '늘린 것'이라는 뜻이다. 늘려서 넓히는 들것부터 환자를 이동시키는 들것을 모두 스트레처라고 부른다.
- 건축사시험 기출 문제 중에서 베드 사이의 간격을 75cm로 한다는 것이 있었는데, 스트레처가 들어가기에는 약간 좁다고 생각한다.

답 ▶ ○

Q 베드 수 400개인 종합병원의 연면적을 8,000㎡로 했다.

A 500베드 이상인 종합병원의 1베드당 연면적은 검사기계 등 설비의 대형화, 다양화, 병원의 개실화, 공용부의 대형화 등에 의해 점차 커지고 있다. 85㎡/베드가 평균적인 1베드당 연면적이다. 질문에서는 8,000㎡/400베드 =20㎡/베드이므로 많이 부족하다(답 : ×).

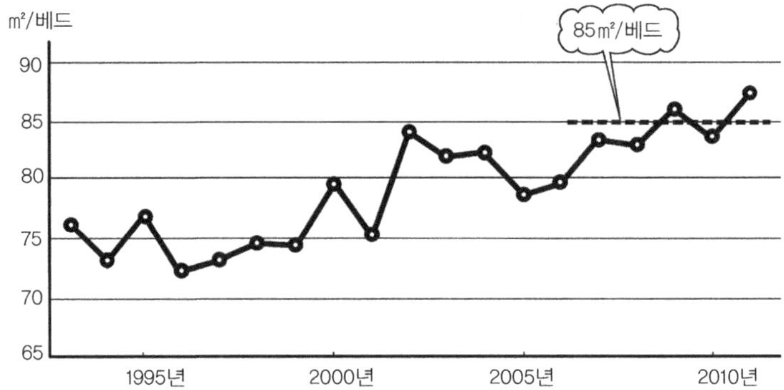

(사)일본의료복지건축협회의 데이터에서 인용

답 ▶ ×

★ R228 ○×문제   병동부의 비율

Q 병원 전체의 연면적 중 병동부가 차지하는 바닥면적은 60~70%이다.

A 병원은 진료부(외래, 중앙), 병동부, 서비스부, 관리부 등으로 구성되어 있으며, 병동부는 장기 치료를 요하는 입원환자를 취급하는 곳이다. 병동부 면적은 전체 병원 면적의 약 40%이다(답 : ×).

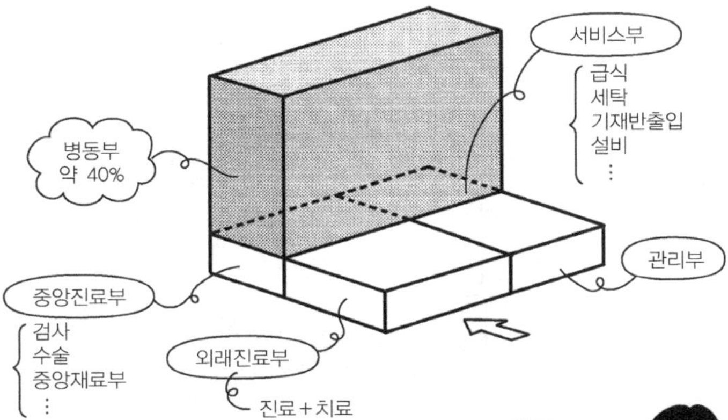

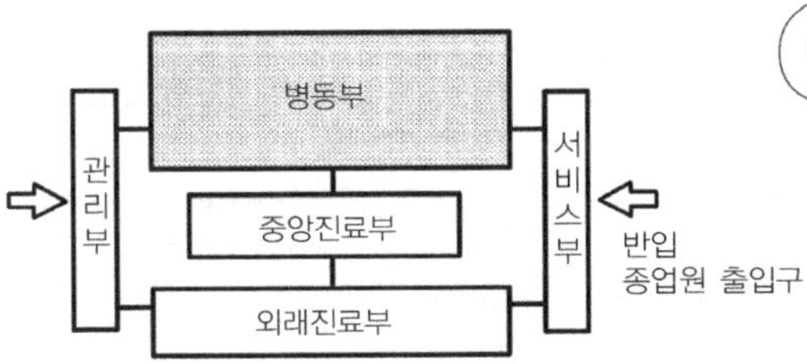

답 ▶ ×

Q 일반 병실에서 전반 조명을 간접 조명으로 했다.

A 눈 바로 위에 직접 조명이 있으면 눈이 부셔서 편안하게 잠을 잘 수가 없다. 그래서 다음 그림처럼 직접 조명의 위치를 눈에서 멀리 떨어지게 하고 커튼으로 칸막이를 쳐서 가리거나, 간접 조명으로 교체하는 등의 방법이 있다(답 : ○).

답 ▶ ○

★ R230 ○×문제 1간호단위에 포함되는 병상 수

Q 1간호단위에 포함되는 병상 수는 내과보다 소아과가 더 많다.

A 간호사, 약제사, 물리치료사 등이 한 팀이 되어 일정 수의 환자를 담당한다. 이때 담당하는 환자 단위를 간호단위라고 한다. 1간호단위는 내과나 외과의 경우 40~50베드 정도, 산부인과나 소아과의 경우 30베드 정도이다(답 : ×).

간호단위
- 내과, 외과 : 40~50베드 정도
- 산부인과, 소아과 : 30베드 정도

답 ▶ ×

Q 간호사실은 관계자 외에는 들어갈 수 없게 계단이나 엘리베이터에서 되도록 멀리 떨어진 위치에 두는 것이 바람직하다.

A 간호사실(nurse station)은 엘리베이터나 계단에서 가깝게 하여 병동에 출입하는 사람을 감시 · 감독할 수 있는 위치에 설치한다(답 : ×).

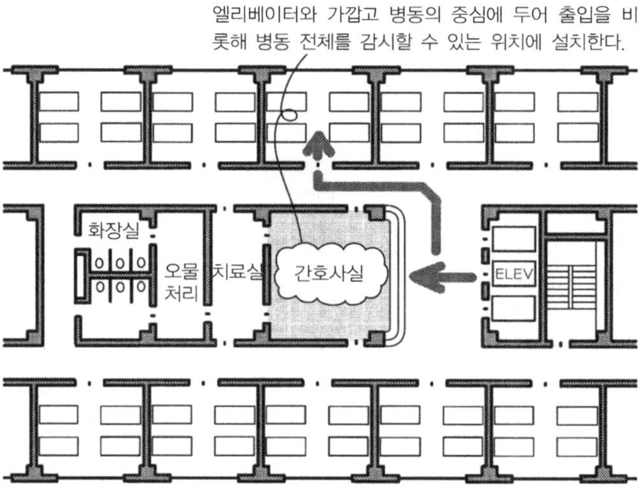

답 ▶ ×

Q 신생아실은 간호사실에서 가깝게 두고 복도에서 유리 너머로 실내를 볼 수 있도록 계획했다.

A 신생아실은 간호사실에서 가깝게 두고, 감염 예방 및 양방 체크를 하기 쉽도록 투명 유리로 마감한다. 또한 복도에서도 잘 보일 수 있게 복도와의 경계에도 투명 유리창을 설치한다(답 : ○).

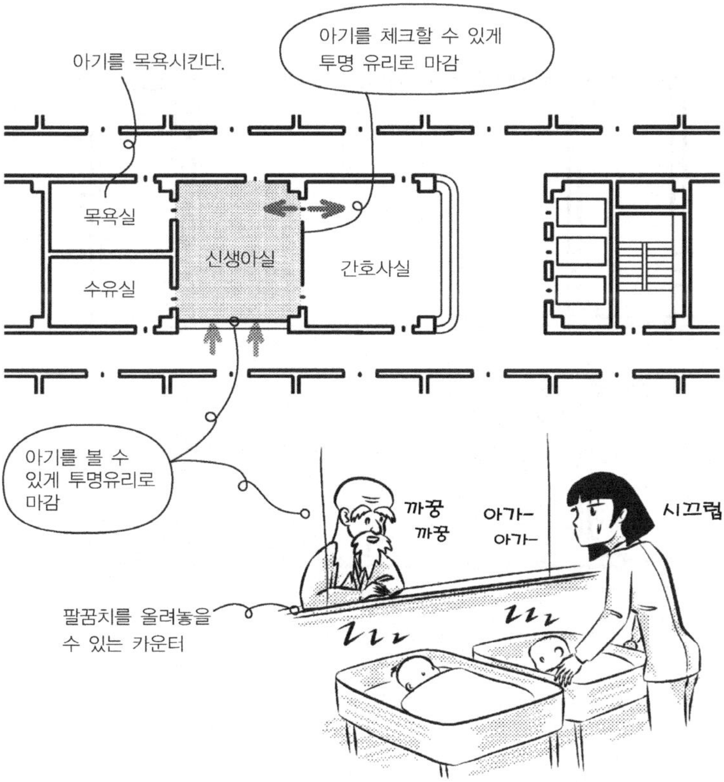

답 ▶ ○

Q 데이룸이란 입원 환자가 느긋하게 쉬거나 병문안을 온 손님과 면회를 하거나 담소를 나눌 수 있게 한 방이다.

A 데이룸(day room)은 직역하면 '주간 방'으로 병원이나 학교의 담소실, 오락실을 말한다. 병원에서는 환자가 느긋하게 쉬거나 병문안을 온 손님과 만나거나 음식을 먹는 공간이다(답 : ○). 입구 및 엘리베이터, 간호사실 근처에 설치한다.

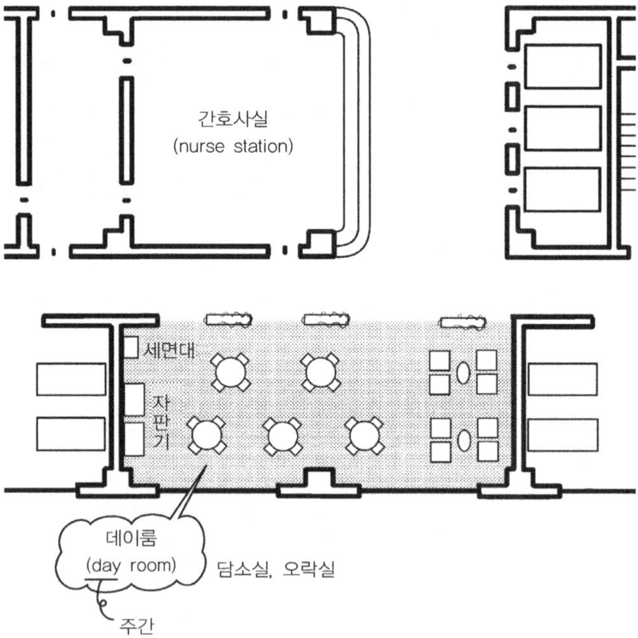

답 ▶ ○

Q 종합병원의 중앙진료부는 외래진료부와 병동부의 중간에 두어 양쪽 모두에서 연락하기 좋은 위치에 설치한다.

A 중앙진료부란 검사부, 방사선부, 수술부, 분만부, 중앙재료부(서플라이 센터), 약국, 수혈부, 재활부 등 각 과에 공통되는 기능을 모은 진료부이다. 외래진료부와 병동부 모두에서 연락하기 좋은 위치에 설치하는 것이 바람직하다(답 : ○).

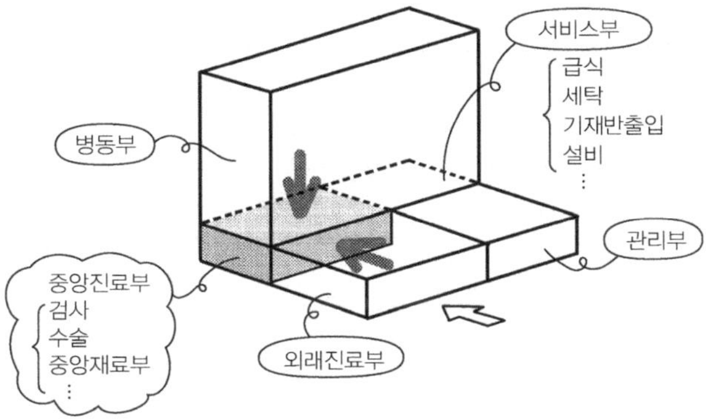

답 ▶ ○

Q 수술부는 되도록 외과 병동과 같은 층으로 하고 중앙진료부의 최상층에 두는 경우가 많다.

A 수술부는 외과 병동, 방사선부, ICU(집중치료실), 중앙재료부 같은 관련성이 높은 부분들과 근접하게 배치한다(답 : ○).

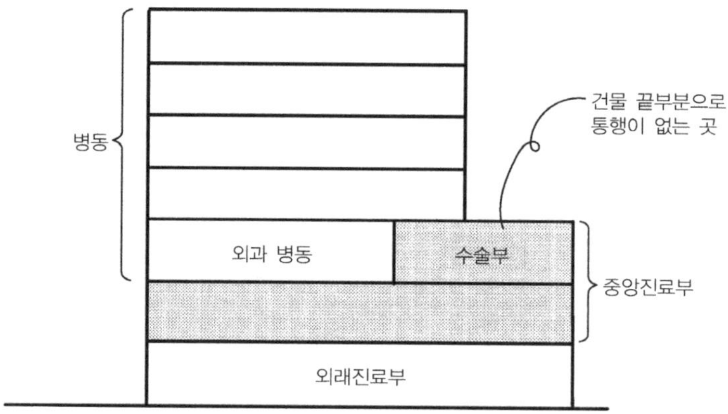

답 ▶ ○

Q 중앙재료부는 수술실과의 관련을 중시해서 배치한다.

A 수술이나 병동에서 사용하는 메스, 가위, 후크, 핀셋, 주사기 등의 의료용 기구, 의료물품을 보관, 세정, 소독, 멸균, 조달, 처분 등의 관리를 하는 것이 중앙재료부(서플라이 센터 ; 줄여서 '중재'라고도 부른다)이다. 수술실 근처에 배치한다(답 : ○).

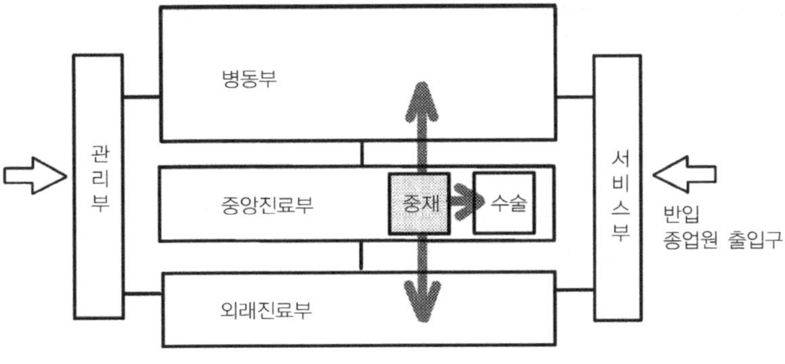

답 ▶ ○

Q 병원 계획 시 수술실에 전실을 두고 출입구를 자동문으로 했다.

A 세균 침입에 대처하기 위해 전실을 두고 자동문을 설치하여 손이 닿지 않도록 한다(답 : ○). 사람이 지나갈 때마다 개폐되지 않도록 발을 넣어 스위치로 조작하여 개폐할 수 있는 풋 스위치로 하는 것이 일반적이다.

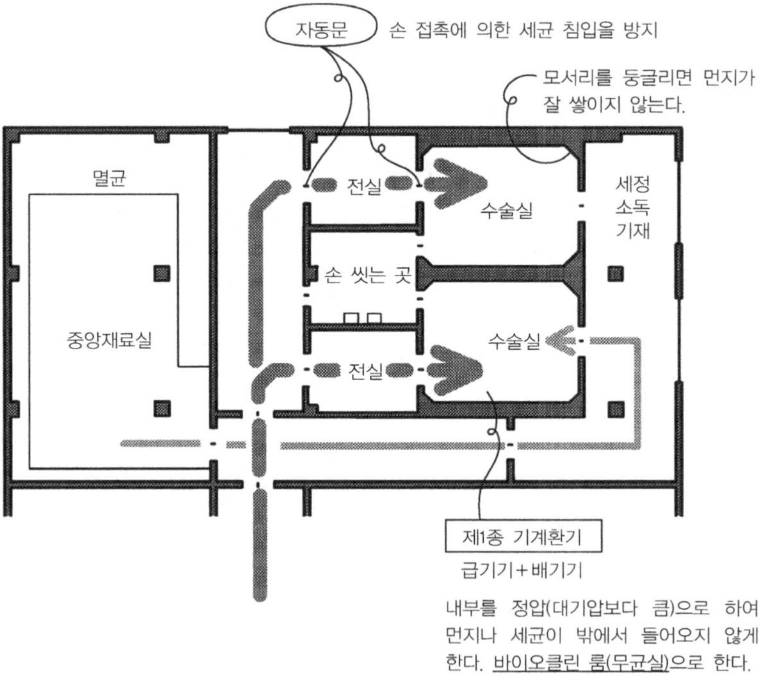

답 ▶ ○

Q 병원 계획 시 진료실을 치료실과 인접하게 배치했다.

A 진료 후에 곧바로 치료할 수 있도록 진료실과 치료실은 인접하게 배치한다 (답 : ○).

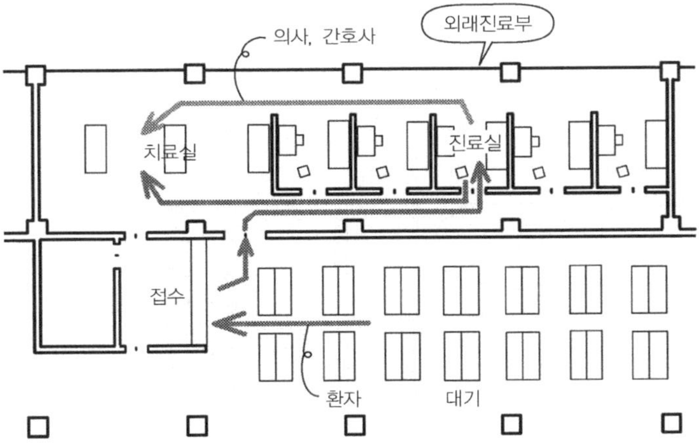

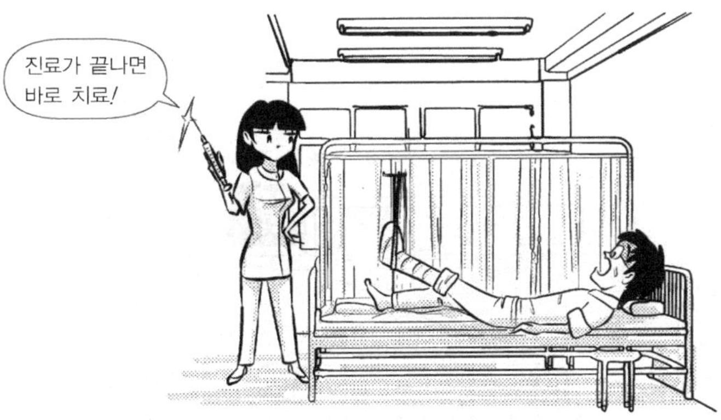

답 ▶ ○

Q 병원 내 복도에 있는 스트레처 보호용 레일의 하단 높이를 1m로 했다.

A 스트레처(stretcher)가 벽에 흠집을 내는 것을 막기 위해 벽에 보호용 레일을 설치한다. 스트레처의 높이는 약 75cm이므로 보호용 레일은 70~90cm 높이에 한다(답 : ×).

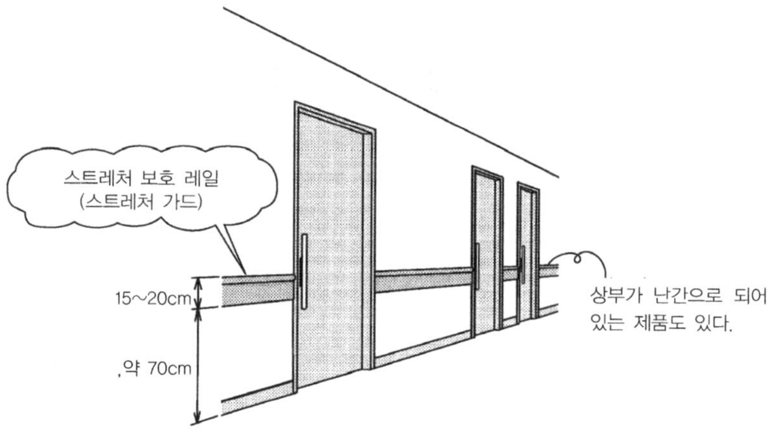

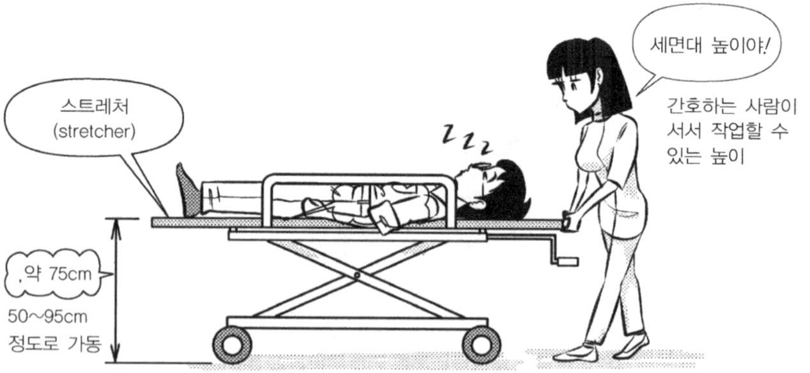

답 ▶ ×

Q 1. X선실의 바닥재는 전도성이 있는 것을 사용했다.
2. X선실은 납판 등을 사용해 X선을 차폐한다.
3. 병원에서 X선실은 진료실 및 치료실과 근접하게 배치한다.

A X선 기기는 대전류를 사용해 감전의 위험이 있으므로 바닥재는 전기절연성이 있는 것을 사용한다(답 : 1번은 ×). 또한 X선을 차폐하기 위해 납판이나 콘크리트로 둘러쌀 필요가 있다(답 : 2번은 ○). X선실의 위치는 다음 그림처럼 진료실, 치료실 근처에 두면 동선이 짧아져서 편리하다(답 : 3번은 ○).

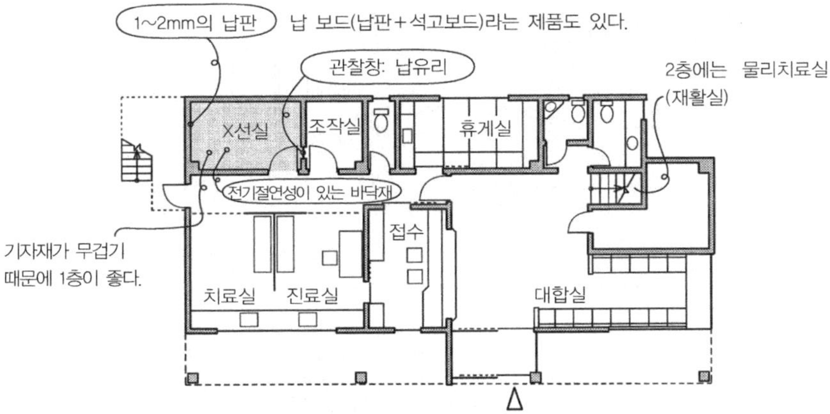

정형외과 병원
(클리닉)

Point
- X선 … 납판, 납유리, 두꺼운 콘크리트
- 대전류 … 전기절연성 재료
- 대중량 … 1층

답 ▶ 1. ×, 2. ○, 3. ○

Q 일본화를 전시하는 벽면의 조도는 500~750lx로 했다.

A 일본화는 상처가 나기 쉽기 때문에 전시 벽면의 조도를 150~300lx로 하도록 되어 있다(답 : ×).

히가시야마 카이이칸(東山魁夷館, 1990년, 나가노, 다니구치 요시오)

젠코우지(善光寺) 근처에 있으므로 나가노에 갈 기회가 있다면 꼭 들러보기 바란다. 히가시야마의 단순한 그림과 조화를 이룬 단순명쾌한 모던 디자인의 미술관이다. 미술관 건축 중에는 복잡한 디자인으로 설계해 그림을 전시하기도 어렵고 관람하기도 어렵게 만든 것이 적지 않아 유감스럽다.

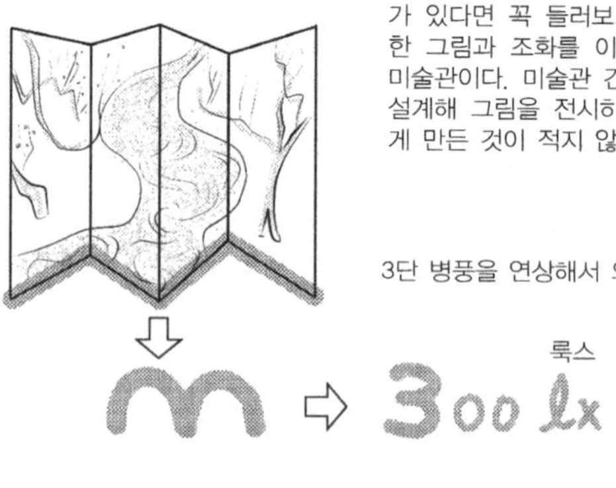

3단 병풍을 연상해서 외우자.

답 ▶ ×

Q 1. 서양화를 전시하는 벽면의 조도를 400lx로 했다.
2. 미술관의 전시실 계획 시 자연채광을 이용했을 경우 광량 부족을 보충하기 위한 조명으로 고연색성 형광등을 사용했다.

A 일본화는 150~300lx, 서양화는 300~750lx로 하도록 되어 있다(답 : 1번은 ○). 실제로는 그림을 보호하기 위해 이보다 훨씬 낮은 조도로 전시하는 경우가 많다. 일본화는 300lx까지, 서양화는 300lx부터라고 외워두자. 그림의 색을 확실하게 보여주기 위해 자연채광과 고연색성 백색광 조명기구를 사용한다(답 : 2번은 ○).

라 로쉬 잔느 주택의 아틀리에(1923년, 파리, 르 코르뷔지에)

- 르 코르뷔지에가 1920년대에 지은 하얀 주택은 아틀리에를 의식한 높은 창을 비롯해 천장까지 시원하게 트인 구조, 관람 루트 등 곳곳에 여러 가지 연구한 흔적을 볼 수 있다.

답 ▶ 1. ○, 2. ○

Q 파리의 오랑주리 미술관은 오렌지 나무를 보호하기 위한 온실이었던 것을 리노베이션(renovation)하여 인상파 미술관으로 만든 것이다.

A <u>오랑주리 미술관(Musée de l'Orangerie)</u>은 오래된 온실 내에 RC조 박스를 새로 만들어 넣은 것으로 인상파 작품을 중심으로 한 미술관으로 개관했다. 특히 모네의 〈수련〉 연작이 있는 방은 타원형 방에 톱라이트를 넣은 구조로 거대한 회화로 둘러싸인 독특한 전시공간으로 되어 있다(답 : ○).

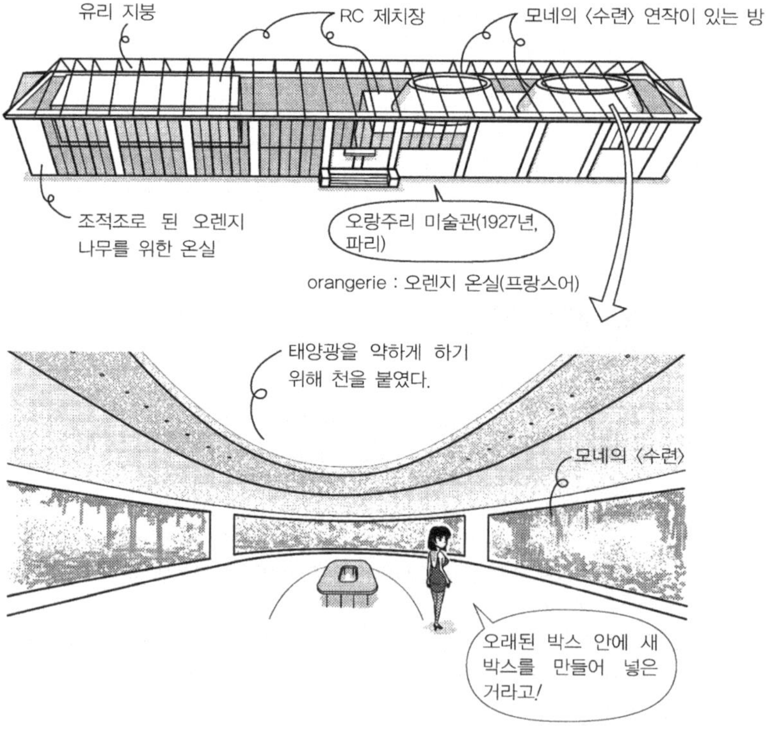

답 ▶ ○

Q 파리의 오르세 미술관은 철도 역사를 인상파 작품을 중심으로 한 미술관으로 재생시킨 것이다.

A 오르세역을 미술관으로 리노베이션한 <u>오르세 미술관(Musée d'Orsay)</u>은 중앙에 톱라이트가 있는 대공간 주위에 전시실을 배치한 구성이다(답 : ○).

파리의 오르세역 → 오르세 미술관
(1900년) (1986년)

• 차분한 분위기의 외관과 달리 내부는 밝고 큰 공간으로, 회화사상 가장 화려한 시대의 작품들을 전시하고 있다. 개인적으로 세계에서 가장 좋아하는 미술관이다. 건물 외벽에 있는 대형 시계의 안쪽은 카페로 되어 있고, 카페에서는 시계 너머로 센 강과 루브르 박물관이 바라보이는 멋진 풍경을 자랑한다.

답 ▶ ○

Q 파리의 루브르 박물관에 있는 유리 피라미드와 그 지하의 건물은 U자형의 구왕궁을 개축해 미술관으로 가는 동선을 통합시킴으로써 찾아가기 쉽게 한 계획이다.

A 여러 개의 동으로 이루어진 거대한 규모의 루브르 박물관(Louvre Museum)은 입구가 여기저기에 나 있다. 국제 설계 공모전에서 입선한 이오 밍 페이의 계획에 의해 중앙에 있는 유리 피라미드에서 아래로 내려가면 지하통로를 통해 각 동으로 연결될 수 있게 했다. 동선을 단순명쾌하게 정리하고 유리 피라미드도 주위 환경을 망가뜨리지 않는 범위에서 제 역할을 해내고 있다(답 : ○).

중세의 요새 → 근세의 궁전 → 1793년 미술관 → 1989년 유리 피라미드 등을 개축

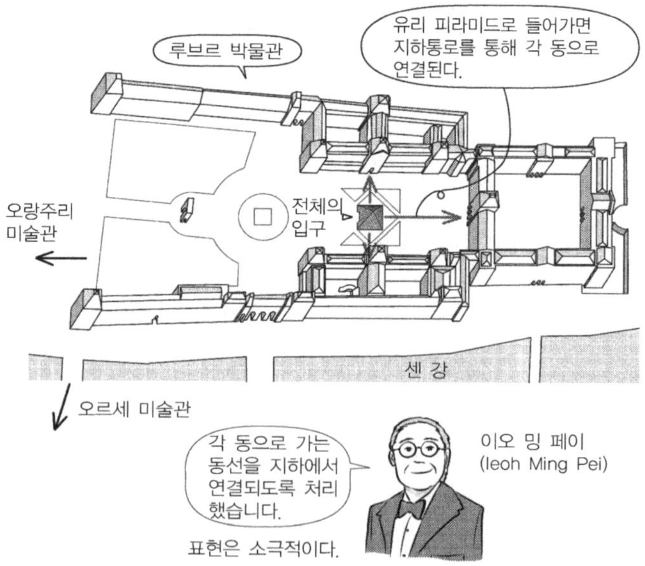

답 ▶ ○

Q 이탈리아 베로나에 있는 카스텔베키오 미술관은 역사적 건조물이었던 시청사를 시립 미술관으로 재생시킨 것이다.

A 카스텔은 '성(城)'이라는 뜻으로 카스텔베키오 미술관(Castelvecchio Museum)은 중세 때의 베키오 성을 카를로 스카르파(Carlo Scarpa)가 개축한 미술관이다(답 : ×). 금속, 돌 같은 단단한 재료를 아름다운 디테일로 마감한 샤프한 디자인이다.

중세의 베키오 성 castle : 城

↓

카스텔 베키오 미술관(1964년, 카를로 스카르파에 의한 개축설계)

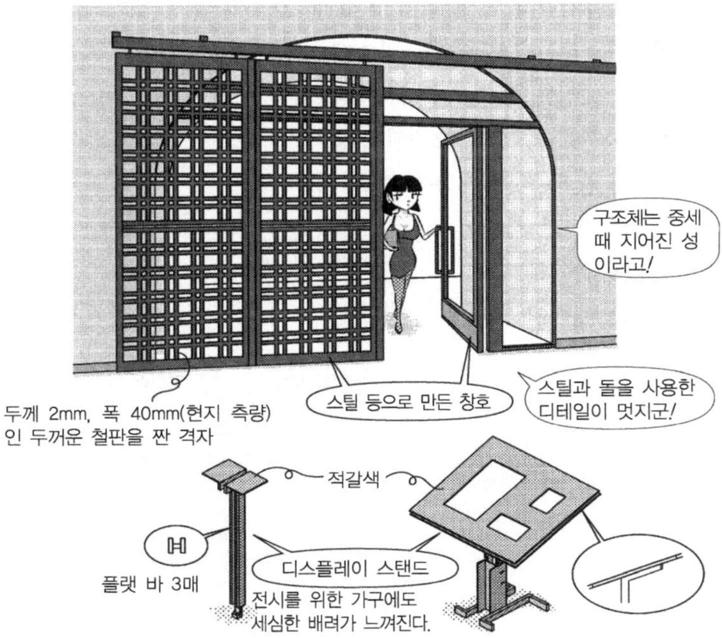

답 ▶ ×

Q 런던의 테이트 모던은 제2차 세계대전 후 부흥기에 건설된 화력발전소를 모던 아트 미술관으로 재생시킨 것이다.

A 폐쇄된 발전소를 개축한 테이트 모던(Tate Modern)은 발전소가 있었던 곳을 사용한 대공간이 매력적인 근현대 아트 미술관으로 탄생되었다(답 : ○). 특히 테이트 모던 앞에 놓인 밀레니엄 브리지(Millennium Bridge)는 템스 강을 사이에 두고 강북에 위치한 세인트 폴 대성당(St. Paul's Cathedral)과 개발이 늦어진 남쪽을 연결하여 사람들이 모여드는 문화 명소로 탈바꿈시켰다. 오랑주리 미술관, 오르세 미술관, 루브르 박물관, 카스텔 베키오 미술관, 테이트 모던, 루이지애나 미술관(코펜하겐 근교)은 모두 오래된 건물에 창의성을 더해 증개축 및 개축을 해낸 미술관들이다. 건축가 한 사람이 지은 건물에서는 볼 수 없는 독특한 매력이 있다.

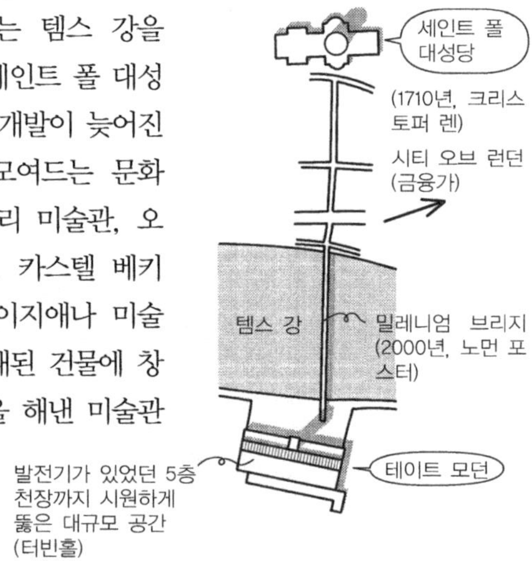

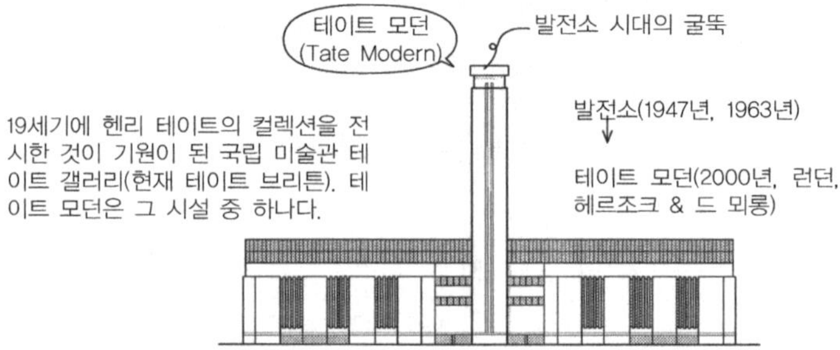

답 ▶ ○

Q 소규모 전시실은 방문자의 역행과 교차가 생기지 않도록 일방통행 동선으로 계획했다.

A 규모가 작은 전시실은 다음 그림처럼 동선이 일방통행이 되도록 전시 패널을 배치한다(답 : ○). 미술관 전체에는 곳곳에 지름길이나 샛길, 휴게 공간을 만들어 방문자가 자유로운 선택을 할 수 있게 배려한다.

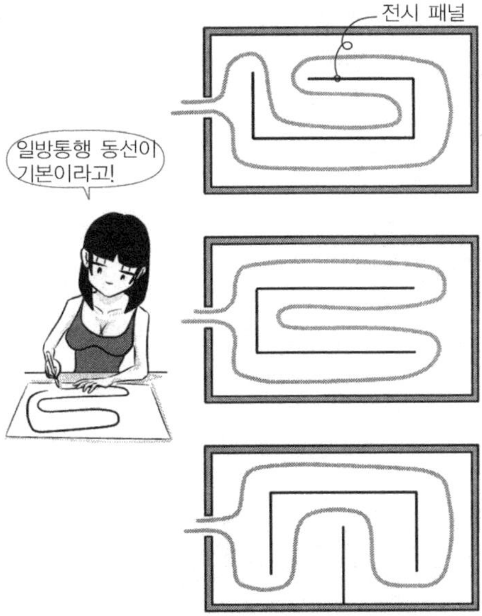

• 건물을 분산배치하여 회유식으로 하는 경우 동선이 일방통행이 되어버리는 경우가 있다. 코펜하겐 북쪽 근교에 있는 루이지애나 미술관(Louisiana Museum)은 평면도에서는 길다란 일방통행 구성이었는데 주위의 자연이나 건축물과 일체화된 디자인이 매우 아름답다.

답 ▶ ○

Q 뉴욕의 구겐하임 미술관(Guggenheim Museum)은 엘리베이터를 타고 최상층에 올라가 나선형 슬로프를 따라 내려오면서 회화 등을 감상하는 동선 계획이다.

A 슬로프를 내려오면서 감상하는 거의 일방통행식의 동선 계획이다(답 : ○). 천장까지 확 뚫린 구조에서 슬로프를 따라가며 그림을 감상한다는 것 자체가 차분하지 못한 분위기이며 동선이 너무 일방통행이어서 선택지가 없고 강제적인 면이 있다는 지적이 있다. 그러나 톱라이트에서 빛이 내려오는 건물 중앙의 공간은 몇 번이고 방문해도 압권이라 느껴진다.

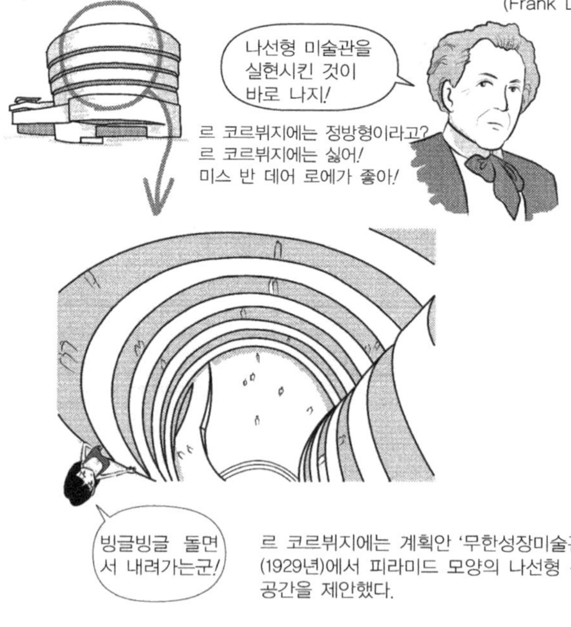

르 코르뷔지에는 계획안 '무한성장미술관'(1929년)에서 피라미드 모양의 나선형 전시 공간을 제안했다.

답 ▶ ○

Q 노인, 장애인 등의 시설을 지역에서 격리시키지 않고 비장애인들과 함께 도우며 살아가는 정상적인 사회를 실현하고자 하는 이념을 노멀라이제이션이라고 한다.

A 격리시키지 않고 모두 함께 도우며 살아가는 것이 정상적인 사회이고, 정상화하는 것을 노멀라이제이션(normalization)이라고 한다(답 : ○). 원래는 덴마크의 지적장애인시설 개선운동에서 탄생한 개념이다. 노인시설 등을 지역에 개방되도록 계획하는 것이 노멀라이제이션(정상화) 방식이다.

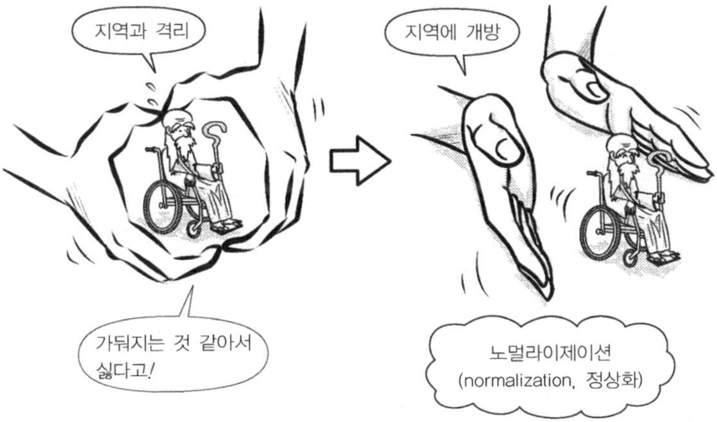

normalize : 정상화하다.

답 ▶ ○

특별양호노인홈(特別養護老人ホーム)은 평상시에도 장기요양을 필요로 하며 자택에서 재가요양을 받을 수 없는 노인을 위한 시설로 재가요양이 어려운 65세 이상의 장기요양 필요도가 높은 사람을 위한 시설이다.

구분	종류	시설	비고
공적 시설	장기요양보험시설 (노인장기요양 보험법)	특별양호노인홈 장기요양노인보건시설 장기요양형 의료시설	장기요양 필요도가 높은 사람만 입주할 수 있다. 입주 대기자가 많다.
	복지시설	케어 하우스 (저비용 노인홈의 일종) 양호노인홈	
민간 시설	유료 노인홈	장기요양이 포함된 유료 노인홈 주택형 유료 노인홈 건강형 유료 노인홈	장기요양 필요도가 낮아도 입주할 수 있지만, 비용이 든다.

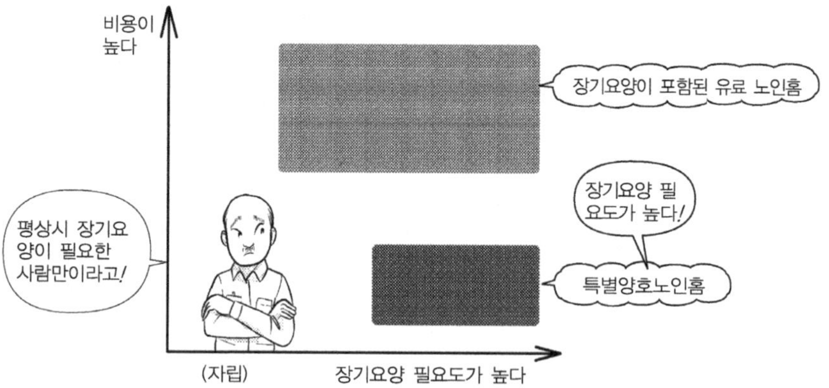

• 위의 표에서 공적 · 민간은 개략적인 구분이다. 민간운영이면서 공적 지원을 받는 특별양호노인홈(R059), 공적 운영인 그룹홈(R254), 데이 서비스(R255)도 있다.

★ R252 참고 지식 장기요양노인보건시설

장기요양노인보건시설(介護老人保健施設)은 병원에서 입원 치료를 할 필요는 없지만 가정에 복귀하기 위한 기능 훈련과 간호, 장기요양이 필요한 노인을 위한 시설이다. 병의 상태가 안정되어 더 이상 병원에 입원할 필요는 없지만 의료관리 하에서 장기요양, 재활 등을 하며 재택 복귀를 목표로 하는 시설이다.

<table>
<tr><td rowspan="3">공적 시설</td><td rowspan="2">장기요양보험 시설
(노인장기요양보험법)</td><td>특별양호노인홈
장기요양노인보건시설</td><td>의료관리 하에서 회복기의 돌봄 서비스, 재활로 재택 복귀를 목표로 한다.</td></tr>
<tr><td>장기요양형 의료시설</td><td>의료치료가 필요한 경우</td></tr>
<tr><td>복지시설</td><td>케어 하우스
(저비용 노인홈의 일종)
양호노인홈</td><td></td></tr>
<tr><td>민간 시설</td><td>유료 노인홈</td><td>장기요양이 포함된 유료 노인홈
주택형 유료 노인홈
건강형 유료 노인홈</td><td></td></tr>
</table>

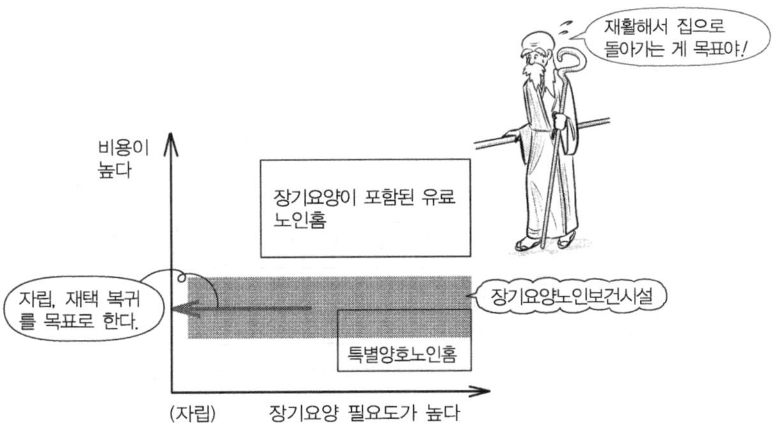

케어 하우스(care house)는 가족에게 도움을 받기 어려운 노인이 일상생활에 필요한 서비스를 받으면서 자립적인 생활을 하는 시설이다. 장기요양 필요도가 낮은 노인이 식사, 입욕 등의 서비스를 받으면서 자립적으로 생활하는 것이다.

공적 시설	장기요양보험시설(노인장기요양보험법)	특별양호노인홈 장기요양노인보건시설 장기요양형 의료시설	
공적 시설	복지시설	케어 하우스	저비용 노인홈의 일종으로, 식사나 입욕 등 일상생활을 지원
공적 시설	복지시설	양호노인홈	장기요양 필요도가 낮은 자립이 가능한 자만 지원
민간 시설	유료 노인홈	장기요양이 포함된 유료 노인홈 주택형 유료 노인홈 건강형 유료 노인홈	

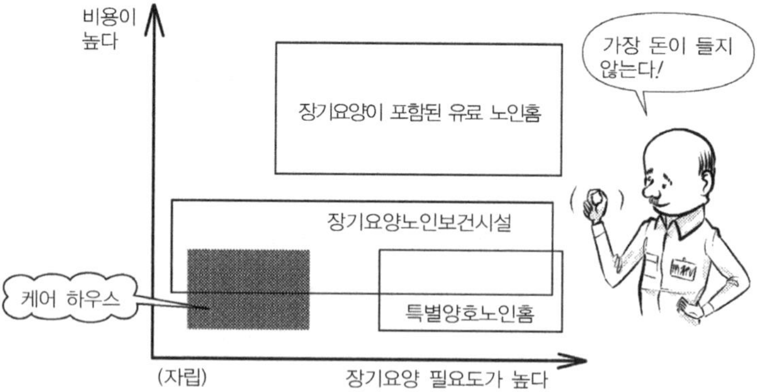

★ R254 참고 지식 그룹 홈

인지능력장애 노인 그룹 홈(group home)은 장기요양을 필요로 하는 인지능력장애 노인이 입욕이나 식사 등의 돌봄 서비스를 받으면서 공동생활을 하는 시설이다. 인지능력장애 노인 그룹 홈은 5~9명 이하의 인지능력장애 노인이 공동생활을 하는 시설이다.

공적 시설	장기요양보험시설 (노인장기요양 보험법)	특별양호노인홈 장기요양노인보건시설 장기요양형 의료시설	
	복지시설	케어 하우스 양호노인홈	
민간 시설	유료 노인홈	장기요양이 포함된 유료 노인홈 주택형 유료 노인홈 건강형 유료 노인홈	
	기타	그룹 홈	인지능력장애 노인이 1유닛 (5~9명 이하) 단위로 공동생활. 외부 서비스도 이용
		데이 서비스	

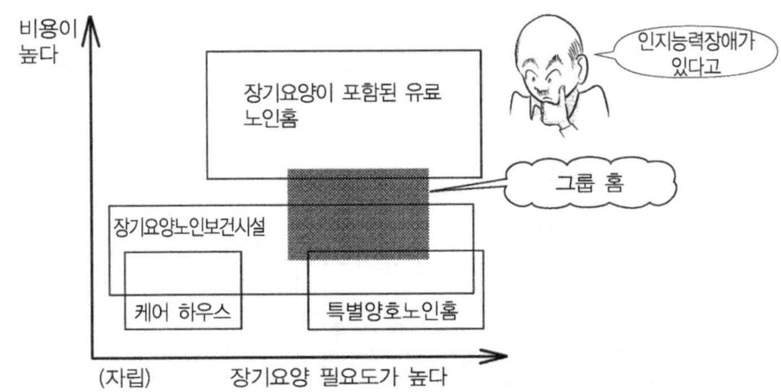

노인 데이 서비스(day service) 센터는 재가요양을 받고 있는 노인이 입욕이나 식사 등의 돌봄 서비스를 받으면서 공동 생활을 하는 시설이다. (노인) 데이 서비스 (센터)의 데이(day)는 병원의 데이 룸과 마찬가지로 주간이라는 의미이며, 낮에만 가서 서비스를 받는 시설이다.

공적 시설	장기요양보험시설 (노인장기요양보험법)	특별양호노인홈 장기요양노인보건시설 장기요양형 의료시설
	복지시설	케어 하우스 양호노인홈
민간 시설	유료 노인홈	장기요양이 포함된 유료 노인홈 주택형 유료 노인홈 건강형 유료 노인홈
	기타	그룹 홈 데이 서비스

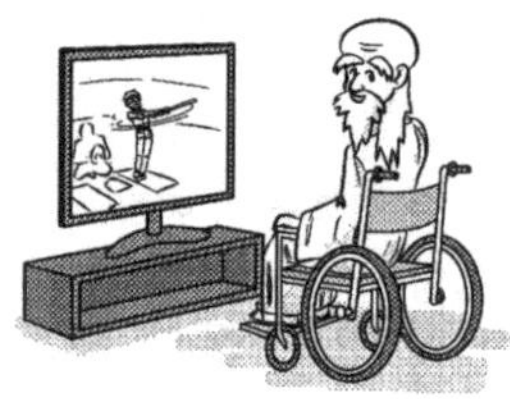

낮에만 가서 식사, 입욕, 재활 등의 서비스를 받는다.

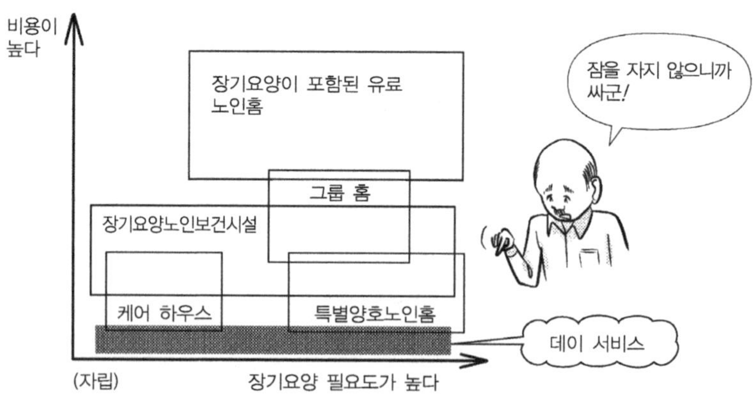

Q 2,000~2,500호 정도의 주택지 계획에서

1. 주택지 주위를 간선도로로 구획했다.
2. 초등학교 1개를 주택지 중심부분에 배치했다.

A 2,000~2,500호 정도의 주택지를 <u>근린주구</u>라고 한다. 차가 많이 다니는 간선도로로 구분하고 그 중앙에 초등학교를 배치한다. 차가 적은 주택지 내에서 어린이가 초등학교에 다닐 수 있게 한다(답 : 1번, 2번 모두 ○).

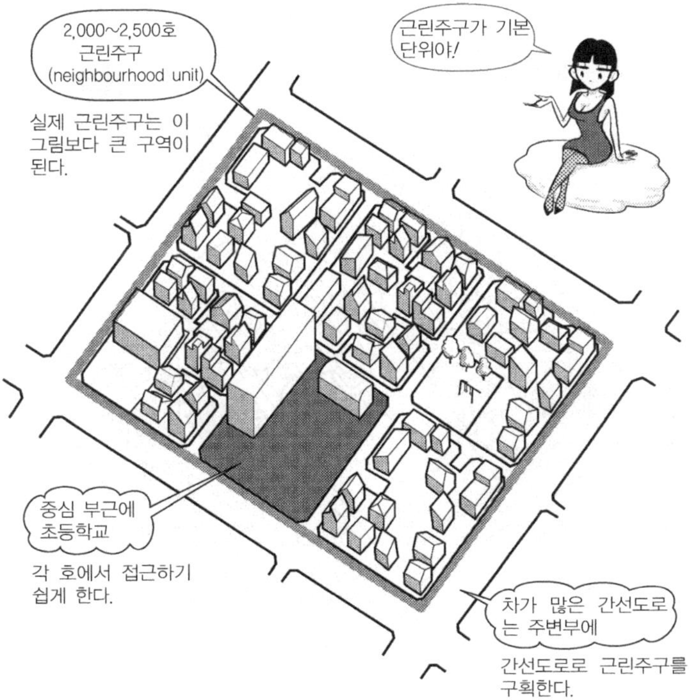

답 ▶ 1. ○, 2. ○

Q 2,000~2,500호 정도의 주택지 계획에서

1. 주택지 총면적의 약 10%를 공원이나 운동장 같은 레크리에이션용지로 했다.
2. 상점가나 쇼핑센터를 주택지 주변부의 교차점 근처에 배치했다.

A 근린주구에는 약 10%의 공원 등을 설계하고, 쇼핑센터 등을 주변부의 교차점 부근에 배치하면 생활의 편리성이 향상된다(답 : 1번, 2번 모두 ○).

답 ▶ 1. ○, 2. ○

Q 400~500호 정도의 주택지 계획에서

1. 초등학교 1개를 주택지 중심부분에 배치했다.
2. 유치원 1개를 주택지 중심부분에 배치했다.

A 400~500호 정도의 주택지를 근린분구라고 한다. 근린분구에는 유치원이 1개 있는 것이 이상적이다. 초등학교는 근린주구에 1개이다(답 : 1번은 ×, 2번은 ○).

주구와 분구의 용어 차이를 잘 기억해두자.

답 ▶ 1. ×, 2. ○

Q 20~40호 정도의 근린 그룹마다 공공시설로 플레이로트(유아용 놀이터)를 계획했다.

A 20~40호 정도의 이웃 단위를 <u>근린 그룹</u>(neighbour group)이라 한다. 근린 그룹마다 작은 플레이로트(playlot ; 유아용 놀이터)가 있는 것이 이상적이다(답 : ○). 다음 표에서 근린 그룹부터 지구까지 대응하는 교육시설과 공원녹지시설은 최소한이라는 것을 기억해두자.

구분	근린 그룹 20~40호 정도	근린분구 400~500호 정도	근린주구 2,000~2,500호 정도	지구 10,000~15,000호 정도
교육시설	–	유치원	초등학교	중학교, 고등학교
공원녹지시설	플레이로트 (유아용 놀이터)	가구(街區)공원	근린공원	지구공원

답 ▶ ○

Q 일본의 센리(千里) 뉴타운, 영국의 할로(Harlow) 뉴타운은 근린주구 방식에 기초하여 계획되었다.

A 근린주구 방식은 할로 뉴타운(영국, 1947년~), 센리 뉴타운(오사카, 1958년~) 등 대규모 뉴타운에서 채용되었다(답 : ○). 근린주구 이론은 C.A. 페리(Perry)에 의해 1924년에 제창되었다.

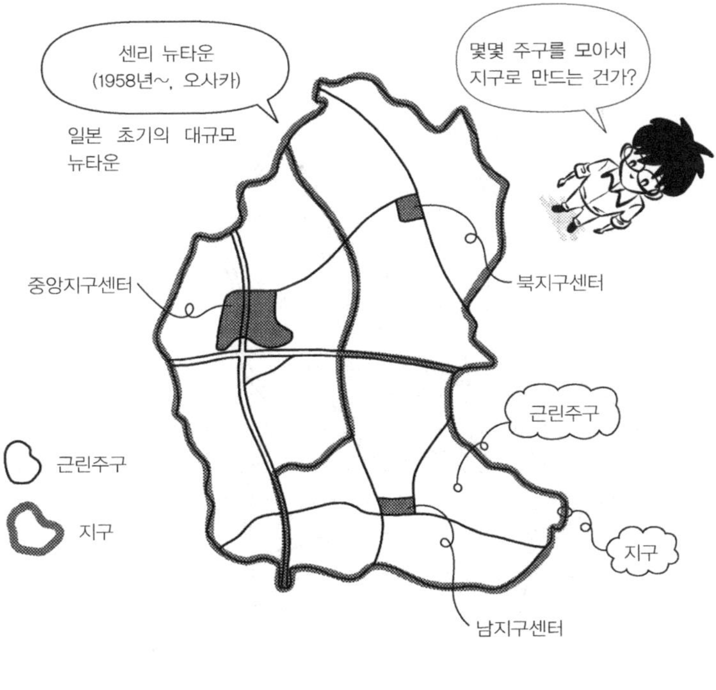

답 ▶ ○

Q 고조지(高蔵寺) 뉴타운(아이치 현)은 근린주구 단위의 구성이 아닌 원센터 방식으로 되어 있다.

A 근린주구를 모아 지구를 만들고 지구마다 센터를 만드는 뉴타운 계획방법은 전체적으로 균질하고 단조로워진다는 단점이 있다. 고조지 뉴타운에서는 중심에 대규모 타운 센터를 설치하고 그 주위에 페데스트리안 데크를 연결한 원센터(one center) 방식으로 되어 있다(답 : ○).

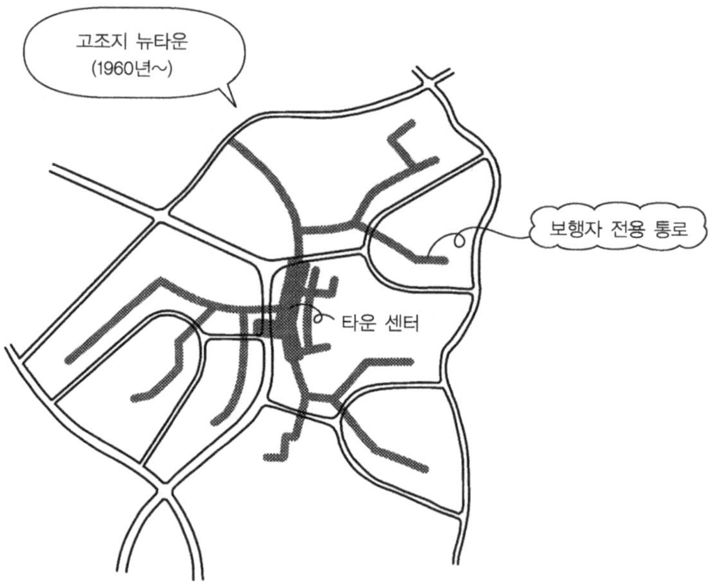

답 ▶ ○

Q 페데스트리안 데크란 사람과 자동차를 분리하기 위해 차도 위 상공에 입체적으로 조성한 보행자 전용 통로이다.

A 페데스(pedes)는 보행자를 의미하는 라틴어이고 페데스트리안(pedestrian)은 보행자 또는 보행이라는 의미의 영어이다. 데크(deck)는 원래 배의 갑판이라는 뜻인데, 판이 붙여진 테라스나 지면에서 들어올린 바닥 모양의 것을 지칭한다. 페데스트리안 데크는 차도 위에 조성된 보행자 전용 통로로, 일본에서는 역 개찰구에서 바깥으로 나가는 곳에서 자주 볼 수 있다(답 : ○).

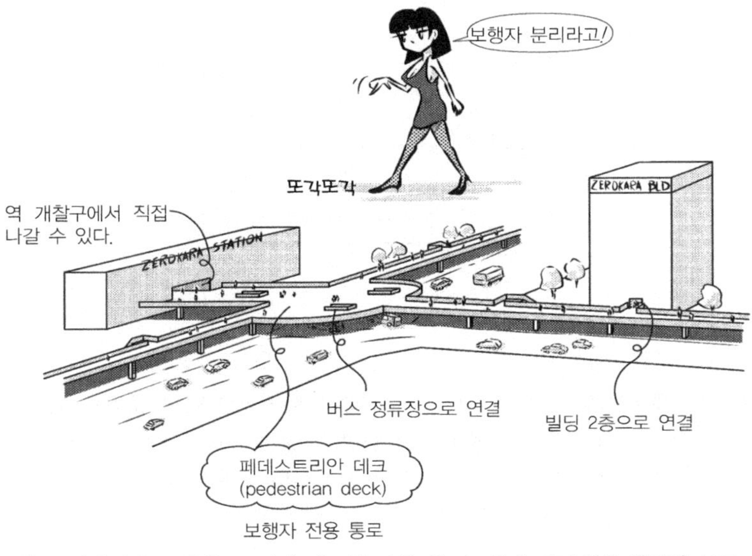

• 홍콩 시내에서는 페데스트리안 데크를 자주 볼 수 있다. X방향을 차도와 보도, 그 위에 페데스트리안 데크가 여러 개 연결되어 있는 입체적인 동선으로 구성되어 있다.

참고 : 서울 시내에서는 '서울로 7017'을 설치하여 1970년도에 준공된 산업화시대의 상징인 서울역 고가도로를 2017년에 17개의 보행길로 연결시킨 페데스트리안 데크로 활용하고 있다.

답 ▶ ○

Q 쿨데삭이란 자동차 통과 교통을 막기 위해 단지 내 도로의 끝을 막다른 골목으로 하고 끝에 자동차가 회차할 수 있는 공간을 주어 설계하는 것이다.

A 쿨데삭(cul–de–sac)은 프랑스어로 '막다른 골목'이라는 뜻이다. 자동차 통과 교통을 막아 주택지구의 안전을 높이기 위해 만드는 도로형식이다(답 : ○).

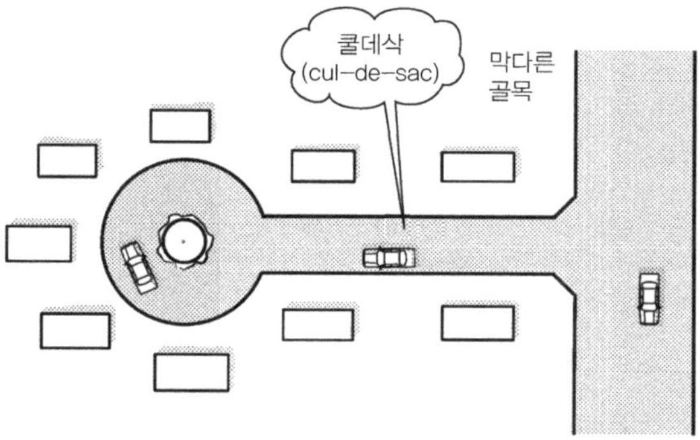

참고 : 차량동선과 주호내 서비스실은 쿨데삭 쪽에 배치하고, 보행자 도로는 쿨데삭 사이의 주호 뒤쪽에 배치하고 있다. 현관, 거실, 침실은 주호 뒤쪽의 정원에 면하게 하며 사용 재료의 일치와 연속된 지붕선으로 외부형태를 통일시키고 있다.

답 ▶ ○

Q 래드번 시스템이란, 자동차는 간선도로에서 쿨데삭으로 들어가 각 주호로 연결하고 보행자는 주호 주위의 녹지에 마련된 보행자 전용 통로를 이용해 학교나 상점으로 연결하는 방식이다.

A 쿨데삭으로 자동차 통과 교통을 막고 보행자는 녹지에 마련된 보행자 전용 통로로 학교나 상점에 갈 수 있게 한 보차 분리 시스템을 래드번(Radburn) 시스템이라 한다(답 : ○). 미국 뉴욕 근교에 조성된 뉴타운 이름에서 유래한 말이다.

클라렌스 스타인(C. S. Stein)과 헨리 라이트(H. Wright)의 설계

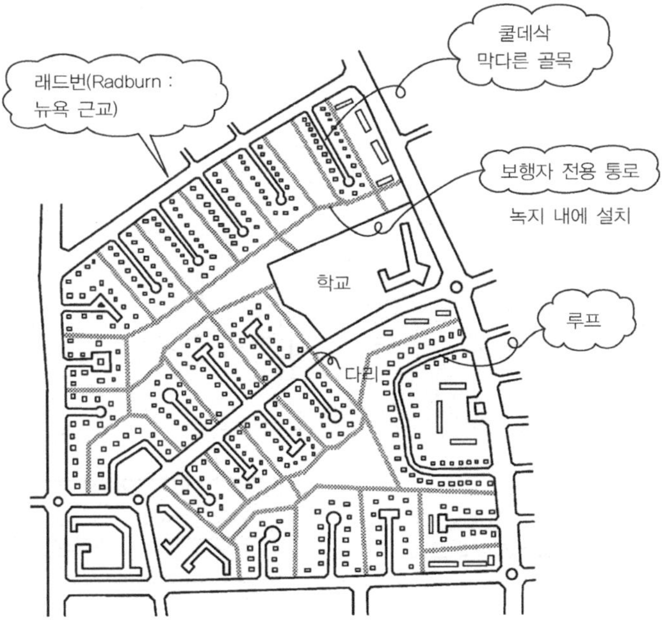

답 ▶ ○

Q 1. 본엘프란 보행자와 자동차를 분리하는 도로방식이다.
2. 험프란 도로에 설치한 요철이다.
3. 시케인이란 자동차가 직진할 수 없도록 차도를 굴절시키거나 휘게 한 것이다.

A 도로에 S자 모양의 커브를 만들거나(chicane : 시케인), 바닥 높이를 들어 올리는(hump ; 험프) 등의 방법으로 자동차의 속도를 낮추고 보행자와 자동차의 공존을 도모하는 것이 본엘프(woon elf)이다(1번은 ×, 2번과 3번은 ○). 본엘프는 네덜란드어로 생활 정원이라는 의미이며 도로를 자동차 전용이 아닌 사람 위주로 사용한다는 발상이다. 대지가 좁은 일본에서는 래드번보다 본엘프 방식이 더 현실적이다.

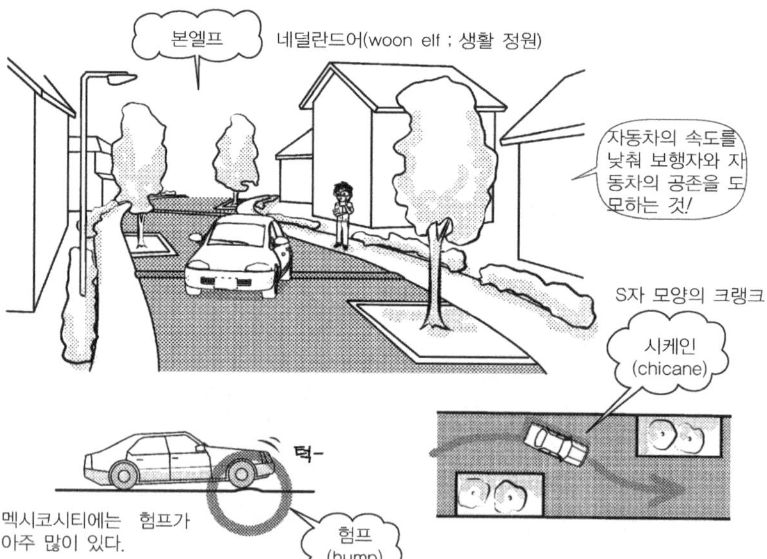

답 ▶ 1. ×, 2. ○, 3. ○

Q 파크 앤 라이드는 시내 중심으로 가는 자동차의 유입을 줄이기 위해 주변 역에 정비된 주차장까지 자동차로 가고 거기서 대중교통을 이용해 시내 중심으로 이동하는 방식이다.

A 파크 앤 라이드(park & ride)는 도심의 교통 혼잡을 완화하기 위해 도시 근교의 주차장에 차를 세우고 거기서 지하철이나 버스 등을 이용해 시내 중심으로 이동하는 방식이다(답 : ○). 파리의 구시가지에서는 현재 자동차 진입을 제한시키고 곳곳에 공용 자전거를 배치하였다.

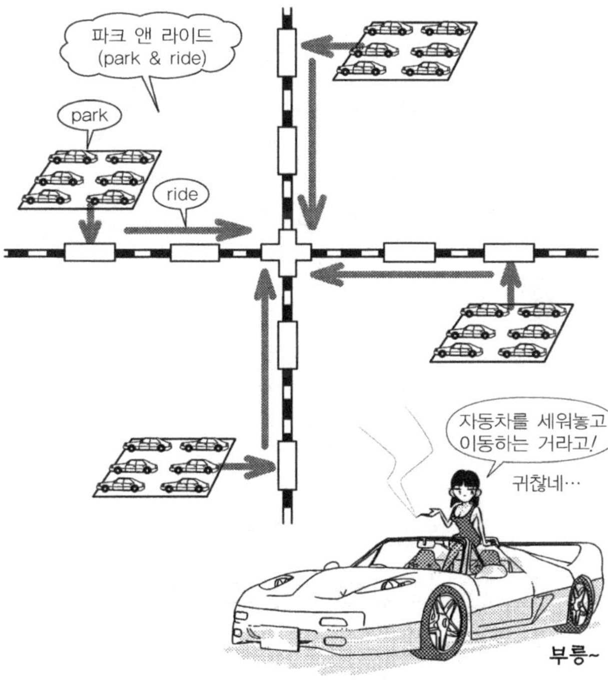

답 ▶ ○

Q 트랜싯 몰은 몰의 형태 중 하나로 일반 자동차의 진입을 배제하고 노면전차나 버스 등 공공 교통기관과 보행자 공간으로 만든 것이다.

A 트랜싯(transit)은 교통기관, 몰(mall)은 산책로라는 뜻이며, <u>트랜싯 몰</u>은 교통기관이 있는 산책로 또는 교통기관이 되는 산책로라는 의미이다. 즉 대중교통인 노면전차나 버스를 산책로와 일체화시킨 길이다(답 : ○). 로렌스 할프린이 설계한 니콜렛 몰(Nicollet Mall ; 미국 미네소타주(MN)의 미네아폴리스(Minneapolis) 위치)이 대표적이다.

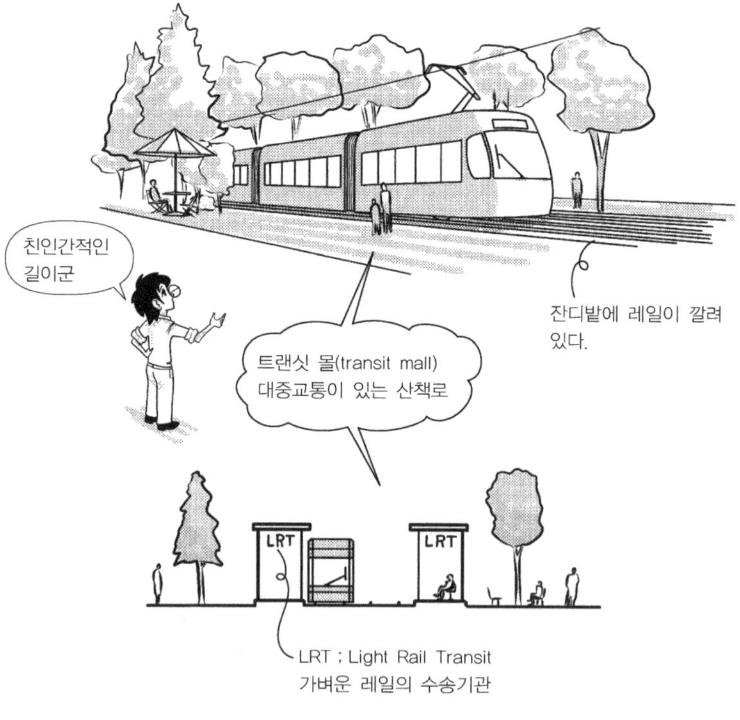

답 ▶ ○

<table>
<tr><td rowspan="2">주택지의 도로계획</td><td>보차 분리</td><td>래드번
(Radburn)</td><td>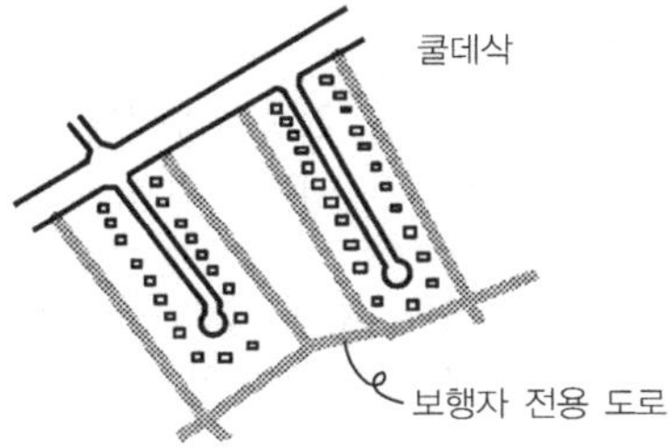</td></tr>
<tr><td>보차 공존</td><td>본엘프
(woon elf)</td><td>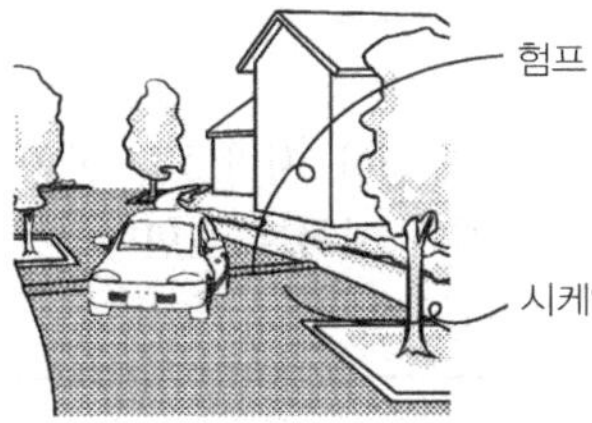</td></tr>
<tr><td rowspan="3">도시계획</td><td rowspan="2">보차 분리</td><td>페데스트리안 데크
(pedestrian deck)</td><td>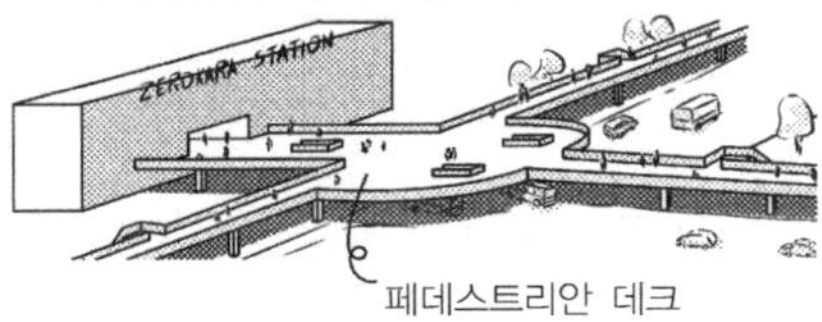</td></tr>
<tr><td>파크 앤 라이드
(park & ride)</td><td>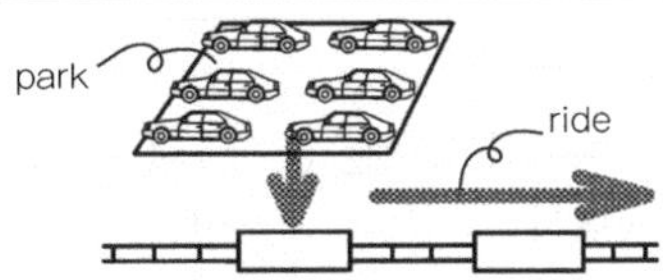</td></tr>
<tr><td>보차 공존</td><td>트랜싯 몰
(transit mall)</td><td>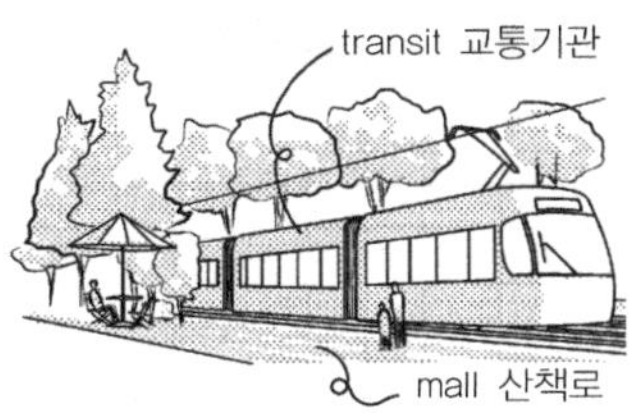</td></tr>
</table>

▼계획의 개념

현관의 신발 놓는 곳이나 마룻귀틀의 단차를 없애는 등 장벽을 없애서 누구나 사용할 수 있게 하는 것을 (　　　)라고 한다.	배리어프리 (barrier free) 장벽이 없다
남녀노소, 인종, 문화, 장애 등의 차이를 불문하고 누구나 이용할 수 있게 설계하는 것을 (　　　)라고 한다.	유니버설 디자인 (universal design) 만인을 위한 설계
노인, 장애인 등의 시설을 지역에서 격리시키지 않고 건강한 사람들과 함께 도우며 살아가는 정상적인 사회를 실현하고자 하는 이념을 (　　　)이라고 한다.	노멀라이제이션 (normalization) 정상화

▼치수·구배

의자의 높이는 약 (　　　)cm 테이블의 높이는 약 (　　　)cm	약 40cm 약 70cm 
휠체어의 높이는 (　　)~(　　)cm 침대의 높이는 (　　)~(　　)cm 변좌의 높이는 (　　)~(　　)cm 욕조 모서리의 높이는 (　　)~(　　)cm	모두 40~45cm 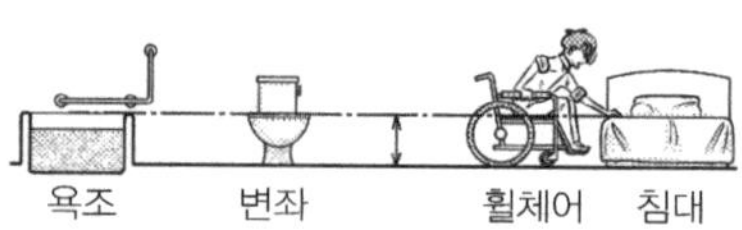
주방 싱크대의 높이는 약 (　　　)cm	약 85cm 

세면대의 높이는 약 (　　　)cm 여러 개 놓을 경우의 간격은 (　　　)cm 이상	약 75cm 75cm 이상 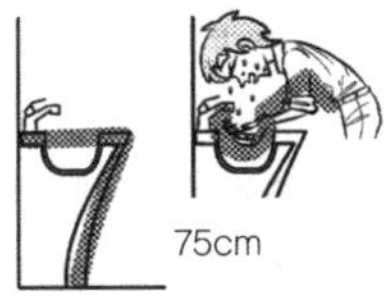
휠체어용 주방 싱크대의 높이는 약 (　　　)cm	약 75cm (테이블의 높이+α) 
다리가 들어가는 공간의 • 높이는 약 (　　　)cm • 안길이는 약 (　　　)cm	약 60cm 약 45cm 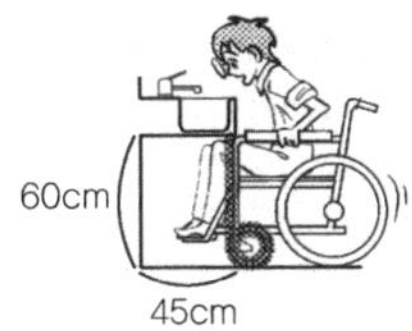
상부 선반의 높이는 약 (　　　)cm	약 150cm 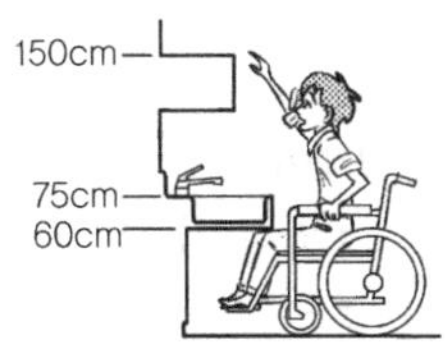
휠체어용 스위치의 높이는 (　　　)~(　　　)cm	100~110cm (눈높이)  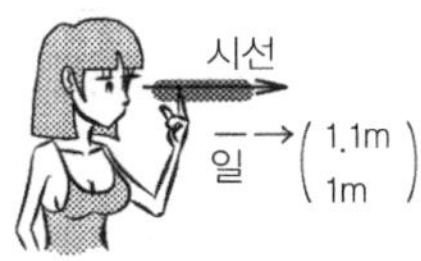

★ R270 check ▶ □□□

휠체어용 콘센트의 높이는 약 (　　　)cm	약 40cm	
의자 좌면의 • 폭은 약 (　　　)cm • 안길이는 약 (　　　)cm	약 45cm 약 45cm	
휠체어의 • 안길이는 약 (　　　)cm 이하 • 너비는 약 (　　　)cm 이하 • 높이는 약 (　　　)cm 이하	120cm 이하 70cm 이하 109cm 이하	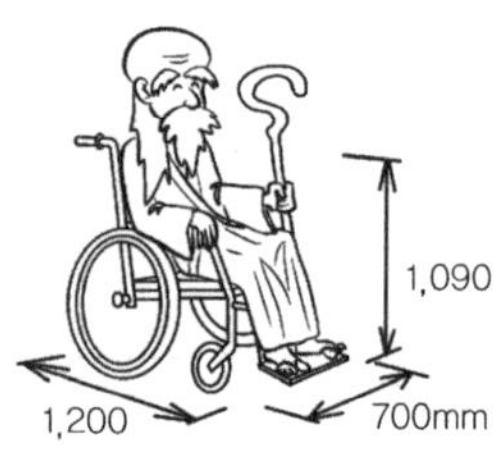
휠체어용 출입구의 폭은 (　　　)cm 이상	80cm 이상	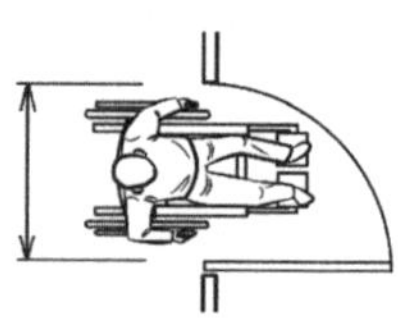

휠체어 1대가 통과하는 복도의 폭은 (　　　)cm 이상	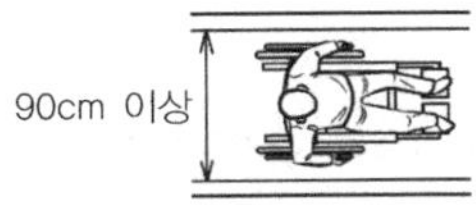 휠체어의 너비+10cm+출입구 폭+10cm 휠체어 1대의 복도 폭 70cm 이하 ⇨ 80cm 이상 ⇨ 90cm 이상
휠체어 2대가 통과하는 복도의 폭은 (　　　)cm 이상	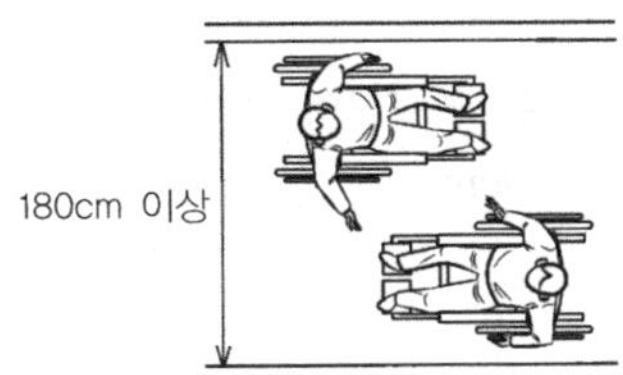 1대 : 90cm 2대 : 90cm×2=180cm
목발 사용자가 통과하는 복도의 폭은 약 (　　　)cm	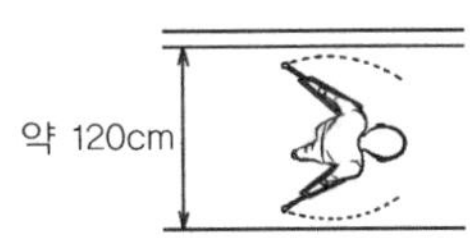
휠체어가 1회전하는 직경은 양쪽 바퀴를 사용하는 경우 (　　　)cm 이상 한쪽 바퀴를 사용하는 경우 (　　　)cm 이상	150cm 이상 210cm 이상 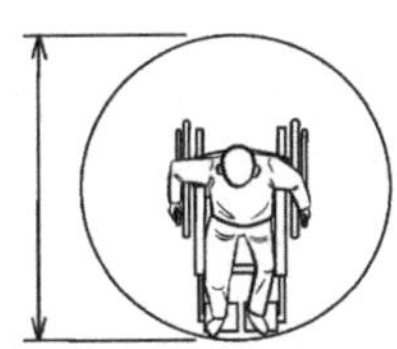

휠체어가 180° 회전할 수 있는 복도폭은 ( )cm 이상	140cm 이상	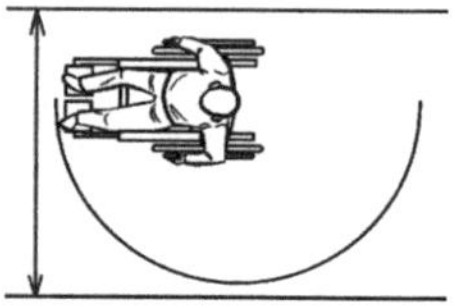
다기능 화장실의 크기는 ( )cm×( )cm 이상	(안목길이) 200cm×200cm 이상	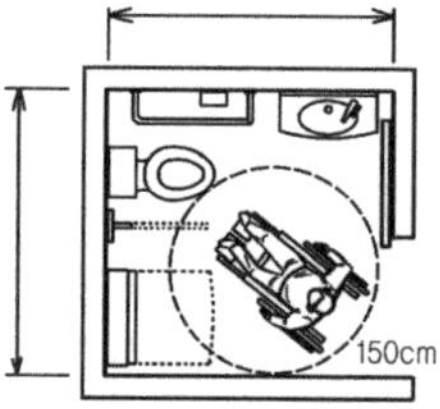
(단독주택의) 도움 공간을 포함한 화장실의 크기는 ( )cm×( )cm 이상	(안목길이) 140cm×140cm 이상	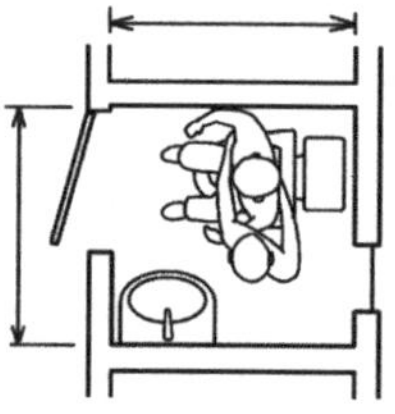
휠체어 사용을 고려한 엘리베이터의 크기는 ( )cm×( )cm 이상	폭 안길이 140cm×135cm 이상	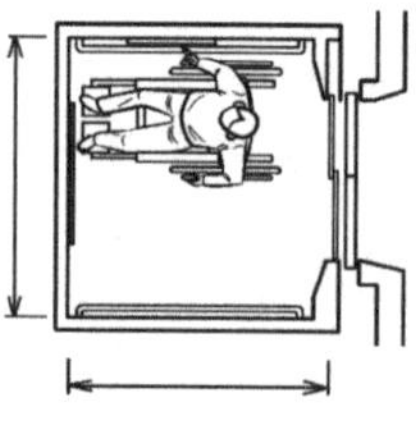

휠체어가 회전할 수 있는 엘리베이터 승강 로비의 폭은 (　　)cm 이상	150cm 이상 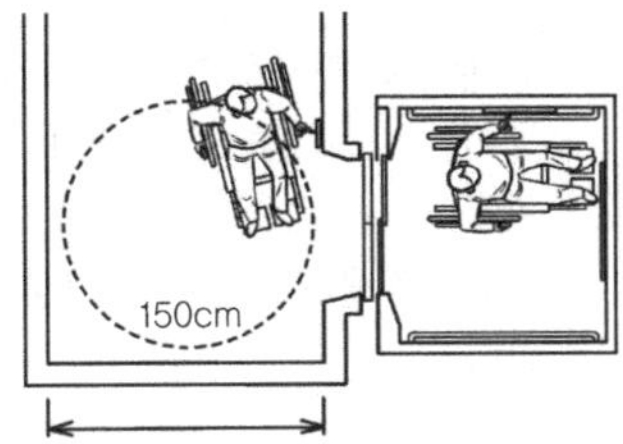
엘리베이터의 휠체어용 조작 버튼의 높이는 (　)~(　)cm	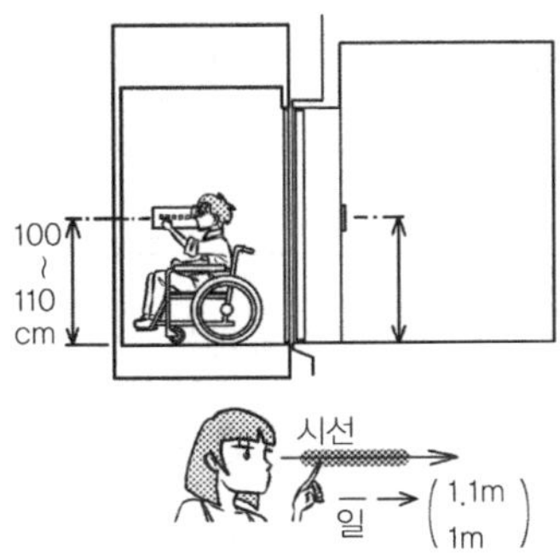
보행자용 경사로의 구배는 (　) 이하	$\frac{1}{8}$ 이하 
휠체어용 경사로의 구배는 (　) 이하	$\frac{1}{12}$ 이하 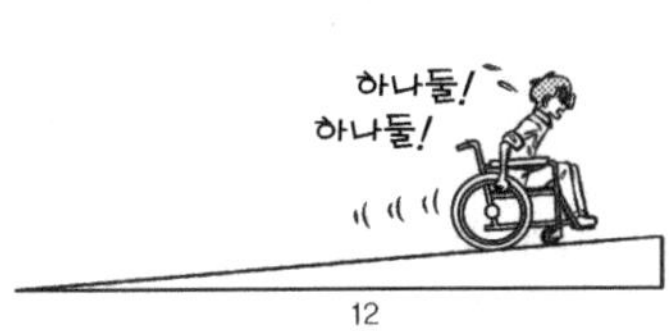

휠체어용 경사로의 경사로참은 높이는 (　　)cm 이내마다 설치하고, 활동공간은 (　　)cm 이상으로 한다.	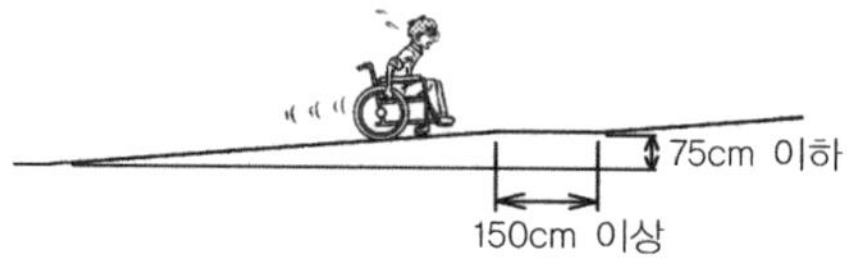 75cm 이내 150cm 이상
자동차용 경사로의 구배는 (　　) 이하	$\frac{1}{6}$ 이하 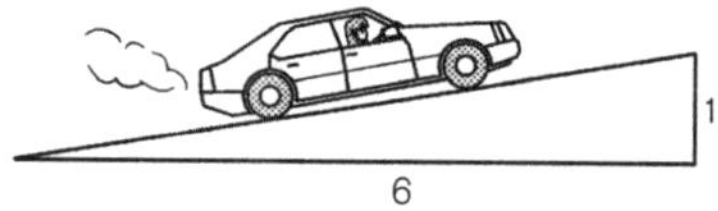
자전거용 경사로의 구배는 (　　) 이하 (주륜장에 계단을 병행설치하는 경우)	$\frac{1}{4}$ 이하
노인용 계단의 구배는 (　　) 이하 (　　)cm ≦ 2R + T ≦ (　　)cm	$\frac{6}{7}$ 이하 55cm ≦ 2R+T ≦ 65cm
에스컬레이터의 구배는 (　　)° 이하	30° 이하
슬레이트 지붕의 구배는 (　　) 이상	$\frac{3}{10}$ 이상

몸을 보조하기 위한 난간의 높이는 (　　　)~(　　　)cm 추락 방지를 위한 난간의 높이는 (　　　)cm 이상	75~85cm 120cm 이상 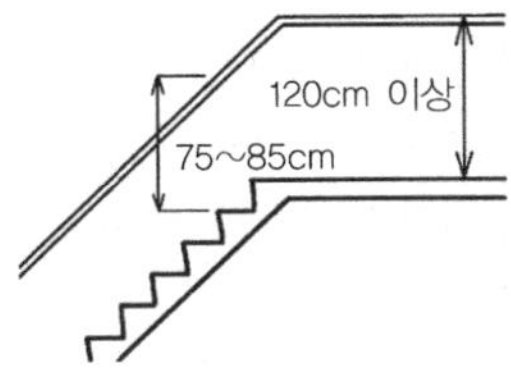
난간의 직경은 (　　　)~(　　　)cm 난간과 벽의 간격은 (　　　)~(　　　)cm	3~4cm 4~5cm 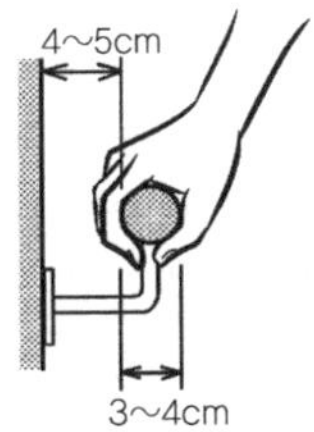
양식 화장실의 L형 난간의 세로 길이는 약 (　　　)cm 가로 길이는 약 (　　　)cm	약 80cm 약 60cm
휠체어 사용자를 고려한 현관 문지방의 고저차는 (　　　)cm 이하	2cm 이하
노인이 사용하는 마룻귀틀이나 출입구의 단차는 (　　　)cm 이하 발판의 크기는 안길이가 (　　　)cm 이상 폭이 (　　　)cm 이상	18cm 이하 30cm 이상 60cm 이상 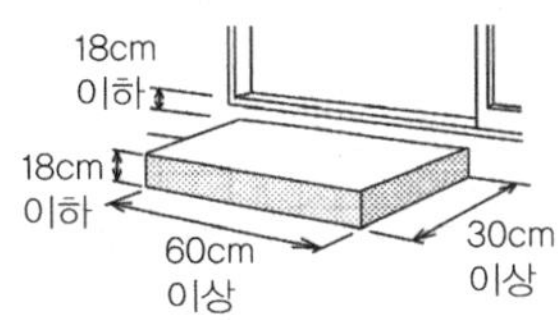

★ R273 check ▶ □□□

주차 공간의 크기는 폭 (　　　)cm 이상× 길이 약 (　　　)cm	230cm 이상×약 600cm 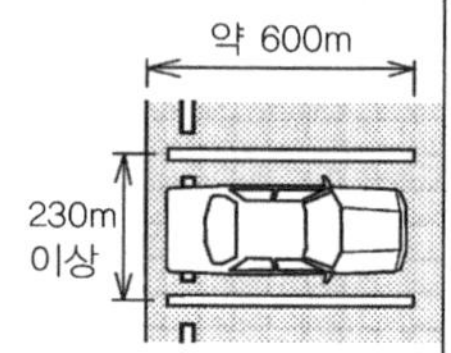
휠체어용 주차 공간의 폭은 (　　　)cm 이상	350cm 이상 
휠체어용 주차대수는 전체 주차대수의 (　　) 이상	$\frac{1}{50}$ 이상 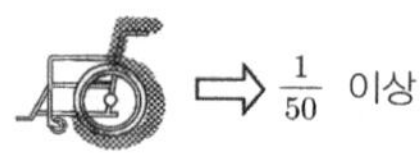
주차장의 면적은 (　　)~(　　)m²/대	30~50m²/대
차로(양방통행)의 폭은 (　　　)cm 이상	550cm 이상
자동차의 내측회전반경은 (　　　)cm 이상	600cm 이상
차로의 보 아래의 높이는 (　　　)cm 이상	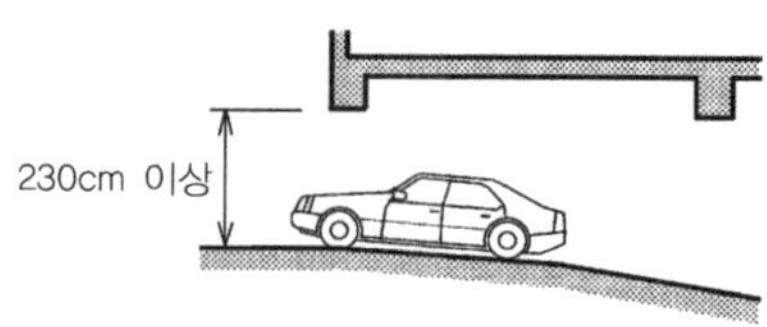
주차장 출입구의 교차점으로 부터의 거리는 (　　　)m 이상	5m 이상

구분	문제	답
	오토바이 주차 공간의 크기는 폭 약 (　　)cm×안길이 약 (　　)cm	약 90cm×약 230cm
	자전거 주륜 공간의 크기는 폭 약 (　　)cm×안길이 약 (　　)cm	약 60cm×약 190cm 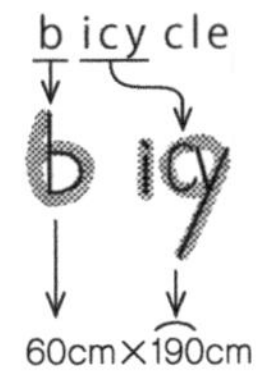
▼ 1인당 면적	일반병실(4인실)의 면적은 (　　)m²/베드 이상	(안목치수) 6.3m²/베드 이상
	특별양호노인홈의 개인실 면적은 (　　)m²/명 이상	10.65m²/명 이상
	어린이집의 보육실 면적은 (　　)m²/명 이상	2.64m²/명 이상
	초 · 중학교의 일반교실 면적은 (　　)~(　　)m²/명	1.2~2.0m²/명
	도서관의 열람실 면적은 (　　)~(　　)m²/명	1.6~3.0m²/명
	사무실의 면적은 (　　)~(　　)m²/명	8~12m²/명

★ R274 check ▶ □□□

회의실의 면적은 (　　)~(　　)m^2/명	2~5m^2/명
극장, 영화관의 객석 면적은 (　　)~(　　)m^2/명	0.5~0.7m^2/명 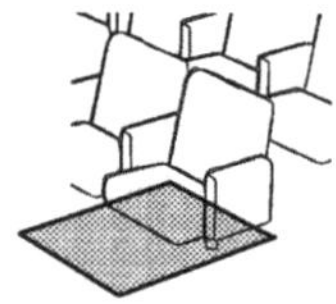
비즈니스 호텔의 싱글베드룸 면적은 (　　)~(　　)m^2	12~15m^2
시티 호텔의 트윈베드룸 면적은 약 (　　)m^2	약 30m^2
시티 호텔, 리조트 호텔의 연면적은 약 (　　)m^2/실 비즈니스 호텔의 연면적은 약 (　　)m^2/실	약 100m^2/실 약 50m^2/실 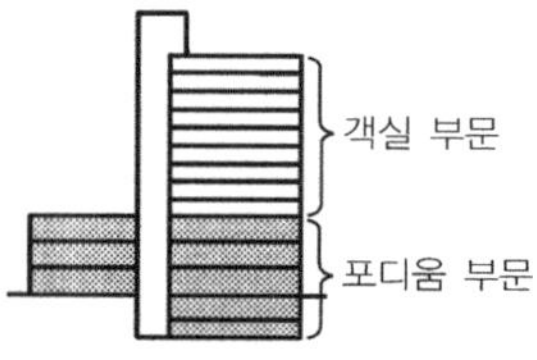
시티 호텔의 연회장 면적은 약 (　　)m^2/명	약 2m^2/명(1.5~2.5m^2/명)
레스토랑 객석부분의 면적은 약 (　　)m^2/명	약 1.5m^2/명(1~1.5m^2/명)

▼ 면적비

영화관, 극장에서 의자만 놓았을 경우의 면적은 약 (　　)m²/명 레스토랑, 교실 등에서 의자+테이블을 놓았을 경우의 면적은 약 (　　)m²/명	약 0.5m²/명　극장, 영화관 약 1.5m²/명(1~3.0m²/명)　연회장, 레스토랑, 교실, 도서관 열람실
$\frac{\text{주택의 수납 공간}}{\text{개실 면적}}=(\quad)\%$	(15~)20% 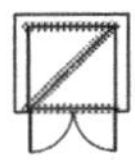
사무소 건물의 렌터블비(기준층 대비) $=\frac{\text{수익 부분의 면적}}{\text{기준층의 면적}}=(\quad)\%$ 사무소 건물의 렌터블비(연면적 대비) $=\frac{\text{수익 부분의 면적}}{\text{연면적}}=(\quad)\%$	75(~85)% (65~)75% 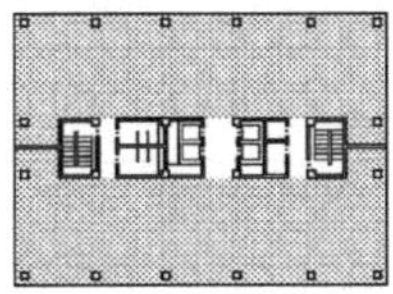
$\frac{\text{비즈니스 호텔의 객실 면적}}{\text{연면적}}$ =약 (　)% 이하	약 75% 이하
$\frac{\text{시티 호텔의 객실 면적}}{\text{연면적}}$ =약 (　)%	약 50%
$\frac{\text{백화점의 매장 면적}}{\text{연면적}}$ =약 (　)%	(50~)60%
$\frac{\text{대형 마트의 매장 면적}}{\text{연면적}}$ =약 (　)%	60(~65)%

$\frac{\text{레스토랑의 주방 면적}}{\text{레스토랑의 면적}}$ =약 ( )%	약 30%
$\frac{\text{커피숍의 주방 면적}}{\text{커피숍의 면적}}$ =약 ( )%	15(~20)%
$\frac{\text{미술관의 전시실 면적}}{\text{연면적}}$ =약 ( )%	(30~)50%
B, L, D에서 식침 분리 … ( )와 ( )를 분리 취침 분리 … ( )와 ( )를 분리 공사실 분리 … ( )와 ( )를 분리	D와 B를 분리 B와 B를 분리 LD와 B를 분리
설비를 한 곳에 집약시키고 그 주위에 방을 설계하는 평면 계획을 ( )이라 한다.	코어 계획
건물이나 담으로 둘러싼 중정을 가진 주택을 ( )라고 한다.	코트 하우스
조리 외에도 세탁, 다림질, 가계부 작성 등 가사일을 하는 방을 ( )라고 한다.	유틸리티
빨래 등을 말리는 정원이나 중정을 ( )라고 한다.	서비스 야드
설계, 시공의 기준치수를 ( )이라 하고, 르 코르뷔지에가 만든 기준치수를 ( )라고 한다.	모듈, 모듈러
각 주호가 각각 토지에 접하고 전용 정원을 가진 공동주택을 ( )라고 한다.	연립주택
접지형 연립주택 중 공용 정원(커먼 스페이스)을 중심으로 각 주호를 배치한 것을 ( )라고 한다.	타운 하우스
공동주택에서 한쪽에 통로를 배치하는 통로형식을 ( )이라 한다.	편복도형
공동주택에서 남쪽에 통로를 배치하고 거실 쪽에서 들어오는 통로형식을 ( )이라 한다.	리빙 액세스형
공동주택에서 공용 복도 없이 계단실에서 각 주호로 들어가는 형식을 ( )이라 한다.	계단실형
공동주택에서 몇 개 층마다 편복도를 만들고 그 상하층은 계단으로 들어가는 통로형식을 ( )이라 한다.	스킵 플로어형 (스킵 액세스형)

공동주택에서 중앙에 통로를 배치하는 통로형식을 ( )이라 한다.	중복도형
공동주택에서 중앙을 천장까지 시원하게 뚫어 외부공간이 되게 만들고 그 양측에 통로를 배치하는 통로형식을 ( )이라 한다.	트윈 코리더형 (더블 코리더형)
공동주택에서 중앙 엘리베이터와 계단 주위를 둘러싸듯이 통로를 배치하는 통로형식을 ( )이라 한다.	집중형
공동주택에서 주호가 1층으로만 구성된 주호 형식을 ( )이라 한다. 2층 이상으로 구성된 주호 형식을 ( )이라 한다.	플랫 메조넷
입주 희망자가 협동조합을 만들고 설계, 시공, 관리를 하는 공동주택을 ( )라고 한다.	코퍼러티브 하우스
공동으로 사용하는 주방, 식당, 세탁실 등이 있고 서로 도우면서 생활하는 공동 주택을 ( )라고 한다.	컬렉티브 하우스
골조는 업자가 만들고, 입주자가 내장이나 설비를 설계, 시공하는 공동 주택 공급방식을 ( )이라 한다.	스켈레톤 인필 방식
빛과 외기를 도입하기 위한 우물 모양의 작은 중정을 ( )이라 한다.	라이트 웰(빛우물), 라이트 코트(광정)
거실의 연장으로 만들어진 대형 발코니를 ( )이라 한다.	리빙 발코니
야생 생물이 서식할 수 있게 만든 물가 등을 ( )이라 한다.	비오톱
▼사무소 임대용 사무소에서 층 전체를 빌리는 것은 ( ). 층을 몇 개로 나누어 빌리는 것은 ( ). 층을 작은 방으로 나누어 빌리는 것은 ( ).	플로어 임대 블록 임대 작은 방 임대
설비와 관련된 제실을 집중시킨 층을 ( )이라 한다.	설비층
기준치수로 기둥, 벽, 조명 등의 배치를 정하는 방법을 ( )라고 한다.	모듈 나누기 모듈러 코디네이션

사무소 건물의 평면 계획에서 코어를 직사각형 평면의 중앙에 배치하는 것은 (　　　). 한쪽에 치우치게 배치하는 것은 (　　　). 2개로 나누어 단변 양측에 배치하는 것은 (　　　). 바깥쪽에 배치하는 것은 (　　　).	중앙 코어 계획 편심 코어 계획 더블 코어 계획 분리 코어 계획
중앙 코어, 편심 코어까지 외벽으로부터의 안길이는 (　　　)m 정도	15m 정도
2중바닥으로 하여 배선을 바닥 밑에 넣는 바닥 시스템을 (　　　)라고 한다.	프리 액세스 플로어 (OA 플로어)
사무소의 좌석 위치를 고정하지 않고 자유롭게 옮겨 다니며 사용하는 방식을 (　　　)라고 한다.	프리 어드레스 방식
책상의 배치형식에서 같은 방향을 향해 앉는 형식을 (　　　)라고 한다. 마주보고 앉는 형식을 (　　　)라고 한다. 서로 엇갈리게 책상을 놓고 방향을 바꿔 앉는 형식을 (　　　)라고 한다.	동향식 대향식 좌우대향식
모르는 사람끼리 대면하는 상태를 (　　　)라고 한다. 등돌리는 상태를 (　　　)라고 한다.	소시오페탈 소시오푸갈
엘리베이터 대수는 최대 피크 시의 (　)분 동안에 이용하는 이용자 수를 기준으로 계획한다.	5분
화재 시 소방대가 진입하기 위한 엘리베이터를 (　　　)라고 한다.	비상용 엘리베이터
엘리베이터를 목적지별로 그룹핑한 엘리베이터 열을 (　　　)라고 한다.	엘리베이터 뱅크
사무소의 변기 수는 100명에 대하여 여자용 (　　)개 남자용 대 (　　)개, 소 (　　)개	여자용 5개, 남자용 대 3개, 소 3개
화장실 부스의 크기는 (　　)cm×(　　)cm 정도	85cm×135cm 정도
세면기 여러 개를 나란히 놓을 경우의 간격은 (　　)cm 이상	75cm 이상 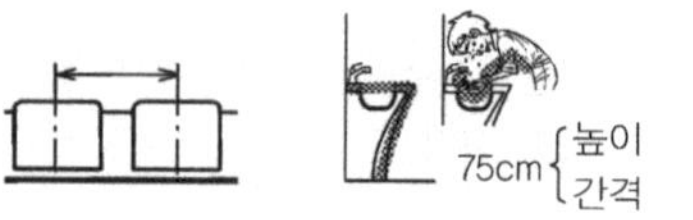

▼ 극장

객석에서 볼 때 무대의 오른쪽을 (　　　), 왼쪽을 (　　　)라고 한다.	상수 하수	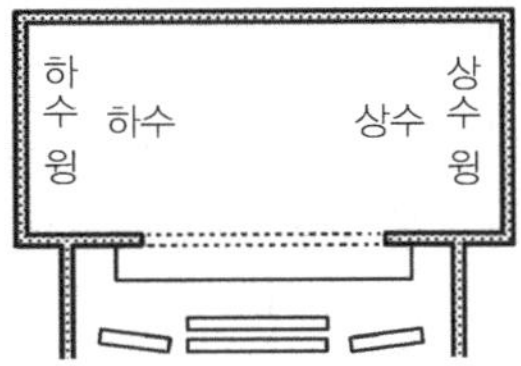
프로시니엄의 개구폭 L에 대해서 무대의 폭은 (　　　)$\times L$ 이상 안길이는 (　　　)$\times L$ 이상	$2L$ 이상 L 이상	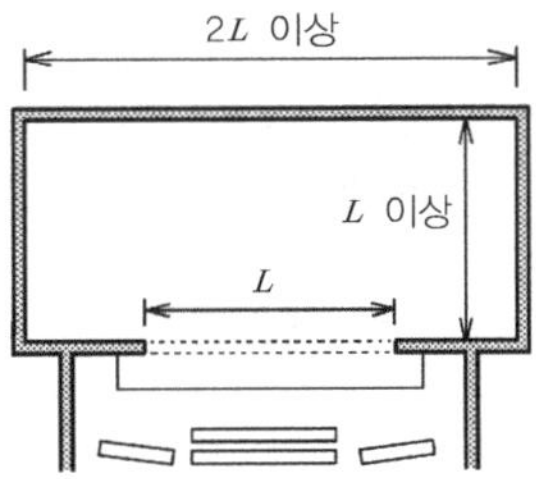
프로시니엄 개구 높이 H에 대해서 그리드까지의 높이는 약 (　　)$\times H$	약 $2.5H$	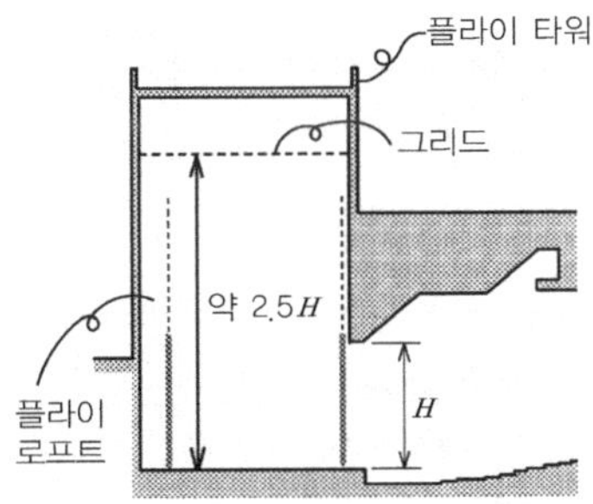
프로시니엄 아치에서 배경이 되는 큰 막은 (　　　) 상부의 가로로 긴 막은 (　　　) 양옆의 세로로 긴 막은 (　　　) 가동 프로시니엄은 (　　　)라고 한다.		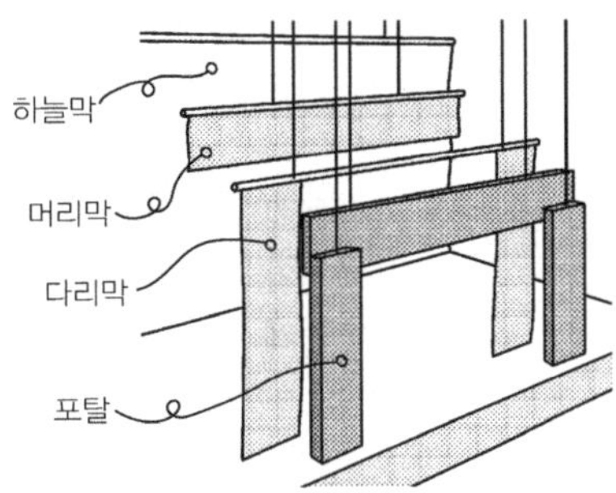

16

암기 사항

오픈 스테이지의 일종으로 무대의 일부를 객석 쪽에 돌출시키는 타입을 (　　　)라고 한다.	트러스트 스테이지 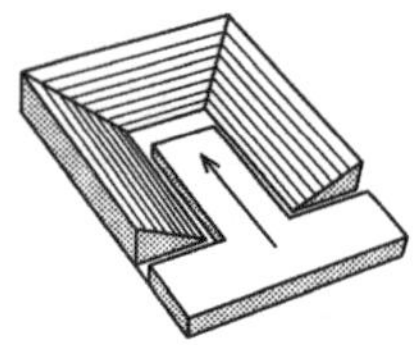
다양한 무대 형식으로 변경이 가능한 스테이지를 (　　　)라고 한다.	어댑터블 스테이지
무지크페라인잘은 (　　　)형 음악홀 베를린 필하모닉 홀은 (　　　)형 음악홀	슈 박스형 와인 야드형
오페라 극장에서 맨 뒤에 있는 객석에서 무대 중심까지 (　　　)m 이하	38m 이하 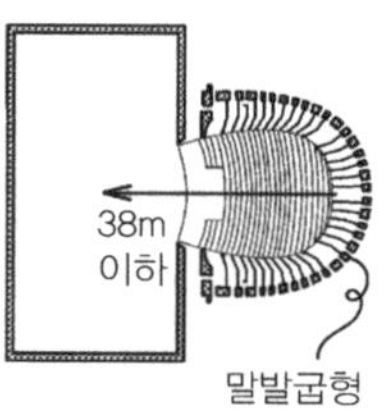
대사가 주체인 연극 극장에서 맨 뒤에 있는 객석에서 무대 중심까지 (　　　)m 이하	22m 이하 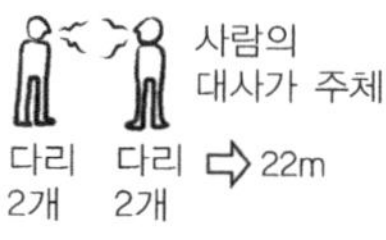
객석에서 무대까지의 부각(내림 각)은 (　　　)° 이하가 바람직하다. (　　　)° 가 한계	15° 이하가 바람직하다. 30° 가 한계 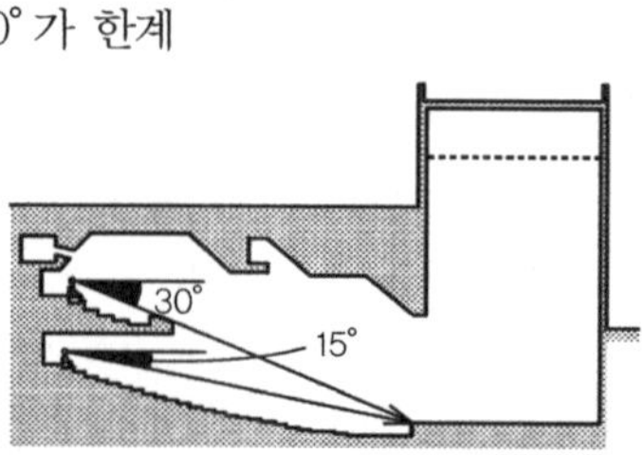

영화관 객석에서 스크린 양끝까지의 수평각도는 (　　)° 이하가 바람직하다.	90° 이하가 바람직하다. 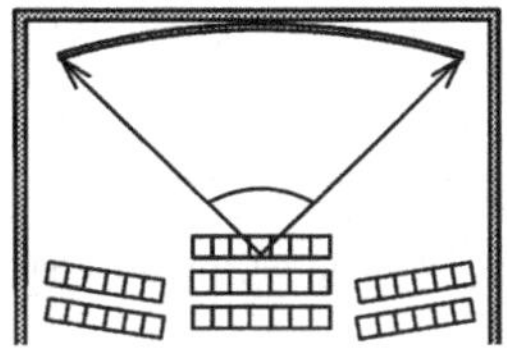
극장의 좌석에서 폭은 (　　)cm 이상 앞뒤 간격은 (　　)cm 이상	45cm 이상 80cm 이상
극장의 객석에서 세로통로는 (　　)cm 이상 가로통로는 (　　)cm 이상	80cm 이상 100cm 이상 (휠체어용) 최소 출입구폭 [80cm] ⇨ 극장 내 세로통로 [80cm 이상] ⇨ 가로통로 [100cm 이상] 출입구폭에서 통로폭을 연상하자. / 세로 + α
잔향시간이란 음이 정지된 후에 음의 강도 레벨이 (　　)dB까지 감쇠하는 데 걸리는 시간	60dB(데시벨)
극장 객석의 기적은 (　　)m^3/석 이상이 바람직하다.	6m^3/석 이상
잔향시간 공식은 $T=(\ ①\ )\times\dfrac{②}{(\ ③\ )\times(\ ④\ )}$	$T=$ 비례정수 $\times\dfrac{V}{S\times\overline{\alpha}}$ (초) ① 비례정수 ② V : 기적(실용적) ③ S : 표면적 ④ $\overline{\alpha}$: 흡음률 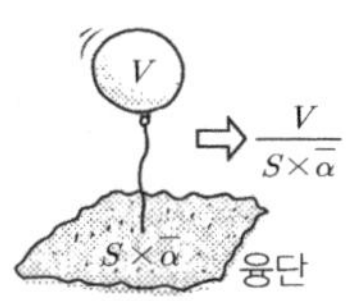

★ R278 check ▶ □□□

▼상점	계산대 포장대의 높이는 (　　)~(　　)cm	70~90cm
▼호텔	호텔의 엘리베이터 대수는 (　　)~(　　)실에 1대	100~200실에 1대
▼어린이집·유치원·학교	유아용 화장실의 칸막이와 문의 높이는 (　　)~(　　)cm	100~120cm 
	어린이집의 포복실 면적은 (　　)m²/명 이상	3.3m²/명 이상 보육실은 2.64m²/명 이상 
	모든 교과를 클래스룸에서 하는 것은 (　　　　)형 일부 교과만 전용교실에서 하는 것은 (　　　　)형 모든 교과를 전용교실에서 하는 것은 (　　　　)형 클래스를 두 그룹으로 나누어 한쪽이 일반교실을 사용하고 있을 때 다른 쪽이 특별교실을 사용하는 것은 (　　　　)형	종합교실형 일반교실·특별교실형 교과교실형 플래툰형
	42명 정원의 교실 크기는 (　)m×(　)m 정도	7m×9m

농구 코트 2면이 있는 체육관의 크기는 약 (　　)m×약 (　　)m 높이는 (　　)m 이상	약 45m×약 35m 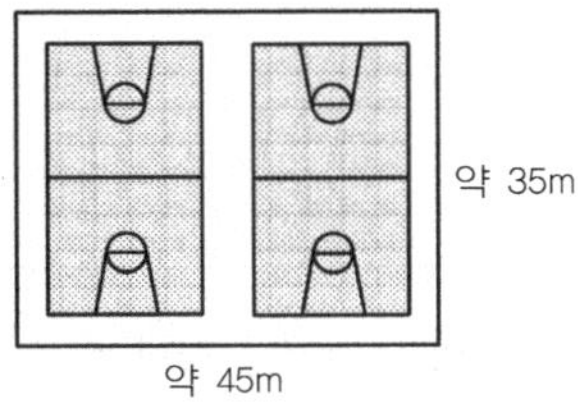 8m 이상
테니스 코트 2면이 있는 체육관의 크기는 약 (　　)m×약 (　　)m 높이는 (　　)m 이상	약 45m×약 45m, 12.5m 이상
▼도서관 책을 차에 싣고 순회하며 다니는 도서관 서비스를 (　　　)이라 한다.	북모빌
자유롭게 책을 열람할 수 있는 (　　　)식 서고에 있는 책을 유리 너머로 보고 도서관 직원에게 꺼내달라고 하는 (　　　)식 열람자가 서고에 출입할 때 체크를 받는 (　　　)식 열람자는 서고에 출입할 수 없고 밖에서도 볼 수 없는 (　　　)식	개가식 반개가식 안전개가식 폐가식
장서 수는 개가식일 경우 (　　　)권/㎡ 정도 폐가식일 경우 (　　　)권/㎡ 정도	170권/㎡ 정도 230권/㎡ 정도

16 암기 사항

이동식 서가, 적층식 서가의 장서 수는 (　　　)권/m² 정도	400권/m² 정도 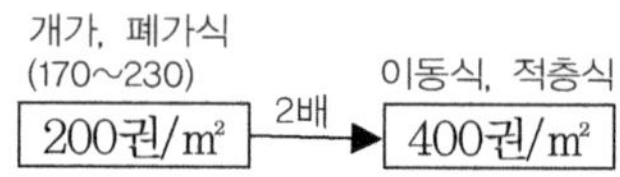
개가식의 연면적당 장서 수는 (　　　)권/m² 정도	50권/m² 정도
칸막이가 있는 1인용 열람책상을 (　　　)라고 한다.	캐럴 
도서관의 신문, 잡지 등을 읽는 코너를 (　　　)라고 한다.	브라우징 코너
도서관의 책을 찾거나 자료를 열람하는 코너를 (　　　)라고 한다.	레퍼런스 코너
경보음으로 책을 들고 나가는 것을 알리는 시스템을 (　　　)라고 한다.	BDS
책을 검색하기 위한 이용자 개방 단말을 (　　　)라고 한다.	OPAC 

▼병원

문제	답
베드와 베드의 간격은 (　　)~(　　)cm	100~140cm
500베드 이상인 종합병원의 1베드당 연면적은 약 (　　)m²/베드	약 85m²/베드
병동부의 면적은 병원 전체의 약 (　　)%	약 40%
1간호단위의 병상 수는 내과, 외과는 약 (　　)~(　　)베드 산부인과, 소아과는 약 (　　)베드	약 40~50베드 약 30베드
환자가 휴식을 취하거나 면회를 하는 방을 (　　)라고 한다.	데이룸
병원의 기능을 크게 5개로 나누면 (　　)부 (　　)부 (　　)부 (　　)진료부 (　　)진료부 가 된다.	관리부 병동부 서비스부 중앙진료부 외래진료부 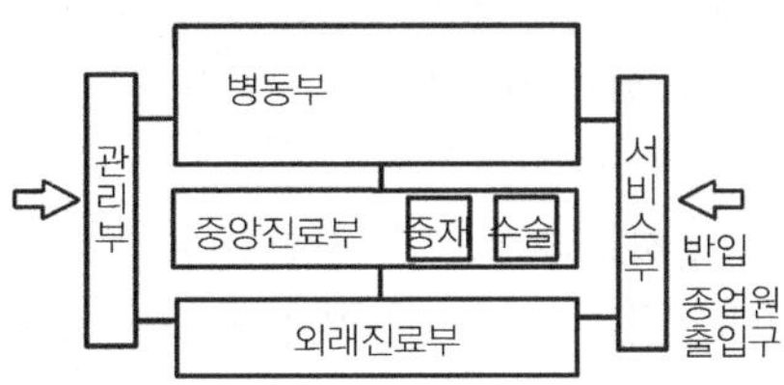

구분	문제	답
▼ 미술관	회화 전시벽면의 조도는 일본화 …(　　　)~(　　　)lx 서양화 …(　　　)~(　　　)lx	150~300lx 300~750lx 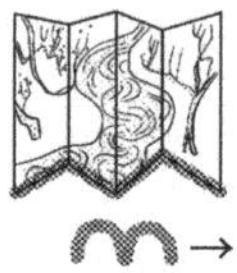
▼ 사회복지시설	장기요양 필요도가 높은 사람만 입주할 수 있는 공적 시설은 (　　　　)노인홈 장기요양 필요도가 낮아도 입주할 수 있는 민간 시설은 (　　　　)노인홈	특별양호노인홈 장기요양이 포함된 유료 노인홈
	의료관리하에서 재활 등을 하고 재택 복귀를 목표로 하는 공적 시설은 (　　)시설	장기요양노인보건시설
	장기요양 필요도가 낮은 사람이 식사, 입욕 등의 서비스를 받으면서 자립적으로 생활하는 공적 시설은 (　　)하우스	케어하우스
	인지능력장애 노인이 5~9명 단위의 유닛으로 공동 생활하는 시설은 (　　)홈	그룹 홈
	낮에만 가서 식사, 입욕, 재활 등의 서비스를 받는 시설은 (　　) 서비스	데이 서비스
▼ 도시계획	초등학교는 (　　　　)에 하나 유치원은 (　　　　)에 하나	근린주구(2,000~2,500호) 근린분구(400~500호)
	근린주구 방식은 영국의 (　　　), 오사카의 (　　)에서 실천되었다.	할로 뉴타운 센리 뉴타운

근린주구 단위를 중지하고 원센터 방식으로 나고야 시의 베드타운으로 개발된 것은 ( ).	고조지 뉴타운
보행자 전용 도로를 차도 위 상공에 들어올리는 등 입체적으로 조성한 보도를 ( )라고 한다.	페데스트리안 데크
자동차 통과 교통을 막기 위해 회차 공간이 있는 막다른 골목을 ( )이라 한다.	쿨데삭 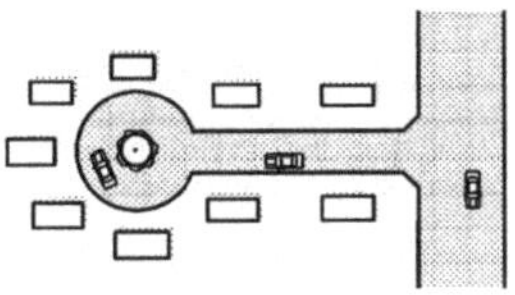
자동차는 막다른 골목으로 들어가고 보행 전용 도로는 녹지에 만드는 보차분리 주택지 계획을 ( ) 시스템이라 한다.	래드번 시스템
도로에 S자 모양의 커브를 만드는 것은 ( )이라 한다. 도로에 만든 혹은 ( )이라 한다. S자 모양의 크랭크와 돌출에 의해 자동차의 속도를 늦추는 도로 형식을 ( )라고 한다.	시케인 험프 본엘프
주변 역의 주차장에 차를 세우고 거기서 대중교통을 이용하는 시스템을 ( )라고 한다. 노면전차나 버스와 보도를 합친 산책로를 ( )라고 한다.	파크 앤 라이드 트랜짓 몰

16 암기 사항

■ 저 자

하라구치 히데아키(原口秀昭)

도쿄대학교 건축학과 졸업
도쿄대학교 대학원 석사과정 수료
현재, 도쿄 가정학원대학 생활디자인학과 교수
저서 : <20세기의 주택 – 공간 구성의 비교 분석>, <기초부터 배우는 건축시공>, <1급 건축사 수험 슈퍼기억술>, <2급 건축사 수험 슈퍼 기억술>, <건축사 수험 건축법규 슈퍼해독술>, <기초부터 배우는 건축법규>, <기초부터 배우는 건축인테리어>, <기초부터 배우는 건축구조> 등 다수

■ 역 자

윤 천 근

건국대학교 건축공학과 졸업
건국대학교 대학원 건축공학과 졸업(공학석사)
건국대학교 대학원 건축공학과 졸업(공학박사)
건축사, 건축기사, 실내건축기사 취득
서울주택도시공사 선임연구원
현재, 동원대학교 건축인테리어과 교수
저서 : <건축계획>, <건축표현기법>, <건축상세설계>, <고등학교 건축계획일반(국정교과서)> 등 다수

기초부터 배우는 건축계획

2017년 9월 10일 1판 1쇄 발행
2025년 2월 10일 1판 3쇄 발행

저　　자 하라구치 히데아키
역　　자 윤천근
발 행 처 기문당
주　　소 서울시 성동구 무학봉 28길 4-1
전　　화 02) 2295-6171~2
팩　　스 02) 6971-8188
홈페이지 www.kimoondang.com
I S B N 978-89-6225-770-0 93540